U0258177

『十二五』國家重點圖書出版規劃項目

二〇一一—二〇二〇年國家古籍整理出版規劃項目

國家古籍整理出版專項經費資助項目

中國古農書集粹

王思明——主編

鳳凰出版社

ISBN 978-7-5506-4066-5

圖書在版編目（ＣＩＰ）數據

荔枝譜、記荔枝、閩中荔支通譜、荔譜、荔枝譜、荔枝話、嶺南荔支譜、龍眼譜、水蜜桃譜、橘錄、打棗譜、檇李譜 / (宋) 蔡襄等撰. -- 南京 : 鳳凰出版社, 2024.5

（中國古農書集粹 / 王思明主編）

ISBN 978-7-5506-4066-5

Ⅰ. ①荔… Ⅱ. ①蔡… Ⅲ. ①農學－中國－古代 Ⅳ. ①S-092.2

中國國家版本館CIP數據核字(2024)第042359號

書　　名	荔枝譜 等
著　　者	(宋)蔡襄 等
主　　編	王思明
責任編輯	王　劍
裝幀設計	姜　嵩
責任監製	程明嬌
出版發行	鳳凰出版社(原江蘇古籍出版社) 發行部電話025-83223462
出版社地址	江蘇省南京市中央路165號,郵編:210009
印　　刷	常州市金壇古籍印刷廠有限公司 江蘇省金壇市晨風路186號,郵編:213200
開　　本	889毫米×1194毫米　1/16
印　　張	28.75
版　　次	2024年5月第1版
印　　次	2024年5月第1次印刷
標準書號	ISBN 978-7-5506-4066-5
定　　價	360.00圓

(本書凡印裝錯誤可向承印廠調換,電話:0519-82338389)

《中國古農書集粹》編委會

主　編

王思明

副主編

惠富平　熊帝兵

編　委

沈志忠　盧　勇　丁曉蕾　夏如兵　陳少華　何紅中

劉馨秋　李昕升　劉啓振　朱鎖玲　何彦超

序

中國是世界農業的重要起源地之一，農耕文化有着上萬年的歷史，在農業方面的發明創造舉世矚目。中國幾千年的傳統文明本質上就是農業文明。農業是國民經濟中不可替代的重要的物質生産部門，在傳統社會中一直是支柱産業。農業的自然再生産與經濟再生産曾奠定了中華文明的物質基礎。在漫長的歷史進程中，中華農業文明孕育出南方水田農業文化與北方旱作農業文化、漢民族與其他少數民族農業文化等不同的發展模式。無論是哪種模式，都是人與環境協調發展的路徑選擇。中國之所以能够在十九世紀以前的一兩千年中，長期保持着世界領先的地位，就在於中國農民能够根據不斷變化的人口狀況以及自然、經濟環境作出正確的判斷和明智的選擇。

中國農業文化遺産十分豐富，包括思想、技術、生産方式以及農業遺存等。在傳統農業生産過程中，形成了以尊重自然、順應自然，天、地、人『三才』協調發展的農學指導思想；形成了以種植業爲主，種植業和養殖業相互依存、相互促進的多樣化經營格局；凸顯了『寧可少好，不可多惡』的農業經營策略和精耕細作的技術特點；蘊含了『地可使肥，又可使棘』『地力常新壯』的辯證土壤耕作理論；總結了輪作復種、間作套種和多熟種植的技術經驗；形成了北方旱地保墒栽培與南方合理管水用水相結合的農業生産模式。與世界其他國家或民族的傳統農業以及現代農學相比，中國傳統農業自身的特色明顯，既有成熟的農學理論，又有獨特的技術體系。

世代相傳的農業生產智慧與技術精華，經過一代又一代農學家的總結提高，涌現了數量龐大、種類繁多的農書。《中國農業古籍目錄》收錄存目農書十七大類，二千零八十四種。閔宗殿等學者在此基礎上又根據江蘇、浙江、安徽、江西、福建、四川、臺灣、上海等省市的地方志，整理出明清時期二百三十六種『新書目』。[一]隨着時間的推移和學者的進一步深入研究，還將會有不少沉睡在古籍中的農書被不斷地揭示出來。作爲中華農業文明的重要載體，這些古農書總結了不同歷史時期中國農業經營理念和傳統農業科技的精華，是人類寶貴的文化財富。

中國古代農書豐富多彩、源遠流長，反映了中國農業科學技術的起源、發展、演變與轉型的歷史進程與發展規律，折射出中華農業文明發展的曲折而漫長的發展歷程。這些農書中包含了豐富的農業實用技術、農業經濟智慧、農村社會發展思想等，覆蓋了農、林、牧、漁、副等諸多方面，廣泛涉及傳統社會中農業生產、農村社會、農民生活等主要領域，還記述了許許多多關於生物學、土壤學、氣候學、地理學、水利工程等自然科學原理。存世豐富的中國古農書，不僅指導了我國古代農業生產與農村社會的發展，也包含了許多當今經濟社會發展中所迫切需要解決的問題——生態保護、可持續發展、農村建設、鄉村振興等思想和理念。

作爲中國傳統農業智慧的結晶，中國古農書通過各種途徑傳播到世界各地，對世界農業文明產生了深遠影響，例如《齊民要術》在唐代已傳入日本。被譽爲『宋本中之冠』的北宋天聖年間崇文院本《齊民要術》被日本視爲『國寶』，珍藏在京都博物館。而以《齊民要術》爲对象的研究被稱爲日本『賈學』。江户時代的宮崎安貞曾依照《農政全書》的體系、格局，撰寫了適合日本國情的《農業全書》十

[一] 閔宗殿《明清農書待訪錄》，《中國科技史料》二〇〇三年第四期。

卷，成爲日本近世時期最有代表性、最系統、水準最高的農書，被稱爲『人世間一日不可或缺之書』。據不完全統計，受《農政全書》或《農業全書》影響的日本農書達四十六部之多。[一]中國古農書直接或間接地推動了當時整個日本農業技術的發展，提升了農業生産力。

朝鮮在新羅時期就可能已經引進了《齊民要術》。[二]高麗宣宗八年（一〇九一）李資義出使中國，宋哲宗（一〇八六—一一〇〇）要求他在高麗覆刊的書籍目録裏有《氾勝之書》。高麗後期的一三四九年與一三七二年，曾兩次刊印《元朝正本農桑輯要》。朝鮮太宗年間（一三六七—一四二二），學者從《農桑輯要》中抄録養蠶部分，譯成《養蠶經驗撮要》，摘取《農桑輯要》中穀和麻的部分譯成吏讀，並以此爲底本刊印了《農書輯要》。朝鮮的《閒情録》以《陶朱公致富奇書》爲基礎出版，《農政會要》則主要引自《授時通考》。《農家集成》《農事直説》以及姜希孟的《四時纂要》主要根據王禎《農書》等多部中國古農書編成。據不完全統計，目前韓國各文教單位收藏中國農業古籍四十種，[三]包括《齊民要術》《農政全書》《授時通考》《御製耕織圖》《江南催耕課稻編》《廣群芳譜》《農桑輯要》等。

中國古農書還通過絲綢之路傳播至歐洲各國。《農政全書》至遲在十八世紀傳入歐洲，一七三五年法國杜赫德（Jean-Baptiste Du Halde）主編的《中華帝國及華屬韃靼全志》卷二摘譯了《農政全書》卷三十一至卷三十九的《蠶桑》部分。至遲在十九世紀末，《齊民要術》已傳到歐洲。達爾文的《物種起源》和《動物和植物在家養下的變異》援引《中國紀要》中的有關事例佐證其進化論，達爾文在談到人

[一]韓興勇《〈農政全書〉在近世日本的影響和傳播——中日農書的比較研究》，《農業考古》二〇〇三年第一期。

[二][韓]崔德卿《韓國的農書與農業技術——以朝鮮時代的農書和農法爲中心》，《中國農史》二〇〇一年第四期。

[三]王華夫《韓國收藏中國農業古籍概況》，《農業考古》二〇一〇年第一期。

工選擇時説：『如果以爲這種原理是近代的發現，就未免與事實相差太遠。……在一部古代的中國百科全書中，已有關於選擇原理的明確記述。』〔一〕而《中國紀要》中有關家畜人工選擇的内容主要來自《齊民要術》。〔二〕中國古農書間接地爲生物進化論提供了科學依據。英國著名學者李約瑟（Joseph Needham）編著的《中國科學技術史》第六卷『生物學與農學』分册以《齊民要術》爲重要材料，説它『即使在世界範圍内也是卓越的、傑出的、系統完整的農業科學理論與實踐的巨著』。〔三〕

世界上許多國家都收藏有中國古農書，如大英博物館、巴黎國家圖書館、柏林圖書館、聖彼得堡（列寧格勒）圖書館、美國國會圖書館、哈佛大學燕京圖書館、日本内閣文庫、東洋文庫等，大多珍藏有《齊民要術》《茶經》《農桑輯要》《農書》《農政全書》《授時通考》《花鏡》《植物名實圖考》等早期刻本。不少中國著名古農書還被翻譯成外文出版，如《齊民要術》有日文譯本（缺第十章），《天工開物》與《茶經》有英、日譯本，《農政全書》《授時通考》《群芳譜》的個别章節已被譯成英、法、俄等文字，《元亨療馬集》有德、法文節譯本。法蘭西學院的斯坦尼斯拉斯·儒蓮（一七九九—一八七三）翻譯的法文版《蠶桑輯要》廣爲流行，並被譯成英、德、意、俄等多種文字。顯然，中國古農書已經是全世界人民的共同財富，也是世界了解中國的重要媒介之一。

近代以來，有不少學者在古農書的搜求與整理出版方面做了大量工作。晚清務農會於光緒二十三年（一八九七）鉛印《農學叢刻》，但是收書的規模不大，僅刊古農書二十三種。一九二〇年，金陵大學在

〔一〕［英］達爾文《物種起源》，謝藴貞譯。科學出版社，一九七二年，第二十四—二十五頁。

〔二〕《中國紀要》即十八世紀在歐洲廣爲流行的全面介紹中國的法文著作《北京耶穌會士關於中國人歷史、科學、技術、風俗、習慣等紀要》。一七八〇年出版的第五卷介紹了《齊民要術》，一七八六年出版的第十一卷介紹了《齊民要術》中的養羊技術。

〔三〕轉引自繆啓愉《試論傳統農業與農業現代化》，《傳統文化與現代化》一九九三年第一期。

全國率先建立了農業歷史文獻的專門研究機構，在萬國鼎先生的引領下，開始了系統收集和整理中國古代農業歷史文獻的研究工作，着手編纂《先農集成》，從浩如煙海的農業古籍文獻資料中，搜集整理了三千七百多萬字的農史資料，後被分類輯成《中國農史資料》四百五十六册，是巨大的開創性工作。

民國期間，影印興起之初，《齊民要術》、王禎《農書》、《農政全書》等代表性古農學著作均有石印本或影印本。一九四九年以後，爲了保存農書珍籍，曾影印了一批國内孤本或海外回流的古農書珍本，如中華書局上海編輯所分别在《中國古代科技圖録叢編》和《中國古代版畫叢刊》的總名下，影印了《天工開物》（崇禎十年本）、《便民圖纂》（萬曆本）、《救荒本草》（嘉靖四年本）、《授衣廣訓》（嘉慶原刻本）等。上海圖書館影印了元刻大字本《農桑輯要》（孤本）。一九八二年至一九八三年，農業出版社以《中國農學珍本叢書》之名，先後影印了《全芳備祖》（日藏宋刻本），《金薯傳習録、種薯譜合刊》（前者刊本僅存福建圖書館，後者朝鮮徐有榘以漢文編寫，内存徐光啓《甘薯蔬》全文），以及《新刻注釋馬牛駝經大全集》（孤本）等。

古農書的輯佚、校勘、注釋等整理成果顯著。萬國鼎、石聲漢先生都曾對《四民月令》《氾勝之書》等進行了輯佚、整理與深入研究。到二十世紀末，具有代表性的古農書基本得到了整理，如夏緯瑛的《管子地員篇校釋》和《呂氏春秋上農等四篇校釋》，石聲漢的《齊民要術今釋》《農桑輯要校注》《農政全書校注》等，繆啓愉的《齊民要術校釋》和《四時纂要》，王毓瑚的《農桑衣食撮要》，馬宗申的《授時通考校注》等。特别是農業出版社自二十世紀五十年代一直持續到八十年代末的《中國農書叢刊》，先後出版古農書整理著作五十餘部，涉及範圍廣泛，既包括綜合性農書，也收録不少畜牧、蠶桑、水利等專業性農書。此外，中華書局、上海古籍出版社等也有相應的古農書整理著作出版。

一些有識之士還致力於古農書的編目工作。一九二四年，金陵大學毛邕、萬國鼎編著了最早的農書簡目《中國農書目録彙編》，存佚兼收，薈萃七十餘種古農書。但因受時代和技術手段的限制，規模較小。一九四九年以後，古農書的編目、典藏等得以系統進行。一九五七年，王毓瑚的《中國農學書録》出版（一九六四年增訂），含英咀華，精心考辨，共收農書五百多種。一九五九年，北京圖書館據全國二十五個圖書館的古農書書目彙編成《中國古農書聯合目録》，收録古農書及相關整理研究著作六百餘種。一九九〇年，中國農業歷史學會和中國農業博物館據各農史單位和各大圖書館所藏農書彙編成《農業古籍聯合目録》，收書較此前更加豐富。二〇〇三年，張芳、王思明的《中國農業古籍目録》收録了古農書存目二千零八十四種。經過幾代人的艱辛努力，中國古農書的規模已基本摸清。上述基礎性工作爲古農書的搜求、彙集、出版奠定了堅實的基礎。

目前，以各種形式出版的中國古農書的數量和種類已經不少，具有代表性的重要農書還被反復出版。但是，仍有不少農書尚存於各館藏單位，一些孤本、珍本急待搶救出版。部分大型叢書已經注意到古農書的彙集與影印，《續修四庫全書》『子部農家類』收録農書六十七部，《中國科學技術典籍通匯》『農學卷』影印農書四十三種。相對於存量巨大的古代農書而言，上述影印規模還十分有限。可喜的是，在鳳凰出版社和中華農業文明研究院的共同努力下，《中國古農書集粹》被列入《二〇一一—二〇二〇年國家古籍整理出版規劃》。本《集粹》是一個涉及目録、版本、館藏、出版的系統工程，工作於二〇一二年啓動，經過近八年的醞釀與準備，影印出版在即。《集粹》原計劃收録農書一百七十七部，後根據時代的變化以及各農書的自身價值情況，幾易其稿，最終決定收録代表性農書一百五十二部。

《中國古農書集粹》填補了目前中國農業文獻集成方面的空白。本《集粹》所收録的農書，歷史跨度時間長，從先秦早期的《夏小正》一直至清代末期的《撫郡農産考略》，既展現了中國古農書的萌芽、形成、發展、成熟、定型與轉型的完整過程，也反映了中華農業文明的發展進程。明清時期是中國傳統農業發展的巔峰，它繼承了中國傳統農業中許多好的東西並將其發展到極致，而這一階段的農書恰是本《集粹》收錄的重點。本《集粹》還具有專業性強的特點。古農書屬大宗科技文獻，而非傳統意義的歷史文獻，本《集粹》更側重於與古代農業密切相關的技術史料的收錄。本《集粹》所收農書覆蓋面廣，涵蓋了綜合性農書、時令占候、農田水利、農具、土壤耕作、大田作物、園藝作物、竹木茶、植物保護、畜牧獸醫、蠶桑、水産、食品加工、物産、農政農經、救荒賑災等諸多領域。收書規模也爲目前中國農業古籍集成之最。

《中國古農書集粹》彙集了中國古代農業科技精華，是研究中國古代農業科技的重要資料。同時，中國古農書也廣泛記載了豐富的鄉村社會狀況、多彩的民間習俗、真實的物質與文化生活，反映了中國古代農民的宗教信仰與道德觀念，體現了科技語境下的鄉村景觀。不僅是科學技術史研究不可或缺的第一手資料，還是研究傳統鄉村社會的重要依據，對歷史學、社會學、人類學、哲學、經濟學、政治學及其他社會科學都具有重要參考價值。古農書是傳統文化的重要載體，是繼承和發揚優秀農業文化遺産的主要文獻依憑，對我們認識和理解中國農業、農村、農民的發展歷程，乃至整個社會經濟與文化的歷史脉絡都具有十分重要的意義。本《集粹》不僅可以加深我們對中國農業文化、本質和規律的認識，還可以鑒古知今，把握國情，爲今天的經濟與社會發展政策的制定提供歷史智慧。

本《集粹》的出版，可以加強對中國古農書的利用與研究，加深對農業與農村現代化歷史進程的必然性和艱巨性的認識。祖先們千百年耕種這片土地所積累起來的知識和經驗，對於如今人們利用這片土地仍具有指導和借鑒作用，對今天我國農業與農村存在問題的解決也不無裨益。現代農學雖然提供了一些『普適』的原理，但這些原理要發揮作用，仍要與這個地區特殊的自然環境相適應。而且現代農學原理並不否定傳統知識和經驗的作用，也不能完全代替它們。中國這片土地孕育了有中國特色的傳統農業，積累了有自己特色的知識和經驗，有利於建立有中國特色的現代農業科技體系。人類文明是世界各個民族共同創造的，人類文明未來的發展當然要繼承各個民族已經創造的成果。中國傳統的農業知識必將對人類未來農業乃至社會的發展作出貢獻。

王思明

二〇一九年二月

目録

荔枝譜

（宋）蔡襄撰

《荔枝譜》，（宋）蔡襄撰。蔡襄，字群謨，福建路興化軍仙遊縣（今福建省莆田市仙遊縣）人，《宋史》有傳。福建爲荔枝之鄉，作者本是閩人，又在當地長期做官，因而寫成此書，約成於宋仁宗嘉祐四年（一〇五九）。

該書分爲七篇，内容詳實。第一篇論述福建荔枝的故實以及作此譜之緣由；第二篇總結興化人重陳紫之況及陳紫果實的特點；第三篇記載福州産荔之盛及遠銷之情；第四篇介紹荔枝的用途；第五篇闡釋荔枝的栽培之法；第六篇説明荔枝的貯藏與加工方法；第七篇記録荔枝品種三十二個，詳述其産地及特點。在該書之後，歷代出現了多部專門記載福建荔枝的專書，如明代曹蕃的《荔枝承》、徐𤊹的《荔枝譜》、鄧慶寀的《閩中荔支通譜》、清代陳定國的《荔譜》等。

蔡氏譜原來收在其《端明集》（又稱《蔡忠惠公集》）中，後廣爲流傳，有《百川學海》《説郛》《山居雜誌》《藝圃搜奇》《古今説部叢書》及《叢書集成》等本，亦有單行本。今據南京圖書館藏《百川學海》本影印。

（惠富平）

荔枝譜七篇

莆陽蔡　襄　述

第一

荔枝之於天下唯閩粵南粵巴蜀有之漢初南粵王尉佗以之備方物於是始通中國司馬相如賦上林云答遝離支蓋夸言之無有是也東京交阯七郡貢生荔枝十里一置五里一堠晝夜奔騰有毒蟲猛獸之害臨武長唐羌上書言狀和帝詔太官省之魏文帝有西域蒲桃之比世譏其繆論豈當時南北斷隔所擬出於傳聞耶唐天寶中妃子尤愛嗜涪州歲命驛致時之詞人多所稱詠張九齡賦之以託意白居易剌忠州既形於詩又圖而序之雖髣髴顔色而甘

滋之勝莫能著也洛陽取於嶺南長安來於巴蜀雖曰鮮獻而傳置之速腐爛之餘色香味之存者亡幾矣是生荔枝中國未始見之也九齡居易雖見新實驗今之廣南州郡與夔梓之間所出大率早熟肌肉薄而味甘酸其精好者僅比東閩之下等是二人者亦未始遇夫眞荔枝者也閩中唯四郡有之福州最多而興化軍最爲奇特泉漳時亦知名列品雖高而寂寥無紀將尤異之物昔所未有乎蓋亦有之而未始遇乎人也予家莆陽再臨泉福二郡十年往還道由鄉國每得其尤者命工寫生粹集既多因而題目以爲倡始夫以一木之實生於海瀕巖險之遠而能名徹上京外被夷狄重於當世是亦有足貴者其狀

果品卓然第一然性畏高寒不堪移殖而又道理遼絕曾不得班於盧橘江橙之右少發光采此所以爲之嘆惜而不可不述也

第二

興化軍風俗園池勝處唯種荔枝當其熟時雖有他果不復見省尤重陳紫富室大家歲或不嘗雖別品千計不爲滿意陳氏欲採摘必先閉戶隔墻入錢度（音鐸）錢與之得者自以爲幸不敢較其直之多少也今列陳紫之所長以例衆品其樹晚熟其實廣上而圓下大可徑寸有五分香氣清遠色澤鮮紫殼薄而平瓤厚而瑩膜如桃花紅核如丁香母剥之凝如水精食之消如絳雪其味之至不可得而狀也荔枝以甘

爲味雖百千樹莫有同者過甘與淡失味之中唯陳紫之於色香味自拔其類此所以爲天下第一也凡荔枝皮膜形色一有類陳紫則已爲中品若夫厚皮尖刺肌理黃色附核而赤食之有查食已而澁雖無酢味自亦下等矣

第三

福州種殖最多延貤原野洪塘水西尤其盛處一家之有至於萬株城中越山當州署之北鬱爲林麓暑雨初霽晚日照曜絳囊翠葉鮮明蔽映數里之間焜如星火非名畫之可得而精思之可述觀攬之勝無與爲比初著花時商人計林斷之以立券若後豐寡商人知之不計美惡悉爲紅鹽去聲者水浮陸轉以入

京師外至北戎西夏其東南舟行新羅日本流求大食之屬莫不愛好重利以酬之故商人販益廣而鄉人種益多一歲之出不知幾千萬億而鄉人得飫食者蓋鮮以其斷林鬻之也品目至衆唯江家綠爲州之第一

第四

荔枝食之有益於人列仙傳稱有食其華實爲荔枝仙人本草亦列其功葛洪云蠲渴補髓所以唐羌疏曰未必延年益壽蓋云雖有其傳豈果能哉亦諫止之詞也或以其性熱人有甘啖千顆未嘗爲疾即少覺熱以蜜漿解之其木堅理難老今有三百歲者枝葉繁茂生結不息此亦其驗也

第五

初種畏寒方五六年深冬覆之以護霜霰福州之西三舍曰水口地少加寒已不可殖大略其花春生簇簇然白色其色多少在風雨時與不時也有間歲生者謂之歇枝有仍歲生者半生半歇也春雨之際傍生新葉其色紅白六七月時色已變緑此明年開花者也今年實者明年歇枝也最忌麝香或遇之花實盡落其熟未更採摘蟲鳥皆不敢近或已取之蝙蝠蜂蟻爭來蠹食園家有名樹旁植四柱小樓夜棲其上以警盜者又破竹五七尺搖之答答然以逼蝙蝠之屬

第六

紅鹽去聲之法民間以鹽梅鹵浸佛桑花爲紅漿投荔枝漬之曝乾色紅而甘酸可三四年不蟲去聲修貢與商人皆便之然絶無正味白曬者正爾烈日乾之以核堅爲止畜之甕中密封百日謂之出汗去聲去汗耐久不然踰歲壞矣福州舊貢紅鹽蜜煎二種慶曆初太官問歲進之狀知州事沈邈以道遠不可致減紅鹽之數而增白曬者兼令漳泉二郡亦均貢焉蜜煎剥生荔枝笮去其漿然後蜜煮之予前知福州用曬及半乾者爲煎色黄白而味美可愛其費荔枝減常歲十之六七然修貢者皆取於民後之主吏利其多取以責賂曬煎之法不行矣

第七 陳紫已下十二品有等次 虎皮已下二十品無等次

陳紫因治居第平窊坎而樹之或云厥土肥沃之致今傳其種子者皆擇善壤終莫能及是亦賦生之異也

江綠大較類陳紫而差大獨香薄而味少淡故以次之其樹已貢葉氏而民間猶以爲江家綠云

方家紅可徑二寸色味俱美言荔枝之大者皆莫敢擬歲生一二百顆人罕得之方氏子名蓁今爲大理寺丞

游家紫出名十年種自陳紫實大過之

小陳紫其樹去陳紫數十步初一家并種之及其成也差小又時有穠核者因而得名其家别居二紫亦分屬東西陳焉

宋公荔枝樹極高大實如陳紫而小甘美無異或云陳紫種出宋氏世傳其樹已三百歲舊屬王氏黃巢兵過欲斧薪之王氏媪抱樹號泣求與樹偕死賊憐之不伐宋公名誠公者老人之稱年餘八十子孫皆仕宦

藍家紅泉州爲第一藍氏兄弟圭爲太常博士丞爲尚書都官員外郎

周家紅獨立興化軍三十年後生益奇聲名乃損然亦不失爲上等

何家紅出漳州何氏世爲牙校嘗有郡將全樹買之樹在舍後將熟其子曰領卒數十人穿其堂房乃至樹所其來無時舉家伏藏欲即伐去而不忍今猶存

焉
法石白出泉州法石院色青白其大次於藍家紅
緑核頗類江緑色丹而小荔枝皆紫核此以緑見異
出福州
圓丁香丁香荔枝皆旁去聲蔕大而下銳此種體圓與
味皆勝
虎皮者紅色絶大繞腹有青紋正類虎斑嘗於福州
東山大乘寺見之不知其出處
牛心者以狀言之長二寸餘皮厚肉澁福州唯有一
株每歲貢乾荔枝皆調於民主吏常以牛心爲準民
倍直購之以輸予嘗繇而不用
玳瑁紅荔枝上有黑點疎密如玳瑁斑福州城東有

之
硫黃顏色正黃而刺微紅亦小荔枝以色名之也
朱柹色如柹紅而扁大亦云朴柹出福州
蒲桃荔枝穗生一朶至一二百將熟多破裂凡荔枝
每顆一梗長三五寸附於枝此等附枝而生樂天所
謂朶如蒲桃者正謂是也其品殊下
蚶殼者殼爲深渠如瓦屋焉
龍牙者荔枝之變怪者其殼紅可長三四寸彎曲如
爪牙而無瓤核全樹忽變非常有也興化軍轉運司
廳事之西嘗見之
水荔枝漿多而淡食之蠲渴荔枝宜依山或平陸有
近水田者清泉流漑其味遂爾出興化軍

蜜荔枝純甘如蜜是謂過甘失味之中

丁香荔枝核如小丁香樹病或有之亦謂之焦核皆小實也

大丁香出福州天慶觀厚殼紫色瓤多而味微澁

雙髻小荔枝每朶數十皆並蔕雙頭因以目之

眞珠剖之純瓤圓白如珠荔枝之小者止於此

十八娘荔枝色深紅而細長時人以少女比之俚傳閩王王氏有女第十八好噉此品因而得名其塚今在城東報國院塚旁猶有此樹云

將軍荔枝五代間有爲此官者種之後人以其官號其樹而失其姓名之傳出福州

釵頭顆紅而小可間婦人女子簪翹之側故特貴之

粉紅者荔枝多深紅而色淺者爲異謂如傳朱粉之飾故曰粉紅

中元紅荔枝將絶纔熟以晚重於時予嘗七月二十四日得之

火山本出廣南四月熟味甘酸而肉薄穗生梗如枇杷閩中近亦有之山在梧州

右三十二品言姓氏尤其著者也言州郡記所出也不言姓氏州郡四郡或皆有也

荔枝譜

[illegible]言 [illegible]

記荔枝

（明）吴載鰲 撰

《記荔枝》，（明）吴載鰲撰。吴載鰲，字大車，福建溫陵（泉州的別稱）人，生活於十七世紀前期。自述曾『官於澄』，這個『澄』可能是指廣東澄海縣。因其言及『若論龍眼，則潮州之深田種厚而大』。澄海乃潮州之屬縣，因地域相近，故能知而記之。

該書一卷，共七節，多爲作者親歷的隨筆，涉及荔枝品種三十二個，内容詳實，同時還言及『初著花時，商人計林斷之以立券』的狀況，可作其他荔枝譜的補充。

該書曾收入《植物名實圖考長編》卷十七、《説郛續》卷四十一等。今據國家圖書館藏清順治四年（一六四七）宛委山堂刻本影印。

（何彦超　惠富平）

記荔枝

温陵吳載鰲

古今植菓其明艷可口無過荔枝者肉可食所謂烏得之高飛人嘗之肉肥也殼與其核皆可以香其於五方惟閩粤巴蜀及交阯七郡有之漢初尉陀以備方物唐天寶中楊妃篤嗜歲命涪州驛致然荔之美當在晨露初晞引手伸摘即啖一入郵未見生荔枝也廣南州郡與夔梓間早熟肌肉薄而味甘酸予宦於澄四月杪輒遇荔枝然酸不可食大與吾閩閩中

惟四郡有之福州最多而興化之狀元紅核小如豆最稱奇特泉漳時亦知名種近百品目多美若進貢子綠羅袍早紅桂林皆擅甘滋之勝暑可相敵者在廣僅黑葉耳若論龍眼則潮州之深田種厚而大閩自長樂外不及也有宋蔡君謨曾命工寫生且懼其腐於遠方不得班於盧橘江橙之右噫荔枝亦何恨之有

其二

興化園池勝處惟種荔荔尤重者陳紫即狀元紅其

樹晩熟其實廣上而圓下大可徑寸有五分香氣淸
遠色澤鮮紫殼薄而平瓤厚而瑩膜如桃花紅核如
丁香母剝之凝如水精食消如絳雪蔡君謨所謂天
下第一也凡荔枝皮膜形色有類乎是巳爲中品然
士大夫怕熱者多不敢食予見前輩黄文簡先生嗜
好淡然自狀元紅出未嘗食第二顆而亦有桃藉流
連至以爲一月之飯者予食荔不能過五十顆蓋其
性熱甚食訖以啖他物輒不相宜云又有一種厚皮
尖刺肌理黄色附核而赤食之有渣此下等也評英

華明艷之文者亦宜作如是觀

其三

福州荔被野洪塘水西尤盛城中越山當州署之北鬱爲林麓暑雨初霽晚日照紅數里焜如星火非名畫之可描也初著花時商人計林斷之以立券其後主者欲購亦必先與錢泉漳亦然其紅鹽者水浮陸轉以入京師外省之屬莫不愛好故商人販鬻多而種植彌繁然荔之性豈嗜鹽者哉持鹽入甘大可莞爾此無奈何之計云爾品目至多惟江家綠爲

州第一莫敢低卬余每應鄉試輒以六月後行未嘗
噉一福荔也快心於其藕節與龍眼而已矣

其四

夢坡周生四千里由杭而之澄以余之失耦也來相
視至可渡口見荔而駭不知其何物也但見顏色鮮
紅出三十文遣僕買焉賣荔者命之開襟以承旣滿
懷仍有多許夢坡曰嘻是大佳物抑又何價之廉也
每日噉之者再至於不計酸澁且謀之余曰家母氏
平生未嘗得食此至甘願移一本而植之家園焉余

盖聞之而有深感也子母分身而同息故嚙指之精誠感萬里卧氷之應下躍鱗魚吾聞荔木堅理難老恒可百年荔之實則以蠲渴補髓見美於稱川若使堂北永有萱中國忽生荔垂白老人進一顆而開顏其與綏山桃安期棗夫何以異

其五

初種畏寒方五七年深冬覆之以護霜霰花春生蔌蔌然白色其實多少在風雨時與不時也閒歲生者謂之歇枝有仍歲生者半生半歇春花之際旁生新

葉其色紅白六七月時色已變綠此明年開花者也今年實者明年歇枝也忌麝香遇之花實盡落其熟未更採亟鳥雀不敢近或已取之蝙蝠蜂蟻爭來蠹食園家有名樹旁植四柱小樓夜守之防盜又破竹五尺七尺搖之答答然以逐蝙蝠之屬吾嘗與李傳之友過名園啖荔啖二百未竟量而李爲炎氣所薰遂坐假寐傳曰是其簪可再買也拔而售之更得三百荔斯須李醒顧盤曰荔尚有耶悅甚乃再啖啖竟自循其髮曰女曾戲我遂大笑而竟啖量焉

其六

荔而紅鹽也如韓愈投荒蘇軾竄黄也雖有些風致已落惡境荔而白曬也如曲端承酒周興入甕也枯槁烈日中其味盡索荔而蜜煎也以甘受甘異甘而强之使受譬如陶貞白質本清華儘快松風之夢又故使為宰相必此一番宰相不更受用太過耶人性各有宜適福澤甘馨附益反損其趣者蜜煎是也古以此修貢道里既遥人畜俱損曬煎之間又或因而責賂豈如 清朝不貴無益之物不貽前丁後蔡之

翶而九譯通道遐方貢琛之爲長算也哉

其七

陳紫江綠方家紅

游家紫出名十年種自陳紫而實大過之可謂黄於地青於藍者也　小陳紫　宋公荔枝　周家紅獨立興化軍何家紅出於漳法石白在泉法石院綠核色丹而小荔皆紫核此以綠異出福州圓丁香體味皆勝有櫝核已上十二品依蔡君謨等次自虎皮下則無等次凡二十品

也荔支

五

虎皮以色名牛心以狀名玳瑁紅硫黃朱柿均以點
色得名　蒲桃荔枝　蚶殼　龍牙頗怪　水荔枝
漿多而淡　蜜荔枝純甘如蜜是日過甘失味之中
丁香荔枝核如小丁香　大丁香味澁　雙髻小
荔枝眞珠肉圓白如珠荔之小者止於此
十八娘荔枝色深紅而細時方之少女俚傳閩王王
氏有女第十八好噉此品因而得名噫使娘子而能
荔枝則謂荔枝之化可也使荔枝而托十八娘以
則眞可無負荔枝也

將軍荔枝五代間有爲此官者種之後人以其官號其樹亦如大夫松然然而松爲秦所封斯玷松矣如荔枝者善懸綴將軍乃武乃文也

釵頭顆紅而小故特貴

粉紅者則謂其如傳朱粉之飾故名

中元紅荔枝將絕方熟以晚重於時吾泉中荔欲過時輒有山荔山荔者荔之閏位也

火山本出廣東四月熟味甘酸肉薄漳泉俱有之

凡種植多以子以核獨荔則用奪接之法法於春夏

時取荔南枝之嫩者刈其皮徑二寸以土破砵兩封而纏之將及朞其處徧生根度可奪種乃加斧焉其枝遂活隔二年亦生子雖不多然亦甘美可食直未能大耳其於人也居常宅許則周公之孫子蒼梧翠竹爲北平之家兒氣類蒸感自可奪舍投胎夫具體而微卽荔亦有之也

閩中荔支通譜

（明）鄧慶寀 輯

《閩中荔支通譜》，（明）鄧慶寀輯。鄧慶寀，字道協，福建福州人，明天啓間國子監生，著有《還山草》和《荔枝譜》等。

《荔枝譜》十六卷，其中有蔡襄所作譜一卷，徐𤊹所作譜七卷，宋珏、曹蕃兩人所作譜各一卷，其餘爲鄧慶寀本人所作六卷。鄧氏六卷，卷一爲荔枝雜論，卷二爲『事實』，卷三爲『文類』，卷四爲『宋元詩』，卷五、卷六爲『明詩』。王毓瑚《中國農學書錄》讚揚鄧慶寀不同意徐𤊹《荔枝譜》中所載『荔枝種不佳者，可以好本接之』的說法，理由是他『前接數株，皆不活』。事實上，荔枝雖因枝條澱粉含量低，單寧多，形成層不規則等原因，嫁接起來比較困難，但祇要掌握好嫁接的時機和方法，仍能獲得良好的效果，並非不能嫁接。目前，這一嫁接方法已經爲大多數果農所採用。

除原本外，該書尚有《說郛續》（卷四十一）、《古今圖書集成·博物彙編·草木典·荔枝部匯考》、《植物名實圖考長編·果類》（卷十七）等版本。但這些版本均祇收入原書中的序和第一卷，其他五卷均未收錄。今據明崇禎間刻本影印。

（何彥超　惠富平）

閩中荔支通譜序

夫物各有止魚止鰣菜止蓴果止荔極矣是數者東南異味天所以私知味之人也而予鄉頗有憎棄蓴者安知閩

粤巴蜀間人人喜噉荔哉是人以命酸故躬逢異味如同嚼蠟不使雋永譬病夫食蜜衆競云甘彼獨稱苦庸非命乎然蘇學士誇江瑶柱之美

謂雖齋素人不覺口角流涎此說是否以予揣之食而不知其味者尚不乏人必無不食而反知其味者閩人中日用而不知知之而嘆未曾有

者祗從他人齒頰得之葢耳之于聽非口之于味也四方人宦于閩者居非其地或至非其時有啖有不啖者有喜有不喜而所啖之荔有美

有不美所喜啖荔之人其詩
文有媚有不媚以故上下千
載譜寥寥曾不盈寸迺耳食
之徒不識方紅江綠爲何物
亦附會其美形諸詩歌則譜

且充棟此猶盲者譽花聾者
褒笛十八娘有知不復作笑
躄美人哉予舊嘗令汀其下
邑接壤漳者荔樹稀如辰星
至建延邵三郡其民老死曾

未覩見鮮荔何況屬厭而四
方人遐閩人概云此貴鄉仙
品也閩中人未經噉荔者輒
妄受四方之諛而不恧亦大
可異哉嗟乎斤斤一荔自妖

妃鄭置後以口腹貽累而土
著者色驕風聞者舌妬總涉
有我實則燕趙蘋果吳越楊
梅皆遠出荔下葡蔗盎懸矣
此不易之評也雖然月中躧

度千有餘里仙祖托根幾何而自下望者但云月桂已耳未嘗支離分屬荔爲天下果爲人間果非爾家果爾邦果豈閩所得私且阿乎荔譜剏

自宋蔡君謨至我
明徐興公廣之鄧道協增益之蒐羅大備然皆閩人使不知味者得指爲口實予也東西南北之人論至公也若云

鄭環而僑因護之予則焉能

皇明崇禎二年夏五吳越逸民沈長卿撰

閩中荔支通譜序

溫陵黃居中明立譔

荔支之珍南土也葢自昔已然漢王逸唐張九齡賦之劉崇龜白居易圖之蔡襄譜之曾鞏錄之梁克家志之劉霽杜甫鄭谷

曹松薛能韓偓杜牧歐陽修黃庭堅蘇軾蘇轍文同劉攽曾幾陶弼劉子翬王十朋陳與義楊萬里詩辭讚歎之列俎推以果王詞林侈爲佳話彼皆産其鄉或宦遊其地得之鼻觀口嚌飽饜芳而厭甘液故言之親切有味且種隨地異品以人奇卽生長炎荒猶不能品嘗而况素不相習之人遠莫致之之物高下任心雌黃信口者乎一騎紅塵長安堆錦政恐色敗香銷妃子

未免耳食則方以蒲萄敵以楊梅引香櫞湘柑班荔子上是皆一隅之觭見非月旦之公評也閩粤蜀諸品等衰自本草圖經而粤氣未降且詆君謨爲維桑長價是亦未嘗閩中風味者張

子壽云物以不知而輕味以無比而疑遠不可驗終然永屈則旣其文未旣其實士所爲歎知希於皮相耳君謨閩人也又守閩兩郡其譜閩荔獨詳如老農說稼老圃談植所品第當不虛

然星移物換名或代庚事疏咏題簡多缺佚於是乎有興公舊譜余友鄧道協旣刻二譜復增其漏遺廣以外紀義例一準先猶揚搉間出獨解至本事詩歌則余有弋獲佐以偏師豈曰角

勝徵兵實以多識畜德盍竊比先師王奉常所云米元章辯顛蘇長公從衆者茲編出當令吳兒闍舌粵客捫心二國之成平兩家之難解矣其爲君謨勞臣與公盖友功豈渺小哉蔡譜取

正石本徐譜兼刋疑誤題之曰荔支通譜則吳啓信林茂之與有力焉他如陳廷尉荔支考余師蔡少參荔支嘲見有異同義宜駁正請於異日求之補缺

閩荔通譜序

荔支古未有譜也譜自先忠惠公始非好奇也忠惠以閩人刺閩郡至今為閩俎豆閩中名果荔得冠軍生於瀕海名徹上京價高外夷然而族彙雖多紀乘寥寥耳所習聞目所習見猶不能一一發其光采使得班於江橙盧橘之右何怪耳食不肆評隲放或方於西蒲萄或埒於楊梅或比於櫻桃總皆以訛傳訛迄無定論又況荔之聚種已自逈

別其殊絕瑰異者亦復不可多得魚目混收夜光含恨是以無芽不拔無距不脫推其進賢退不肖之心以及於物不憚詳為甄別原其州郡列其姓氏著其名字品次三十有二各以色香味為上下然後品題所經甘酸醜好不得紊亂蓋以發山林之幽芳定皮相之同異也豈徒樹幟維桑僕視瀘戎巴郡而或者曰忠臣愛國憂民之所為也忠惠蓋若有隱諷焉荔支自尉佗

通中國歲徵上供十里一置五里一堠毒蟲猛獸為災漢和帝永元中用唐羌諫而止厥後又復通貢萬一
天子有貴異物之心任宦其方者又復從而獻諛如曾鞏所上

封事一旦遂可其狀則供億之艱驛遞之擾催科之煩必不能免是荔支之生不雖無功於閩而適貽害於天下嗚呼紅塵一騎四海兵起錐錦撒江紅香奏新曲而卒不救烏啼花落水綠

山青之悲世傳蜀種從此少殺豈當日剝閩山靈亦應悔其取笑妃子而後稍亦減惜也與故曰性畏高寒道里遼絶之不可遠致也又曰傳置雖速腐爛之餘色香味之存無幾言不可鮮

致也其思深其慮遠甚辭曲一譜之中三致意焉雖與上林子虛並列千載可也余友道協鄭君宦游之餘僑居白下與啟信吳君共訂荔譜而徵諸傳述集諸詩歌以搜其奇是二君皆余

閩人也耳所習聞目所習見務
闡忠惠公遺意清署書亦因爲
廣其說以傳之
崇禎二年天中日温陵蔡邦俊
師百甫書于陪畿公署敬民
堂

荔支通譜　序　五

荔支通譜敘

荔支一果有天地以來即有之乃至漢唐宋諸
名賢始以賦詠譜錄表著其名品可見物之遭
遇亦自有時也我　明徐興公繼蔡忠惠譜宋
比玉曹介人復爲小譜今鄧道協又合吳啟信
爲通譜荔支可謂有知己矣夫一果而能名實
相稱使千載後人人爭爲表著若此豈無故哉
即楊貴妃一婦人女子偶甘是物而名爲之益
彰自唐以後之譜荔者賦詠荔者又莫不借貴

荔支通譜　序　二

妃以爲故實道協通譜尤以漢唐宋明人詞賦
詩文爲後觀覽予得佐其摭採評訂之勤即戔
戔賦詠亦獲附明人作者之末抑何厚幸因嘆
士人之知遇何異荔子之遭逢第患實不副名
耳士之才華人品苟能如荔之色香味俱佳未
有不若相如之逢狗監也倘樹名于外而鮮實
于內徒與草木同腐朽而已不深媿此木實乎
因序荔譜而並以務實爲自勉焉譜序則諸名
公已冠首簡予不復贅閩福清林古度書

閩中茘支通譜卷一

晉安鄧慶寀道協輯

綏城吳[illegible]信訂

宋蔡君謨茘支譜

第一

茘支之於天下唯閩粤南粤巴蜀有之漢初南粤王尉佗以之備方物於是始通中國司馬相如賦上林云荅遝離支蓋夸言之無有是也東京交阯七郡貢生茘支十里一置五里一堠晝夜奔騰有毒蟲猛獸之害臨武長唐羌上書言狀和帝詔太官省之魏文帝有西域蒲萄之比世譏其繆論豈當時南北斷隔所撥出於傳聞耶唐天寶中妃子尤愛嗜涪州歲命驛致府之詞人多所稱詠張九齡賦之以託意白居易刺忠州既形於詩又圖而序之雖髣髴顔色而甘滋之勝莫能著也洛陽取於嶺南長安來於巴蜀雖曰鮮獻而傳置之速腐爛之餘色香味之存者亡幾矣是生茘支中國未始見之也九齡居易雖見新實驗今之廣南州郡與夔梓之間所出大率早熟肌肉薄而味甘酸其精好者僅比東閩之下等是二人者亦未始遇夫眞茘支者也閩中唯四郡有之福州最多而興化軍最爲奇特泉漳時亦知名列品雖高而家寥無紀將尤異之物昔所未有乎蓋亦有之而未始遇乎人也予家莆陽再臨泉福二郡十年往還道由鄉國每得其尤者命工寫生秤集既多因而題目以爲倡始夫以一木之實生於海瀕巖險之遠而能名徹上京外被夷狄重於當世是亦有足貴者其於果品卓然第一然性畏高寒不堪移殖而又道理遼絶曾不得班於盧橘江橙之右少發光采此所以爲之嘆惜而不可不述也

第二

興化軍風俗園池勝處惟種茘支當其熟時雖有他果不復見省尤重陳紫富室大家歲或不嘗雖別品千計不爲滿意陳氏欲採摘必先閉

戶隔墻入錢度鐸錢與之得者自以爲幸不敢
較其直之多少也今列陳紫之所長以例衆品
其樹晚熟其實廣上而圓下大可徑寸有五分
香氣清遠色澤鮮紫殼薄而平瓤厚而瑩膜如
桃花紅核如丁香母剝之凝如水精食之消如
絳雪其味之至不可得而狀也荔支以甘爲味
雖百千樹莫有同者過甘與淡失味之中惟陳
紫之於色香味自拔其類此所以爲天下第一
也凡荔支皮膜形色一有類陳紫則已爲中品

若夫厚皮尖刺肌理黃色附核而赤食之有查
食已而澁雖無酢味自亦下等矣

第三

福州種殖最多延貤原野洪塘水西尤其盛處
一家之有至於萬株城中越山當州署之北鬱
爲林麓暑雨初霽晚日照曜絳囊翠葉鮮明蔽
映數里之間焜如星火非名畫之可得而精思
之可述觀攬之勝無與爲比初著花時商人計
林斷之以立券若後豐寡商人知之不計美惡
悉爲紅鹽去聲者水浮陸轉以入京師外至北戎
西夏其東南舟行新羅日本流求大食之屬莫
不愛好重利以酬之故商人販益廣而鄉人種
益多一歲之出不知幾千萬億而鄉人得飫食
者蓋鮮以其斷林鬻之也品目至衆唯江家綠
爲州之第一

第四

荔支食之有益於人列仙傳稱有食其華實爲
荔支仙人本草亦列其功葛洪云蠲渴補髓所

以唐羌疏曰未必延年益壽蓋云雖有其傳豈
果能哉亦諫止之詞也或以其性熱人有日啖
千顆未嘗爲疾即少覺熱以蜜漿解之其木堅
理難老今有三百歲者枝葉繁茂生結不息此
亦其驗也

第五

初種畏寒方五七年深冬覆之以護霜霰福州
之西三舍曰水口地少加寒已不可植大略其
花春生蔌蔌然白色其實多少在風雨時與不

時也有間歲生者謂之歇枝有仍歲生者半生半歇也春花之際傍生新葉其色紅白六七月時色已變綠此明年開花者也今年實者明年歇枝也最忌麝香或遇之花實盡落其熟未更採摘蟲鳥皆不敢近或已取之蝙蝠蜂蟻爭來蠹食園家有名樹旁植四柱小樓夜棲其上以警盜者又破竹五七尺搖之苔苔然以逐蝙蝠之屬

第六

紅鹽（去聲）之法民間以鹽梅滷浸佛桑花爲紅漿投荔支漬之曝乾色紅而甘酸可三四年不蟲（去聲）脩貢與商人皆便之然絕無正味白曬者正爾烈日乾之以核堅爲止畜之甕中密封百日謂之出汗（去聲）汗耐久不然踰歲壞矣福州舊貢紅鹽蜜煎二種慶曆初太官問歲進之狀知州事沈邈以道遠不可致減紅鹽之數而增白曬者兼令漳泉三郡亦均貢焉蜜煎剝生荔支笮去其漿然後蜜煮之予前知福州用曬及半乾者爲煎色黃白而味美可愛其費荔支減常歲十之六七然脩貢者皆取於民後之主吏利其多取以責賂曬煎之法不行矣

第七

陳紫以下十二品有等次

陳紫因治居第平窊坎而樹之或云厥土肥沃之致今傳其種子者皆擇善壤終莫能及是亦賦生之異也

江綠大較類陳紫而差大獨香薄而味少淡故

以次之其樹已賣葉氏而民間猶以爲江家綠云

方家紅可徑二寸色味俱美言荔支之大者皆莫敢擬歲生一二百顆人罕得之方氏子名蔡今爲大理寺丞

游家紫出名十年種自陳紫實大過之

小陳紫其樹去陳紫數十步初一家并種之及其成也差小又時有穊核者因而得名其家別居二紫亦分屬東西陳焉

宋公荔支樹極高大實如陳紫而小甘美無異
或云陳紫種出宋氏世傳其樹已三百歲舊
屬王氏黃巢兵過欲斧薪之王氏媼抱樹號
泣求與樹偕死賊憐之不伐宋公名誠公者
老人之稱年餘八十子孫皆仕宦
藍家紅泉州爲第一藍氏兄弟圭爲太常博士
丞爲尚書都官員外郎
周家紅獨立興化軍三十年後生益奇聲名乃
損然亦不失爲上等

何家紅出漳州何氏世爲牙校嘗有郡將全樹
買之樹在舍後將熟其子日領卒數十人穿
其堂房乃至樹所其來無時舉家伏藏欲即
伐去而不忍今猶存焉
法石白出泉州法石院色青白其大次於藍家
紅
綠核頗類江綠色丹而小荔支皆紫核此以綠
見異出福州
圓丁香丁香荔支皆旁去聲蒂大而下銳此種體
圓與味皆勝
虎皮以下二十品無等次
虎皮者紅色絕大繞腹有青紋正類虎斑嘗於
福州東山大乘寺見之不知其出處
牛心者以狀言之長二寸餘皮厚肉澁福州唯
有一株每歲貢乾荔支皆調於民主吏常以
牛心爲準民倍直購之以輸予嘗黜而不用
玳瑁紅荔支上有黑點踈密如玳瑁斑福州城
東有之

硫黃顏色正黃而刺微紅亦小荔支以色名之
也
朱柿色如柿紅而扁大亦云朴柿出福州
蒲桃荔支穗生一朶至一二百將熟多破裂凡
荔支每顆一梗長三五寸附於枝此等附枝
而生樂天所謂朶如蒲桃者正謂是也其品
殊下
蚶殼者殼爲深渠如瓦屋焉
龍牙者荔支之變怪者其殼紅可長三四寸彎

曲如爪牙而無瓤核全樹弗變非常有也與
化軍轉運司聽事之西嘗見之
水荔支漿多而淡食之蠲渴荔支宜依山或平
陸有近水田者清泉流溉其味遂爾出與化
軍
蜜荔支純甘如蜜是謂過甘失味之中
丁香荔支核如小丁香樹病或有之亦謂之焦
核皆小實也
大丁香出福州天慶觀厚殼紫色瓤多而味微

澁
雙髻小荔支每朶數十皆並蒂雙頭因以目之
真珠剖之純瓤圓白如珠荔支之小者止於此
十八娘荔支色深紅而細長時人以少女比之
俚傳閩王王氏有女第十八好噉此品因而
得名其冢今在城東報國院冢旁猶有此樹
云
將軍荔支五代間有爲此官者種之後人以其
官號其樹而失其姓名之傳出福州

釵頭顆紅而小可間婦人女子簪翹之側故特
貴之
粉紅者荔支多深紅而色淺者爲異謂如傳朱
粉之飾故曰
中元紅荔支將絶纔熟以晚重於時子嘗七月
廿四日得之
火山本出廣南四月熟味甘酸而肉薄穗生梗
如枇杷閩中近亦有之山在梧州
右三十二品言姓氏尤其著者也言州郡記

所出也不言姓氏州郡四郡或皆有也
嘉祐四年歲次己亥秋八月二十四日莆陽
蔡襄述明年三月十二日泉山安靜堂書
善爲物理之論者曰天地任物之自然物生
有常理斯之謂至神圓方刻畫不以智造而
力給然千狀萬態各極其巧以成其形可謂
任之自然矣而醜好精粗壽夭多少皆有常
分不有尸之孰爲之限數由是言之又若有
爲之者是皆不可詰於有無之間故謂之神

也牡丹花之絶而無甘實荔支果之絶而非名花昔樂天有感于二物矣是孰尸其賦予耶然斯二者惟不兼物之美故各得其精此於造化不可知而推之至理宜如此也余少遊洛陽花之盛處也因爲牡丹作記君謨閩人也故能識荔支而譜之因念昔人嘗有感於二物而吾二人者適各得其一之詳故聊書其所以然而以附君謨譜之末

嘉祐八年七月十九日廬陵歐陽脩題

閩中荔支通譜卷一

閩中荔支通譜卷二

晉安鄧慶寀道協輯
綏城吳師古啓信訂

明徐𤊹興公荔支譜一

荔支譜小引

荔支自宋蔡忠惠公譜錄而其名益著世代既遐種類日夥騷人韻士題品漸廣然散逸不收則子墨之失職而山林之曠典也惟時朱夏側生斯出名題於西川貢珍於南海吾閩所産實

冠彼都可謂盧橘慚香楊梅避色者矣爰倣蔡書別攟兹譜狀四郡品目之殊陳生植制用之法旁羅事蹟雜采詠題品則專取吾閩事乃兼收廣蜀物匪舊存品惟今疏深媿聞見未殫筆札荒謬博雅君子將壓挂漏之譏予小子其何敢辭焉萬曆丁酉晉安徐𤊹興公記

福州品

一品紅福州産之極品者故名

狀元紅顆極大味清甘福州産爲第一種與莆

中興

江家綠皮綠刺紅大如雞子味極清美蔡譜所記之樹已絕其種永慶里猶有傳者

虎皮蔡譜謂出大乘寺今寺廢樹絕惟靈岫里山前有之

牛心詳出蔡譜今歸義里三畲方南舖有此種

蚶殼以狀言之已見蔡譜今亦出歸義里

騘蹄長大甘柔

金樱上鋭下方色深黃

粟玉似金樱而圓味差勝

洞中紅出宿猿洞因名

星毬紅枝條生葉葉比他種差厚色紅而不絳

扁者如橘圓者如雞子核皆如丁香亦有無核者食之甘脆有韻蓋神品也奪其枝而植者竟莫能逮焉出靈岫里今永慶里亦有之

饅頭皮粗厚味甘大如饅頭故名

磨盤皮粗厚味甘大如雞子近蒂處甚平七月熟

金線實圓刺尖有金線界其中出永慶里

鳳池超實圓味甘出尚幹鄉故御史林公鉞家

中冠亦呼中觀體圓核小皮光味清大不如桂林成熟時香聞數里惟凰岡環水內者肉裹其核過半他處肉薄核露風味頓減

桂林皮粗厚大如雞子味甘

金鐘形如鐘皮畧粗厚色如硃砂味甘大類桂林

勝畫皮厚刺尖味甘肉豐大似桂林七月熟出

長樂縣六都者最佳他種不及

鏃玉皮粗厚味甘濃實似金鐘凰岡產爲最

綠珠一名結綠俗呼綠荔支實如山榛無核味最清至熟時實與葉無辨惟凰岡有之此異品也

紅繡鞋實小而尖形如角黍核如丁香味極甘美傳郎十八娘種今惟歸義里枕峰山有之

龍牙色紅長二寸許上下俱方出永慶里蔡譜獨載與化軍一種與此稍異

雞引子一朶數十枚大小錯出其大者核小小
者無核七月熟宋侍郎鄭文肅公湜墓前一
株今四百餘年其樹猶存墓在城門山
天柱樹極高大出凰岡
山中冠實大而圓餘荔將盡此荔始熟味微酸
澁
馬先白實類海山其熟最早味不甚甘
山金鍾實大微長荔之中等者
中秋綠色綠亦山枝種味微酸熟最後故名中

秋
松栢蕾皮厚而粗味澁大如松子故名
勝江萍以味甘得名皮光山枝中之最佳者或
呼爲勝江陳淨江瓶俱此種
勝江陳
淨江瓶
滿林香實絕類桂林皮微黃味甘其香倍於衆
品
鵞卵皮光無剌色紅出歸義里

蜜丸味甘肉厚俗呼肉丸
鵲卵皮薄實圓斑如鵲卵味微酸山枝中之佳
者七月熟
白蜜皮粉紅甘如蜜
醋甕色微黃味酸品之最下
將軍帽實如松蕾皮厚肉澁
雞肝實扁味甘色紅俱無核出淸廉里
牛膽類極大一握僅三四枚山枝品之異者出
水西桐坑
火山亦呼海山廣南種肉薄味酸四月熟品最

下
郡西自閩淸古田皆不可種蓋此二邑厥
土高寒也北自連江羅源近海之處間亦
有之實小味酸色不深紅其熟差晚半月
郡之附郭獨凰岡一村其種類甚夥不下
數百萬株大者十圍高二十丈名曰天柱
皆五代時居民所植者至今蕃盛不絕更
長樂一邑尤爲奇妙蔡譜自江家綠以下

十九種與今時所産品目各異按譜索之
十不得三四豈即當時之種而異其名邪
今所最重於時者中冠勝畫狀元紅次則
桂林金鐘大抵閩中之産可弟視南粤僕
視瀘戎君謨譜爲果中第一信非虚也

興化品

皺玉

郎官紅

游丁香

紫璚

百步闌壽香

西紫

黄香

大小江綠

瑞堂紅

松紅

麝囊紅

百步香

黄玉

玉堂紅

延壽紅出延壽里實比狀元紅差大肉厚核小
宋徐鐸所植之樹猶存

狀元紅即延壽紅種皮薄肉厚核小味香莆産
此爲第一

綠紗一名綠羅袍味甘

白蜜色白味甘

青甜

霞墩荔支實類狀元紅出霞墩故名

蔡宅紅出蔡君謨故居因以爲名

陳紫詳見蔡譜第二篇今下林尚有二株即當
時物

松蕾

水溜

宋家香核小味甘傳自宋公樹者因名今宋氏
宗祠後有一樹

黄石紅出穀城山樹高三十餘丈大可十一二

圃其陰可蔭十畝傳云郎君謨譜中宋公樹王氏老媪抱泣者至今猶存

星垂皮紅實如鴨卵荔支之最大者俗呼秤錘出莆田吳塘村樹大七八圍腹空可容五六人盤根如山盖數千年之物

火山肉薄味酸四月熟莆中荔支蔡譜謂名家不過十餘品今譜中所載亦不多見如玉堂紅一種在南廂下林乃宋名臣陳大卞手植居第之果也

狀元紅出於楓亭者珍於時舊名延壽紅宋元豐間狀元徐鐸所植鐸於楓亭薛奕以文武雙魁遂結姻媾故授其種於奕而楓亭之地宜荔因擅其名今驛舍中庭六株色皆參天其外數十里紅翠掩映一望如錦皆此種也至於夏初先熟厥名火山者莆中惟黄巷有之蔡譜謂其品殿嚴有異嘗詆東坡四月食荔支謂坡未嘗到閩不識真荔支是特火山耳王敬美謂莆中狀元香不如長樂之勝畫而勝畫乾之不如狀元香風味此評殊當

泉州品

大將軍

七夕紅

桂林

中冠俗以光皮者爲上

金鍾

早紅

白蜜

狀元紅

張官人

馬家綠

百步香

松蕾

火烟

鱉卵皮紅大如鱉卵核如米粒

丁香核小得名

綠衣郎皮綠如瓜皮實如鴨卵味甘澁出晉江
黑葉皮紅比狀元紅稍大味甘
麻餅實如黑葉味甘酸
火山肉薄味酸四月熟
椰鍾顆極大實類興化秤錘
進貢子其熟最先實如黑葉味甘不似火山
　泉中荔支蔡譜惟推藍家紅法石白二品紹興初郡守葉廷珪植二百株于郡圃王十朋第之以大將軍爲第一今大將軍尚

有存者而藍家紅法石白在宋時已不可識矣他邑如南安同安惠安諸種以桂林綠衣郎黑葉爲上安溪雖產不及南同惠三邑之多若永春德化種遂寥寥矣

漳州品

火山
中半
虎皮斑
南海
綠羅袍出平和琯溪張氏者佳
陳紅
冰圓
大綠
小綠
佘家綠
中冠
金鍾
黑葉

　漳中荔支蔡譜惟載何家紅一品耳茲且歲久其品遂絶今龍溪諸邑多植中冠間有金鍾得種佳者皺厚核小味甘其次唯火山爲盛肉薄味酸頻減聲價大抵漳郡不及泉中遠甚漳平龍巖二邑不產

閩中荔支通譜卷二

閩中荔支通譜卷三

晉安鄧慶寀道協輯
綏城吳師古啓信訂

明徐興公荔支譜二

一之種

荔核入土種者氣薄不蕃雖蕃不結實間有成樹者經十餘歲稍稍結顆肉酸澁無味鄉人于清明前後十日内將枝稍刮去外皮一節上加膩土用棕裹之至秋露枝上生根以細齒鋸從

根處截下植之他所勿冷動搖三歲結子纍然矣按接枝之法取種不佳者截去元樹枝莖以利刃微啓小隙將別枝削針插固隙中皮肉相向用樹皮封繫寬緊得所以牛糞和泥斟酌裹之凡接枝必待時暄盎欲藉陽和之氣一經接博二氣交通則轉惡爲美也若近海魚鹽之處斥滷土醎其味微酸不佳縱奪接之終不能以彼易此也

二之培

荔性宜熱最畏高寒古樹歷數百年者枝柯詰屈根幹盤旋其陰可蔽數畝此歲久根深縱霜霰侵壓不過葉瘁無損於樹當春仍發新葉開花結實至於新種不歷十數年者樹稚根淺一遇霜霰隨即枯萎明年不復花實鄉人有愛其樹者當極寒時樹下以稻草煨火緼之寒氣不侵葉無凋殞秋冬之際以淤泥和糞壅壓其根仍伐去枯條不令礙樹逢春尤易發生更有歇枝之樹隔一年而實者詳見蔡譜

三之啖

蔡譜引列仙傳本草經謂食荔有益于人可以得仙當盛夏時乘曉入林中帶露摘下浸以冷泉則殼脆肉寒色香味俱不變嚼之消如絳雪甘若醍醐沁心入脾蠲渴補髓啖可至數百顆或畏其飽點鹽少許啜之即消其鄉民鬻于市者積擔盈筐雖其本枝暑氣侵觸香色稍減較之就食林中者味亦不逮非必如白傳所云一日二日三日而後變也鄉人常選鮮紅者於竹

林中擇巨竹鑿開一竅置荔節中仍以竹籜裹泥封固其隙藉竹生氣滋潤可藏至冬春色香不變若紅鹽火焙曬煎者俱失真味竟成二物矣

四之曬

古風日晴霽時摘下於烈日中朗曬至乾以核實爲準風味殊勝於焙用竹籠箬葉密封可致久遠若風雨暴至則肌肉潰爛反不如焙矣蔡譜有紅鹽之法今貢獻不行其法尠傳

五之焙

擇空室一所中燔柴數百斤兩邊用竹筠各十每筠盛荔三百斤密圍四壁不令通氣焙至二日一夜荔遂乾實過焙傷火則肉焦苦不堪食乾者狀元香最佳鄉人多焙桂林金鍾以其實大美觀尤易于粥臞仙收乾荔法藏以新磁甕每鋪一層卽取鹽梅三五箇箬葉裹如粽子狀置其內密封甕口則不蛀壞誠意伯劉伯溫先生謂乾荔支變者先於殼上刺十許孔用蜜水浸之以銀盂盛於湯罐頭上蒸透卽肉滿可食

六之煎

荔初熟時乘露連蒂摘下以黃蠟熬勻封點蒂上勿令脫落盛之罐中將冬蜜煮熟得宜俟蜜冷浸之蜜過於荔始不洩氣藏至來春開視如鮮若荔過熟則漿滿肉腐不能久藏取蜜當以荔支花釀者爲第一臞仙謂臨熟時摘入甕中澆蜜浸之以油紙封固甕口勿令滲水投井中雖久不損

七之漿

取荔初熟者味帶微酸時榨出白漿將蜜勻煮蜜熟爲度置之磁瓶箬葉封口完固經月漿蜜結成香膏食之美如醴酪荔肉仍以白蜜緩火熬熟淨磁器收之最忌近鐵　又法取生荔曬至一日頻畨令勻去殼取肉每一斤白蜜一斤半於砂銚內慢火熬百千沸又以文武火養一日磁鉢攤于日中曬至蜜濃爲度盛於磁瓶兒臞仙神隱

閩中荔支通譜卷三

閩中荔支通譜卷四

晉安鄧慶寀道協輯
綏城吳師古啓信訂

明徐𤊹興公荔支譜三

敘事

漢武帝元鼎六年破南越起扶荔宫宫以荔支得名自交趾移植百株於庭無一生者連年猶移植不息後數歲偶一株稍茂終無華實帝亦珍惜之一旦萎死守吏坐誅者數十人遂不復蒔矣其實則歲貢焉郵傳者疲斃於道極爲生民之患至後漢安帝時交趾郡守極陳其弊遂罷其貢三輔黄圖

永元中交州進荔支十里一置五里一堠奔馳死亡罹猛獸毒蟲之害者無數唐羌字伯游爲臨武長上書言南州炎熱惡蟲猛獸觸犯死亡此物升殿未必延年益壽和帝勅大官勿復受獻謝承後漢書

單于來朝賜橙橘龍眼荔支東觀漢記

答遝離支注離支大如雞子皮粗剝去皮肌如雞子中黄味甘多酢少 司馬相如上林賦

南方果之珍異者有龍眼荔支令歲貢焉出九眞交趾 魏文帝詔

旁挺龍目側生荔支布綠葉之萋萋結朱實之離離迎隆冬而不彫常曄曄而猗猗其果則丹橘餘甘荔支之林 注荔支樹生山中葉綠色正赤肉正白味甘 晉左思三都賦

荔支樹高五六丈餘如桂樹綠葉蓬蓬冬夏榮

茂青華朱實實大如雞子核黄黑似熟蓮實白如肪甘而多汁似安石榴有甜酢者至日將中翕然俱赤則可食也一樹下子百斛 晉嵇含南方草木狀

海南人謂龍眼爲荔支奴 晉張華博物志

荔支冬青夏至日子始赤六七日可食甘酸可人其細核者謂之焦核荔支之最珍也 竺法眞登羅山疏

巴州治有官荔支園夏至則熟二千石常設厨

勝命士大夫共會樹下食之 後魏酈道元水經注

楊貴妃生於蜀好荔支南海荔支勝蜀者當時以馬遞馳載七日七夜至京人馬多斃於路百姓苦之然方暑而熱經宿者輒敗 劉昫唐書

天寶中正月十五夜玄宗於常春殿撒閩江紅錦荔支令宮人拾之 影燈記

天寶十四年六月一日上幸華清宮乃貴妃生日上命小部音聲小部者梨園法部所置凡三

十人皆十五巳下於長生殿奏新曲未有名會南海進荔支因以曲名荔支香左右歡呼聲動山谷 楊太眞外傳

天寶十五年上幸巴蜀貴妃從至馬嵬六軍不解圍縊妃於佛堂前之梨樹下纔絕南方進荔支至上覩之長號嘆息使力士曰與我祭之上持荔支於馬上謂張野狐曰此去劍門鳥啼花落水綠山靑無非助朕悲悼妃子之由也 太眞外傳

南方果之美者有荔支梧州火山者夏初先熟而味少劣其高潘者最佳五六月方熟有無核雞卵大者其肪瑩白不減水精性熱液甘乃奇實也 唐段公路北户録

羅浮先生軒轅集年過數百而顔色不老宣宗召入内庭因語京師無荳蔻花及荔支俄頃二花皆連枝葉各數百鮮明芳潔如纔折下 唐蘇鄂杜陽雜編

荔支生巴峽間樹形團團如帷蓋葉如桂冬青

花如橘春榮實如丹夏熟紫如葡萄核如枇杷殼如紅繒膜如紫綃瓤肉瑩白如氷雪漿液甘酸如醴酪大略如彼其實過之若離本枝一日而色變二日而香變三日而味變四五日色香味盡去矣元和十五年夏南賓守樂天命工史圖而書之蓋爲不識者與識而不及一二三日者云 唐白居易長慶集

治平中長沙趙琪作廣東提刑韶州公宇西軒有荔支數本中夏時荔支方熟琪將召刺史燕賞一夕荔支皆空皮核滿地琪深訝之乃開西軒見壁上有詩曰吾儕今日會嘉賓滿酌洪鐘酒數巡遍地狼籍不知曉荔支又是一番新荔支皆積其下二廣人多傳異之 青瑣高議

福建官譚徽之元符末出郊見一園荔支垂熟徽之採食少憩樹下朦朧中夢至一室美人盛服出迎携手而入飲間吟云妾生元在粵閩間六月南州始薦盤肉嫩色包丹鳳髓皮枯稜澁紫雞冠咽殘風味消心渴嚼破天漿沁齒寒却

憶當年妃子咲紅塵一騎過長安 陳耀文天中記

荔支甘橘南珍之上每歲進荔支郵傳者斃死於道漢朝下詔止之今猶修事荔支煎進焉其樹自徑尺至於合抱葉密如冬青木性堅重其根工人取爲阮咸槽彈棊局 犍爲僰道廣南荔支熟時百鳥肥其名之曰焦核次曰春花次曰朝偈此三種爲美次鱉卵大爲酸以爲醢和率生稻田間 廣志

梧州江前有火山上有荔支四月先熟核大而味酸其高新州與南海產者最佳五月方熟形若小雞子近蒂稍平皮殼殷紅肉瑩寒玉又有焦核者性熱液甘食之過度即以蜜漿制之又有蠟荔支色黃味稍劣於紅者 嶺表錄異

張九齡作荔支賦序云南海郡狀甚環詭在西掖嘗盛稱之誇大以爲甘旨之極則是九齡乃創見也議者謂楊妃酷好安知九齡有以啓之鮑防雜感詩云五月荔支初破顏朝離象郡夕

函關鴈飛不到桂陽嶺馬走皆從林邑山則當時征求之急亦可見矣 宋葛立方韻語陽秋

八桂荔支不及閩中所產妍紅渥丹畫工百端模寫不能殆世間紅色第一又有龍荔支身葉似荔支肉味如龍眼故兼二名 宋范石湖文集

龍眼雖後熟於荔支然甘美圓融有所謂寶圓者自可與荔支伯仲昧者目之爲奴徒欲爲荔支張價耍未識龍眼之眞丁 芝閩隨筆

荔支屬陽主散無形質滯氣瘤贅赤腫多啖能消過度虛熱亦生飲下蜜漿即解花併根煎嚥喉痹痛神方核煆存性酒調治卒心痛疝痛殼燒解穢種痘宜求木鋸作梳色亦堅勁 丹溪

明皇命方士以藥傳荔支根得核小宮人呼爲丁香子 開元遺事

璦珠者圓眼乾荔也劈開取實煮以清泉贊曰汲金井水煮璦珠羨蚌胎的皪龍目晶熒 宋本心翁疏食譜

閩中荔支核有小如丁香者多肉而甘土人亦

能爲之取荔本木去其宗根仍火燔令焦復種之以大石抵其根但令傍根得生其核乃小種之不役牙正如六畜去勢則多肉而不復有子耳 宋沈括夢溪筆談

荔支明皇時一騎紅塵妃子笑者謂瀘戎產也故杜子美有憶向瀘戎摘荔支之句是時閩品未有聞至今則閩品奇妙香味皆可僕視瀘戎蔡君謨作譜爲品已多而自後奇名異品又有出於君謨所譜之外者也 宋羅景綸鶴林玉露

莆田荔支名品皆出天成雖與其核種之終與其本不相類宋香之後無宋香所存者孫枝爾陳紫之後無陳紫過墻則爲小陳紫矣筆談謂焦核荔子土人能爲之取本木去其大根火燔令焦復植於土以石壓之勿令生旁枝其核自小里人謂不然此果形狀變態百出不可以理求或似龍牙或類鳳爪釵頭紅之可簪綠珠子之旁綴是豈人力所能加哉初方氏有樹結實數千顆欲重其名以二百顆送蔡忠惠公紿以

當歲所產止此公爲之目曰方家紅著之於譜印證其妄自後華實雖極繁茂逮至成熟所存者未嘗越二百遂成語讖此段已載遯齋閑覽中郡士黃處權復志其詳如此 宋洪邁容齋四筆

劉崇龜姻舊或干以財崇龜不荅但畫荔支圖與之 事文類聚

李直方嘗第果實名以綠李爲首楞梨爲副櫻桃爲三柑子爲四蒲桃爲五或薦荔支曰當與之首 國史補

荔支之屬州北自長溪寧德羅源至連江北境西自古田閩清皆不可種以其性畏高寒連江之南雖有植者其成熟已差晚半月直過北嶺官舍民廬及僧道所居至連山接谷始大蕃盛大觀庚寅冬大霜樹皆凍死經一二年始於舊根復生淳熙戊戌冬大雪亦多枯折常時霜雪寡薄溫厚之氣盛於東南故閩中所產比巴蜀南海尤爲殊絕荔支乾大中祥符二年歲貢六

萬顆元豐四年增減價本錢一百七十二緡有奇歲以銀輸左藏庫三年條次貢物如祥符之數元祐元年定爲常貢數亦如之崇寧四年增一萬三千顆大觀元年又增三千政和增貢一萬宣和於祥符數外進八萬三千四百七年損抑貢物減政和之半建炎三年罷荔支煎大中祥符二年定額一百三十瓶丁香荔支煎三十瓶元豐三年條次貢物如祥符之數元祐元年名爲常貢崇寧四年定歲亦如之建炎三年罷

圓荔支崇寧四年定歲貢一十萬顆大觀元年增一萬宣和中增十萬六百顆七年減政和歲貢之半建炎三年罷生荔支紹興初始貢至二十四年罷宣和間以小株結實者置瓦器中航海至闕下移植宣和殿錫二府宴賞御製有詩示羣臣時太宰余深有賜比西山藥一丸之句上稱賞之　宋梁克家三山志

荔支子味甘平無毒止渴益人顏色生嶺南及巴中其樹高一二丈葉青陰凌冬不凋形如松

子大殼朱若紅羅紋肉青白若水精甘美如蜜四五月熟百鳥食之皆肥矣　本草經

荔子生嶺南及巴中今泉福漳嘉蜀渝涪州興化軍及二廣州郡皆有之其品閩中第一蜀川次之嶺南爲下扶南記云此木以荔支爲名者以其結實時枝弱而蒂牢不可摘取以刀斧劙音利取其枝故以爲名耳其木高二三丈自徑尺至于合抱頗類桂木冬青之屬葉蓬蓬然四時榮茂不凋其木性至堅勁工人取其根作阮咸槽及彈碁局木之大者子至百斛其花青白狀若冠之蕤緌實如松花之初生者殼若羅紋初青漸紅肉淡白如肪玉味甘而多汁五六月盛熟時彼方皆燕會其下以賞之賓主極量取啖雖多亦不傷人少過度則飲蜜漿一杯便解荔支始傳於漢世初惟出嶺南後出蜀中蜀都賦所云旁挺龍目側生荔支是也蜀中之品在唐尤盛白居易圖序論之詳矣今閩中四郡所出特奇而種類僅至三十餘品肌肉甚厚甘香瑩

白非廣蜀之比也福唐歲貢白暴荔支并蜜煎荔支肉俱爲上方之珍果白暴須佳實乃堪其市貨者多用雜色荔支入鹽梅暴之成而皮深紅味亦少酸殊失本真凡經暴皆可經歲好者寄至都下及關陝河外諸處味猶不歇百果流布之盛皆不及此又有焦核荔支味更甜美或云是木生背陽結實不完就者白暴之尤佳又有綠色蠟色皆其品之奇者本上亦自難得其蜀嶺荔支初生亦小酢肉薄不堪暴花及根亦

入藥崔元亮海上方治喉痺腫痛以荔支花并根共十二分以水三升煮去滓含細細嚥之差止本草圖經

荔支藥品中今未見惟崔元亮方中收之味實中爲上品多食亦令人發虛熱此物喜雙實尤可愛本朝蔡君謨譜其說甚詳以核慢火中燒存性爲末新酒調一枚末服治心痛及小腸氣本草衍義

荔支味甘酸主蠲渴頭重心躁肩膊勞悶並宜

食之海藥本草方

荔支一名丹荔扶南記曰此木以荔支爲名者以其結實時枝弱而蔕牢不可摘取以刀斧劙去其枝故以爲名生嶺南巴中泉福漳興化蜀渝涪及二廣州郡皆有之其品閩爲最蜀川次之嶺南爲下樹形團圓如帷蓋葉如冬青華如橘朶如蒲桃核如枇杷殼如紅繒膜如紫綃肉白如肪花於二三月實於五六月其根浮必須加糞土以培之性不耐寒最難培植纔經繁霜枝葉枯死迺春二三月再發新葉初種五六年覆蓋之以護霜雪種之四五十年始開花結實其木堅固有經四百餘年猶能結實者曬荔法採下即用竹筛朗曬經數日色變核乾用火焙之以核十分乾硬爲度收藏用竹籠箬葉裹之可以致遠成朶曬乾者名爲荔錦取其肉生以蜜熬作煎嚼之如糖霜然名爲荔煎北方無此種自漢南粵以備方物於是荔支始通中國漢唐時命驛馳貢洛陽取於嶺南長安來於巴蜀

雖曰鮮獻傳置之速然腐爛之餘色香味之存者無幾蓋此果若離本枝一日色變二日香變三日味變四五日外色香味盡皆去矣非惟中原不嘗生荔之味江浙之間亦罕焉今閩中歲貢亦曬乾者宋蔡君謨作荔支譜載之名色詳矣茲不復錄昔李直方第果實或薦荔支曰當舉之首魏文帝詔羣臣曰南方果之珍異者有荔支龍眼焉今閩中荔支初著花時商人計林斷之以立券一歲之出不知幾千萬億水浮陸

轉販醫南北外而西夏新羅日本流求大食之
屬莫不愛好重利以酧之夫以一木之實生於
海濱巖險之遠而能名徹上京外被四夷重於
當世是亦有足貴者故附之穀譜是亦卓然爲
南北果品之奇者也 元王禎農書
漢武帝元鼎六年破南越建扶荔宫以荔支得
名也此荔騈生若十八娘之類曰扶荔者亦若
扶竹扶桑云漢書地名亦有扶柳 明楊慎丹鉛
總錄

蔡君謨荔支譜一卷昔人評其書嚴正方重如
土偶蒙金今無乃類之乎此本棗木刻在閩中
白樂天序蘇子瞻詩皆爲荔支傳神君謨不及
也然彼是巴蜀嶺南荔支耳似不足辱二君子
語 王世貞四部稿
閩中獨荔支奇絕龍眼名荔支奴眞堪作奴耳
次則佛手柑橄欖皆中原所無品亞荔支楓亭
驛荔支甲天下瀰山被野樹極婆娑可愛毋論
丹實纍纍驛甚宏壯中庭六株荔支色皆參天

荔支以興化府楓亭驛爲最長樂縣次之荔支
名以狀元香爲最然實不如長樂勝畫肉厚而
味甘當爲種中第一第乾之不如狀元香風味
荔支在漳泉間以四五月熟厭名火山肉薄味
酸驟食之能損側生聲價 王世懋閩部疏
閩中果以荔支爲勝自五月至六月以次成熟
大抵最後者最佳漳城早熟者曰火山味最劣
而楓亭所産狀元香爲最勝核小而實豐衣如
絳綃實如水晶剖之津津玉露滴瀝甘倍于蜜

而香美過之清沁肺腑昔杜牧之有一騎紅塵
之句蘇長公有荔支嘆之篇是宜妃子之嗜而
千古艷傳也楓亭驛中芳樹森列其外數十里
陸離彌望當成實時紅翠掩映如錦繡谷大抵
閩中官署禪林郵亭別館多樹此 麥登名榕城
隨筆
余督學八閩日啖荔支三百顆無論滋味醲甘
香氣清遠而色澤鮮妍如紅綃紫綃離離可愛
因繪圖聊爲十八娘傳神耳荔支品最夥惟長

樂勝畫爲品中第一此圖勝畫耶書勝耶識者自能辨之惜無能爲姻舊濟于丹徒愧崇龜耳若龍眼熟稍後而枝頭灼灼如黃金彈尤其味雖不及荔支甘醲而清潤似過之昔左太冲賦云旁挺龍目側生荔支蓋並美也鄙之爲奴則過矣其殆伯仲之間乎顧大典清音閣集

不佞每食長樂荔支香味與色自拔其類即白居易文筆劉崇龜墨妙莫能圖也眞勝畫耶今玩畫圖朝夕在味無左輔患即十八娘細骨楊

貴妃香肌莫能比也畫勝眞耶陳文燭荔支評語

余食荔支甘甚比入閩而聞長樂有勝畫者爲殊品獨未試一啖之覽顧道行圖評紅塵不驚丹實可掇氣味馥馥沁心脾矣非勝畫耶何時朱夏枝頭子纍纍與赤日爭色余嘗單車造三山坐樹下一飽昔芳用償宿渴爾時可無用按圖索矣勝畫勝也畫勝亦勝也不當兩相雄長耶張文燿荔支評語

荔支者果之牡丹也牡丹盛洛下洛人士珍而譜之荔獨盛閩譜可闕士闕哉鶉火之次炎歊蔌颸滄澥寥廓丹猤在望寤寐耿耿懷之好音其詞曰荔有頻而艷瑩而腴甘潤軟香得一可勝百者狀元紅也䕫若𦡆簇若稜錦膚而畜腹百二什二稱東西秦者勝畫也色澤匪殊風格微減並驅中原二乘先登而肩隨者中觀也石中棘表其㕧肩肩然神漿雋頡覓爾逸羣別格甄奇不緣貌勝者桂林也砂神玉理既癰且修

跂予望之矯若蒲牢在簴者金鍾也蛾眉淡横素馨清婉丹鉛深謝故增妍憐者滿林香也深碧淺紫獨兼二妙風韻彌嘉邈焉寡儔者勝江陳也海山先而酢山枝纖而遲比之羣玉瞠乎後塵茀鵲蛋蜜香蒇寒獨秀海山先芳開我後人搜奇君子是之取爾彼碌碌餘子者何以稱焉嗟乎元紅勝畫涅槃之宗色相遁與咸得正果山枝小乘猶隸法門海山無奇寔沿衣鉢譜而次之儷於花王非過也野狐外道於我何有

詩 謝杰荔支名記

或問本畯曰徐與公譜荔支既莵文與賦矣而復系之以詩何居應之曰夫譜與文第能署荔之色香味品生植採製而盛德形容非詩莫美譬之寫照譜與文部位繪事也而阿堵之妙恒藉乎詩而貌之是惟國工擅之非國工而擅精神意態信手泚潘混濁模糊肖也遠矣或問宋元之詩非俗工歟曰斯筆俗而神態肖焉既肖矣烏乎弗錄此錄詩之大旨　屠本畯荅客問

宋蔡忠惠公入直龍圖出分虎節多識草木宜力海邦覽其荔支一譜品題軒輊良稱能事一之原本始二之標尤異三之志賈鬻四之明服食五之慎護養六之時法製七之別種類其用心亦勤矣夫博物蒐奇玄言清賞予盍有味於兹編耳　張邦侗蔡端明荔譜引

吾閩荔子實冠嶺南瀘戎而在閩則吾郡爲勝物之尤者亦自有神司之一種之奇稍易其處風味輒更至如宋家香見剝於黃巢樹幹既穿荔核遂隙剝之一一可驗造物者若有意乎其間此理之不可曉者延壽紅乃宋狀元徐公鐸所手植者其樹迄今亭亭獨茂果實豐美非有力者歲不得嘗絳囊既剖明璫旋覩雖走之塵埃中毫無所染他種莫得混也樹下有井亦徐公所鑿者井中横亘一石其泉左重右輕更爲奇異暑月就暾樹下汲井渫浸荔實風味倍增蔡宅之墟即蔡端明先生舊里荔樹冠附郭諸處蔡氏宗祠中綠紗一株歲不多生而色香味

殊絕卋哉無核足稱珍品而霞墩之品是本陳紫今半屬余友林晉伯園林余羣玉山及西巖之荔皆移植於楓亭者自謂于斯果有緣佳味不乏恐五城十二樓中樂或未易誇此也　陳翰臣瀟瀟齋筆談

閩中荔支通譜卷四

閩中茘支通譜卷五

晋安鄧慶寀道協輯

綏城吳師古啓信訂

明徐興公茘支譜四

文類

謝賜生茘支啓　齊　孔稚珪

綠葉雲舒朱實星映離離昔聞曄曄今覩信西岷之佳珍諒東鄙之未識角卵與而靈華敷大火中而朱實繁灼灼丹華吐白離離繁星著天

稚珪死罪死罪

送茘支與昭文相公帖　宋　蔡　襄

襄再拜宿來伏惟台候起居萬福閩中茘支唯陳家紫號爲第一輒獻左右以伸野芹之誠幸賜收納謹奉手狀上聞不宣

答循守周文之　蘇　軾

今歲茘子不熟土產早者既酸且少而增城晚者不至方有空寓嶺表之嘆忽信使至坐有五客人食百枚飽外又以歸遺皆云其香如陳家紫但差小耳二廣未嘗有此異哉又使人徤行八百枚無一損者此尤異也蒸暑異常萬萬以時珍嗇

答安撫王補之　黃庭堅

寄餘甘茘子極荷遠意之重茘子雖肉薄甘味亦勝黔中細事恩高明辱垂意周旋曷勝愧感

再答王補之

其所作茘支湯擘生茘支肉别貯其自然汁以水解白沙蜜漸入和合令味相得卽幷茘支肉

上火煑減半以甆合貯之計客數人一勺又令入湯小半盞煎沸用紗囊盛龍腦先撲熱盞乃注湯謾錄上

與曹使君伯達

再拜啓伏承手誨分惠茘子色香動人眼鼻誠與山烟溪露俱來乃知夔峽茘支已勝嶺南珍重眷與之意無以爲喻

福州擬貢茘支狀　曾　鞏

右臣竊以禹貢揚州厥包橘柚錫貢則百果之

實列於土貢所從來已久二帝三王所未嘗易也荔支於百果爲殊絶產閩粤者比巴蜀南海又爲殊絶閩粤官舍民廬與僧道士所居自階庭場圃至于山谷無不列植歲取其實不可勝計故閩粤荔支食天下其餘被於四夷而其尤殊絶者閩人署其名至三十餘種然生荔支留五七日輒壞故雖歲貢皆乾而致之然貢蓋爲常品相沿已久其尤殊絶者未嘗以獻蓋東漢交趾七郡貢生荔支十里一置五里一堠晝夜

馳走有毒蟲猛獸之害而唐天寶之間亦自巴蜀驛致實開後心當陛下之時方以恭儉寡欲爲天下先固不可得而議及於此也至於歲貢旣乾而致之然顧以常品其尤殊絶者則抑於下土使田夫野叟往往屬厭而太官不得獻之於陛下陛下不得獻之於宗廟兩宮使勞人費財如此可也蓋荔支尤殊絶者固不可多致若每種歲貢數百或至千數每州不過用三五步卒使之日行兩驛固不爲勤且煩非有勞人費財之患而脩貢者不知及此此臣之所未諭也又荔支成實在六七月間雖乾而致之然新者於其甘滋猶未盡失至於經歲則所存者特其滓苴而已而每歲貢入常至冬春夫蠻夷異類贄其方物皆知用其土產之良而不敢慢今邦域之內守藩之臣効其貢職而曾不知出此此臣之所以不敢安也故臣常欲至荔支成實約旁近州各擇其尤殊絶列於名品者差其多少以時上進其領於有司備燕賜之用者自如故

事蓋建安貢茶自蔡襄易以小團而茶之絶特者始得獻之天子今荔支復得擇其尤者則閩粤之產選擇而充庭實者始備所以致臣之恭於其貢職此臣之官守也

荔支録

陳紫出興化軍秘書省著作佐郎陳琦家於品爲第一江綠出福州類陳紫差大而香味蓋爲次也方紅徑可一寸色味俱美荔支之大無出此者歲生一二百顆而已出興化軍尚書屯田

郎中方蓁家紫種自陳紫實大過之出興化軍
小陳紫實差小出興化軍宋公荔支實如陳紫
而小甘美亦如之出興化軍宋氏世傳其木已
三百歲藍家紅泉州第一出尚書都官員外郎
藍丞家周家紅初於興化軍爲第一及陳紫方
紅出而周家紅爲次何家紅出漳州何氏法石
白出泉州法石院色青白其大次於藍家紅綠
核出福州荔支核紫而此獨核綠圓丁香丁香
荔支皆旁蒂大而下鋭此獨圓而味尤勝右十

四種皆以次第著於錄虎皮色紅而有青斑類
虎皮出福州牛心以狀名之長二寸餘皮厚肉
澁出福州惟一本玳瑁紅色紅而又有黑點類
玳瑁出福州城東硫黃以色類硫黃朱柿色如
柿出福州蒲桃荔支穗生一穗之實至三百然
其品殊下蚶殼以狀名之龍牙長可三四寸彎
曲如爪牙而無瓤核出興化軍然不常有水荔
支多漿而淡出興化軍蜜荔支以甘爲名然過
於甘丁香荔支核小如丁香大丁香殼薄色紫

味微澁出福州天慶觀雙髻小荔支每朶數十
皆並蒂雙實真珠荔支圓白如珠無核荔支之
最小者十八娘荔支色深紅而細長閩王王氏
有女第十八好食此因而得名女冢在福州城
東報國院冢旁猶有此樹或云謂物之美少者
爲十八娘閩人語將軍荔支五代時有此官者
種之因其得名出福州釵頭顆荔支顆紅而小
可施釵頭粉紅荔支多深紅而此以色淺爲異
中元紅實時最晩因以得名火山荔支本出南

越四月熟穗生味甘酸肉薄閩中近年有之右
二十種無次第荔支三十四種或言姓氏或言
州郡或皆識其所出或不言姓氏州郡則福泉
漳州興化軍蓋皆有也一品紅言於荔支爲極
品也出近歲在福州州宅堂前狀元紅言於荔
支爲第一也出近歲在福州報國寺

答王侍御懋復　明　王穉登

用昭誇荔子之美甚盛欲以楊梅敵之未肯下
乃施使君書吳兒第解啾朱櫻耳不太夏蟲我

乎一騎紅塵何足驕異時僕得就公案頭日啖三二百顆當决楚漢雌雄矣

答施觀察

荔子之惠太夥召客啜之皆爲楊梅左袒詹録君稍誇樹下時風味差勝然大要不相河漢如公云櫻桃者安敢當是欲射干而類芷耶

與馬用昭

宮詹君載荔支十斛還僅出數顆啜僕僕得諸司徒公餉者不貲坐客如雲破黐而啖之幾盡

口中香如雞舌政未得飽其孥耳損足下之惠隆然何以堪

寄王敬美

按士之服幾從武夷君游日啖荔支幾何差勝楊家果無興時天子下尺一徵使君還青蒲丹陛之前以爲貴則貴耳雖夢寐此果安能快嚼如今日哉

絳囊生傳　徐𤊹

絳囊生者名丹別字太白其先祝融氏以火德王都南離子孫纍纍散處閩越南粵巴蜀間遂以離爲姓生其苗裔也生少有異質顏如渥丹肌肉豐瑩性復甘美雖中若刻核而外多模稜未嘗有所譏刺人有督過生者任其指摘生但頹然垂首而已與人交一膜之內洞見肺腑故見者莫不津津漢初時天子求海國異才南粵王尉佗以生入貢十里一置五里一堠得達京師武帝獵於上林問生於司馬相如相如曰其才在盧郎楊子間甚稱上旨相如故蜀產雅習

生乃以盧楊並稱時論屈之元鼎六年帝建離宮處生其中生素長南方北地苦寒雖沾渥恩顏色枯瘁一旦以計自脫守吏坐誅者數十人生每歲朝京師所過有司供具甚費臨武長唐羌謂生濫縻祿以甘腴啗人主無益于大官請罷之上可其奏生既落職遂學玉液還丹之術衣朱衣肘後常繫絳囊貯金莖露往來于七閩兩廣夔梓之地人皆稱爲絳囊生云唐天寶中楊貴妃聞其名欲致之時生方結廬于蜀之

涪州許擁傳上謁生以一騎馳至顏色自若妃召見沉香亭見生丰姿姣艷甚憐愛之勑宮人以金盤注華清池水賜浴其中膚如凝脂芳香逼人貴妃大咲謂生非紅塵中物賜緋一襲常乘朱輪出入禁中然生以還丹術得幸故廷議肅然丞相曲江張九齡作賦贈生名益顯其後祿山陷京師車駕幸蜀生亦遁去襄陽人杜甫避難蜀中其所吟咏多及生元和中太傅白居易出守南賓時與生爲臭味交以生美容止命

工史繪像爲詩贊之未嘗一惜齒牙生族類既繁而閩中尤盛宋端明殿學士蔡襄爲作譜牒敘其本枝奕葉甚詳南豐曾鞏知福州爲生脩實錄以爲有邁種之德生有側生女弟十八娘者容色殊絕與閩王審知少女以紅妝相艷貌與生肖生駢得道常挾黃頭奴號旁挺者先後婆娑于林藪間其後大丹既成遺蘖軀殼尸解以去不知所終

太史公曰余讀列仙傳及仙人本草皆稱生能蠲渴補髓有功于人非虛語也黃巢之亂幾嘗斧鑕以老媼抱泣卒全其天年丰矣端明迄今五百餘載譜牒缺略然子孫在閩中以朱紫起家者不可勝數語曰桃李不言下自成蹊吾于生亦云

十八娘傳　　黃履康

十八娘者開元帝侍兒也姓支名絳玉字曰麗華行十八吾郡人其先若木氏之苗裔子孫散處閩中其居嶺南若交州若瀘戎又其別枝也

春秋不甚顯漢時族始有聞祖曰丹嘗佐漢國東海後又以丹爲氏永元中有從交州聘入宮者以臨武長唐羌言而止傳至唐開元間族益茂其母綠陰氏夢繁星離離墜于懷卜云當得女而麗至夏季姬生膚如氷玉色深紅而體微細長喜着絳羅襦內褐以輕紅絺袷懸水晶環光如瑩當玄宗時楊太真與江采蘋弁寵擅掖庭一日采蘋侍從容言妾里中十八娘者色麗甚帝心動而太真亦雅豔慕之置騎傳物中使

趣姬上姬就道從馬上歌曰妾本豔麗姿容華最堪惜一朝誤被君王恩從此紅顏不棄擲日行千餘里姬去家久心搖搖如懸旌貌亦稍減前而風態猶存姬至帝方擁太真觀蓮太液池即召見光采襲人姬叩首曰妾伏處海陬蒙恩收錄備供奉願以身事左右以水晶盤貯水命姬捧進色與水晶相掩映帝與太真置膝上撫弄移時顧姬笑曰如此風韻不傾城耶因手解其羅襦微聞薌澤姬口極甘善媚人太真妒諸

姬侍莫敢進獨與姬驩無厭紫薇舍人聞而嘲之世所傳一騎紅塵妃子笑者指姬也太真既敗采蘋亦以兵變死姬歸里中有贈姬六言云紅皺解羅襦處香清露玉肌時纖嶺堪憐妃子荢蘿不數西施讀之猶有生氣宋端明學士蔡君謨亦姬里中人爲姬家著譜私謚姬爲絳衣仙子姬姊姪十有二而宋香者陳紫者江綠者皆以色澤著又有居火齊山者爲人寒酸其風韻不及姬遠甚外史氏檢唐野記得姬事呼毛穎生載之

十八娘外傳　　幔亭羽客

明皇既幸蜀失貴妃於馬嵬十八娘亦歸里中居晉安城東報國院至德三載無疾而終遂就院傍之隙地瘞焉萬曆中有東海生者閩人也一日出遊東郊少憩於報國院晝長假寐夢至一所朱戶紅樓丹楹紫閣極其壯麗徘徊間俄見一雙髻侍兒紅裙翠袖揖生而進曰奉十八娘命敬邀郎君生從之入未及百步香氣襲人

行至一室扁曰扶離別館少項見綠紗侍兒導一女郎年可十七八衣絳綃衣顏色殊絕冉冉而至生進曰偶因休暇駕言出遊既昧平生敢逢勝果女郎曰妾開元皇帝侍兒也以江采蘋之薦得幸于上今歸此中以與郎君有夙緣故相屈耳因出金鍾貯瓊液以酌生生飲之甘如醍醐醍酪酒酣姬容色轉麗因歌菩薩蠻一闋

妾身本是瑯琊種當年曾被君王寵豔態闘紅妝人稱十八娘　絳綃籠玉質纖手金盤擘驛

路起塵埃驪山一騎來生聞之愈加歎賞因請問開元遺事姬曰妾憶在宮中時正月十五夜上御常春殿張臨光宴白鷺轉花黃龍吐水遣妾撒閩中錦丸於地令宮人競拾之多者賞以紅圈帔綠暈衫又一日上幸長生殿奏新曲未有名值妾爲貴妃稱觴上大悅遂以妾名其樂左右歡呼聲動山谷此皆妾之受寵於上不聞於人間者生聞之愈驚駭既而侍兒報以江家周家陳家三姬至江衣綠周衣紅陳衣紫種種

妖麗三姬曰聞吾姊今日有佳賓故來相賀三姬各集古詩二章江姬吟曰百般紅紫鬬芳菲（韓愈）隔水殘霞見蕭衣（曹唐）別有玉杯承露冷（裴潾）紅妝飛騎向前歸（武元衡）野人相贈滿筠籠（杜甫）時似開元天寶中（杜牧）火樹風來翻絳艷（白居易）樹頭樹底覓殘紅（王建）周姬吟曰紅樹枝頭日月長（曹唐）一枝濃艷露凝香（李白）凌晨併作新妝面（韓愈）玉碗盛來琥珀光（李白）中人落晚愛紅妝（蘇頲）丹粉經年染石床（皮日休）飽食不須愁內熱（王維）已分甜雪飲瓊漿（司空曙）陳姬吟曰何處橫釵帶小枝（秦韜玉）可憐妖冶正當時（白居易）曾緣玉貌君王寵（劉得仁）莫比潘家大谷梨（崔興宗）可愛深紅愛淺紅（杜甫）離離朱實綠叢中（周元範）不知多少開元事（譚用之）香氣潛來紫陌風（袁不約）三姬吟畢十八娘亦集古句二首遥指紅樓是妾家（李白）瓊枝日出曬紅紗（白居易）摘時正帶凌晨露（白居易）應服朝來一片霞（秦系）曉漱瓊膏冰齒寒（包佶）一生長對水晶盤（李義山）香隨翠籠擎初到（韓愈）長得君王帶笑看（李白）四姬吟就

十八娘出紅繡鞋一雙贈生且囑曰願君以此傳之人間既而江姬出麝囊一函周姬出眞珠一顆陳姬出紫瓊一枚爲贈生遽然驚覺惟見荔枝垂熟繁星離離詢其旁果有十八娘塚云因賦詩曰驪山一騎紅塵起七日能行數千里丹荔飛來色正新金盤滿注華淸水花外遥聞百步香寒冰一片剖羅囊長生殿上連枝進太液池頭半醉嘗樂工初製梨園曲小部音聲聽不足佳名新賜荔支香左右歡呼動山谷一聲

鼙鼓震漁陽西幸鑾輿道路長蛾眉宛轉含情
死馬上君王掩面傷炎方仍進青絲籠垂涕還
思當日寵丹實猶然貢上方朱顔久已歸荒塚
妃子妖蒐去渺茫千秋何處識紅妝夢中細説
前朝事不及王家十八娘

閩中荔支通譜卷五

閩中荔支通譜卷六

晉安鄧慶寀道協輯
綏城吳師古啟信訂

明徐興公荔支譜五

賦類

荔支賦　漢　王逸

暖若朝雲之興森如橫天之彗湛若大廈之容鬱如峻嶽之勢脩幹紛錯綠葉臻臻灼灼若朝霞之映日離離如繁星之着天皮似丹罽膚若明璫潤侔和璧奇喻五黃仰歎麗表俯嘗佳味口含甘液心受芳氣兼五滋而無當主不知百和之所出卓絕類而無儔超眾果而獨貴

荔支賦　唐　張九齡

南海郡出荔支焉每至季夏其實乃熟狀甚瓌詭味特甘滋百果之中無一可比余往在西掖嘗盛稱之諸公莫之知而固未之信唯舍人彭城劉侯弱年遷累經于南海聞斯談倍復喜歎以爲甘旨之極也又謂龍眼凡果而與荔支齊

名魏文帝方引蒲桃及龍眼相比是時二方不通傳聞之大謬也每相顧閒議欲爲賦述而世務卒卒此志莫就及理郡暇日追敘往心夫物以不知而輕味以無比而疑遠不可驗終然永屈況士有未效之用而身在無譽之間苟無深知與彼亦何以異也因道揚其實遂作此賦

果之美者厥有荔支雖受氣於震方實稟精於火離乃作酸於此裔爰負陽以從宜蒙休和之所播涉寒暑而匪虧下合圖以擢本傍蔭畝而

抱規紫紋紺理黛葉緗枝蓊鬱而靈霧環合而棼纚如葢之張如帷之垂雲烟沃若孔翠于斯靈根所盤不高不卑陋下澤之沮洳惡層崖之嶮巇彼前志之或妄何側生之見疵爾其勾芒在辰凱風入律肇允含滋芬敷謐溢綠穗靡靡青英苾苾不豐其華但甘其實如有意乎敎本故微文而妙質蒂葯房而攢萃皮龍鱗以駢櫛膚玉英而含津色江萍以吐日朱苞剖明璫出冏然數寸猶不可匹未玉齒而殆銷雖瓊漿而可軼彼衆味之有五此甘滋之不一伊醇淑之無準非精言之能悉聞者歎而竦企見者訝而驚仡心恚可以蠲忿口爽可以忘疾且欲神於醴露何比數之湘橘援蒲桃之見擬亦古人之深疾若乃華軒洞開嘉賓四會時當燠煜客或煩憒而斯果在焉莫不心侈而體怢信雕盤之仙液實玳筵之綺繢有終食於累百愈益氣而治内故無厭於所甘雖不貪而必愛沉美李而莫取浮甘瓜而自退豈一座之所榮冠四時之

爲最夫其貴可以薦宗廟其珍可以羞王公亭十里而莫致門九重兮曷通山五嶠兮白雲江千里兮青楓何斯美之獨遠嗟爾命之不工每被誚於凡口罕獲知於貴躬柿何稱乎梁侯梨何幸乎張公亦因人之所遇孰能辨乎其中哉

閩中荔支通譜卷六

閩中荔支通譜卷七

晉安鄧慶寀道協輯

綏城吳師古啓信訂

明徐𤊹興公荔支譜六

詩類

咏荔支　齊　劉霦

叔師貴其珍，武仲稱斯美。良由自遠致，含滋不留齒。

〇解悶　唐　杜甫

先帝貴妃俱寂寞，荔支還復入長安。炎方每續朱櫻獻，玉座應悲白露漙。

憶過瀘戎摘荔支，青楓隱映石逶迤。京華應見無顏色，紅顆酸甜只自知。

側生野岸及江蒲，不熟丹宮滿玉壺。雲壑布衣駘背死，勞生重馬翠眉須。

翠瓜碧李沈玉甃，赤梨葡萄寒露成。可憐先不異枝蔓，此物娟娟長遠生。

華清宮　杜牧

長安回望繡成堆，山頂千門次第開。一騎紅塵妃子笑，無人知是荔支來。

題郡中荔支詩十八韻兼寄萬州楊八使君　白居易

奇果標南土，芳林對北堂。素華春漠漠，丹實夏煌煌。葉捧低垂戶，枝擎重壓牆。始因風弄色，漸與日爭光。夕訝條懸火，朝驚樹點妝。深於紅躑躅，大校白檳榔。星綴連心朵，珠排耀眼房。紫羅裁襯殼，白玉裹填瓤。早歲曾聞說，今朝始摘嘗。

嚼疑天上味，嗅異世間香。潤勝蓮生水，鮮逾橘得霜。胭脂掌中顆，甘露舌頭漿。物少猶珍重，天高苦渺茫。已教生暑月，又使阻遐方。淬液靈難駐，妍姿嫩易傷。近南光景熱，向北道途長。不得充王賦，無由寄帝鄉。唯君堪擲贈，面白似潘郎。

重寄荔支與楊使君欲種植故有落句戲之

摘來正帶凌晨露，寄去須憑下水船。映我緋衫渾不見，對公銀印最相鮮。香連翠葉真堪畫，紅

透青籠實可憐聞道萬州方欲種愁君得喫是
何年

種荔支

紅顆珍珠誠可愛白鬚太守亦何癡十年結子
知誰在自向庭前種荔支

荔支樓對酒

荔支新熟雞冠色燒酒初開琥珀香欲摘一枝
傾一盞西樓無客共誰嘗

荔林　　鄭谷

平昔誰相愛驪山遇貴妃在教生處遠愁見摘
來稀曉奪紅霞色晴欺瘴日威南荒何所戀爲
爾即忘歸

荔支樹

二京曾見畫圖中數本芳菲色不同孤棹今來
巴徼外一枝烟雨思無窮夜郎城近含春瘴杜
宇巢低起瞑風腸斷渝瀘霜霰薄不教葉似灞
陵紅

南海陪鄭司空遊荔園　　曹松

荔支時節出旌斿南國名園盡興遊亂結羅紋
照襟袖別含瓊露爽咽喉葉中新火欺寒食樹
上丹砂勝錦州他日爲霖不將去也須圖畫取
風流

荔支　　韓偓

遐方不許貢珍奇密詔惟教進荔支漢武碧桃
爭比得枉令方朔號偷兒

封開玉籠雞冠濕葉襯金盤鶴頂鮮想得佳人
惟露齒翠釵先取一枝懸

巧裁絳片裹神漿崖蜜天然有異香應是仙人
金掌露結成冰入茜羅囊

荔支詩　　薛能

顆如松子色如櫻未識蹉跎欲半生歲杪監州
曾見樹時新入座久聞名

宣和殿荔支　　宋　徽宗皇帝

密移造化出閩山禁御新栽荔子丹玉液乍凝
仙掌露絳苞初結水晶丸酒酣國艷非朱粉風
泛天香轉蕙蘭何必紅塵飛一騎芬芳數本座

中看

咏荔支

曾鞏

剖見隨珠醉眼開丹砂緣手落塵埃誰能有力如黄犢擲盡繁星始下來

玉潤氷清不受塵仙衣裁出絳羅新千門萬戶誰曾得只有昭陽第一人

絳縠囊收白露團未曾封寄向長安昭陽殿裏才聞得已道佳人不耐寒

金釵雙捧玉纖纖星宿光芒動寶奩解笑詩人

誇博物祇知紅顆味酸甜

四月十一日初食荔支

蘇軾

南村諸楊北村盧白花青葉冬不枯垂黄綴紫烟雨裏特與荔支爲先驅海山仙人絳羅襦紅紗中单白玉膚不須更待妃子笑風骨自是傾城姝不知天工有意無遣此尤物生海隅雲山得伴松檜老霜雪自困楂梨麤先生洗盞酌桂醑氷盤薦此頳虬珠似開江瑶斫玉柱更洗河豚烹腹腴我生涉世本爲口一官久已輕蓴鱸

人間何者非夢幻南來萬里眞良圖

食荔支

惠州太守東堂祠故相陳文惠公堂下有公手植荔支一株郡人謂將軍樹今歲大熟賞啖之餘下逮吏卒其高不可致者縱猨取之

丞相祠堂下將軍大樹旁炎雲駢火實瑞露酌天漿爛紫垂先熟高紅挂遠揚分甘徧鈴下也到黑衣郎

食荔支

羅浮山下四時春盧橘楊梅次第新日啖荔支三百顆不妨長作嶺南人

次韻劉燾撫句蜜漬荔支

時新滿座聞名字別久何人寄色香葉似楊梅蒸霧雨花如盧橘傲風霜每憐蓴菜下鹽豉肯與葡萄壓酒漿回首驚塵捲飛雪詩情眞合與君嘗

次韻曾仲錫承議食蜜漬生荔支

代北寒虀擣韭萍奇苞零落似晨星逢鹽久已

成枯腊得螯猶應是薄刑欲就左慈求拄杖便
隨李白跨滄溟攀條與立新名字見女稱呼恐
不經 時有十八娘荔支

再和曾仲錫荔支

柳花着水萬浮萍荔實周天兩歲星本自玉肌
非鵠浴至今丹殼似星刑侍郎賦咏窮三峽妃
子烟塵動四溟莫遣詩人說功過且隨香草附
騷經

荔支嘆

十里一置飛塵灰五里一堠兵火催顛坑赴谷
相枕藉知是荔支龍眼來飛車跨山鶻橫海風
枝露葉如新採宮中美人一破顏驚塵濺血流
千載永元荔支來交州天寶歲貢取之涪至今
欲食林甫肉無人舉酒酹伯游我願天公憐赤
子莫生尤物爲瘡痏雨潤風調百穀登民不饑
寒爲上瑞君不見武夷溪邊粟粒芽前丁後蔡
相籠加爭新買寵各出意年年鬭品充官茶吾
君所乏豈此物致養口體何陋邪洛陽相君忠

孝家可憐亦進姚黃花

荔支　劉攽

南州積炎德嘉樹凌冬綠薰風海上來丹荔迎
夏熟煌煌錦繡林亭亭翡翠屋鵲頭爛晨霞天
酒瑩寒玉流聲感華夏採綴如不足開元百馬
死漢堠五里促君王玉食間此薦知不辱迨今
糟粕餘猶足驚凡目憶初成上林四方會奇木
使臣得安榴天馬來苜蓿擢身自幽遐托地幸
滲漉我欲咎眞宰胃兹限荒服將非名實雄百

果爲羞縮區區化工意聊爾存衆族

○荔支

荔筵火齊滿金盤五月甘漿破齒寒南國巳隨
朱夏熟北人猶指畫圖看烟嵐不續丹櫻獻玉
座空悲羯鼓殘相見任誇雙蒂美多情莫唱水
晶丸

荔支詩　劉子翬

挺秀窮荒嘆未遺昔賢迎賞著風騷縱班盧橘
才非偶不近長安價愈高烟雨萬株遙若畫塵

堠一騎咲徒勞瑚盤此日無遺迸品格妍媸敢自逃

炎蒸午夢枕滄浪落落星苞喜乍嘗筆下丹青千品色釵頭風露一枝涼雞冠借擬何輕許馬乳爭名固不量眞得當時妃子咲驪山千古事凄涼

荔支六言　曾幾

蕉子定成晉伍梅尤應愧盧前金谷危樓魂斷白州舊井名傳

紅皺解羅襦處清香開玉肌時繡嶺堪憐妃子苧蘿不數西施

咏荔支

異方風物鬢成斑荔子嘗新得破顏蘭蕙香浮襟解後雪冰膚在酒酣間絕知高韻輕瑤柱未覺豐肌病玉環似是看來終不近寄聲龍目儘追攀

福帥張淵道荔支

豈無重碧貫瓶罌難得輕紅薦一杯千里人從閩嶺出三年公送荔支來玉爲肌骨涼無汗霞作衣裳皺不開莫訝關情向尤物厭看綠李與黃梅

謝趙吉守餉生荔支　楊萬里

吾州五馬住閩山分我三山荔子丹甘露落來雞子大曉風凍作水晶團西川紅錦無比色南海綠羅猶帶酸不是今年天下暑玉膚照得野人寒

荔支歌　陳去非

炎精孕秀多靈植荔子佳名聞自昔絳囊剖雪出瑚盤尋常百果無顏色閩天六月雨初晴星火熒煌耀川澤欻如彩鳳戲翱翔爛若彤雲堆翕赩中郎裁品三十二陳紫方紅冠儔匹鹽蒸蜜漬尚絕倫瑑瓚空羡南飛翼我聞至和全盛時貢輸不減開元日涪州距雍巳云遠況此奔馳來海側繡衣使者動輶車黃紙封林遍千陌浮航走轍空四郊妙品人間無復得似聞供給只纖毫往往盡入公侯宅驪山蘼苑狐兔靜良

嶽新宮鼓鞞急繁華今古共凄凉遶樹行吟悲
野客西風刮地戰塵昏一聽胡笳雙淚潸

荔支　浪淘沙　歐陽脩

五嶺麥秋殘荔子初丹絳紗囊裏水晶丸可惜
天教生處遠不近長安　往事憶開元妃子偏
憐一從魂散馬嵬關只有紅塵無驛使滿眼驪
山

荔支　浪淘沙　黃庭堅

憶昔謫巴蠻荔子親攀氷肌照映柘枝冠日擘

輕紅三百顆一味甘寒　重入鬼門關也似人
間一雙和蝶挿雲鬟賴得清湘燕玉面同倚欄
干

又　阮郎歸

晚歲臨州聞荔支赤英垂墜壓欄枝萬里來逢
芳意歇愁絕滿盤空憶去年時　澗草山花光
照座春過等閒枯李又纍纍辜負寒泉浸紅皺
銷瘦有人花病損香肌
准擬堦前摘荔支今年歇盡去年枝莫是春光
厮料理無比譬如痎瘧有休時　碧甃朱欄情
不淺何晚來年枝上報纍纍雨後園林坐清影
蘇醒紅裳剝盡看香肌

靜暉樓前有荔子一株木老矣猶未生予
去其枯枝今歲遂生一二百顆至六月方
熟以下在夔州作　王十朋

木老生遲六月丹明珠百顆照朱顏因渠風味
思瑶柱撩我鄉心念玉環路遠應難三日寄閩中荔支三日到永嘉　樓高更上一層攀君謨譜內丁香種

宜在江陳品第間

周漕行可和詩再用前韻

肌膚氷雪鶴頭丹三峽相逢一破顔人折高枝
如折桂鳥啣餘顆似啣環香傳樂譜名尤重曲名荔支香紅入詩家句莫攀杜輕紅擘荔支來歲熟時先寄
我夢魂應到白雲間

行可再和因思前日與詔美同飲計臺臨
池摘實復用前韻二首

星火燒空一夜丹來禽青李覺無顔少陵池館

三人歎（世傳詩臺乃少陵舊宅）白帝江山四面環生晚免
教妃子汗食餘應許黑衣攀閩娘十八誰標榜
未必風流似此間
神仙乞與返魂丹枯木能成處子顏雅樂聲中
逢魏絳重圍解後見齊環九齡賦妙那能繼三
峽詩高未易攀見輩莫言訕倡晚吾鄉食實在
秋間

食荔支

荔支初熟飣金盤手擘輕紅子細看風味由來

荔支通譜　卷七　十三

太奇絕不教容易到長安
妃子園中荔子奇莫因名號起猜疑清時入坐
非尤物一洗烟塵賴好詩
詩史堂前種幾時輕紅曾入少陵詩殊方競續
櫻桃獻萬樹爭先爾獨遲

拾荔支核欲種之戲成

海味正思瑤柱美夔門又見荔支紅炎方入貢
自妃子郡圃欲栽如白公官滿猶爲十年計實
成須待二星終不須更論何時與前種後收人
我同

〇詩史堂荔支歌

君不見詩人以來一子美莫年流落來夔子賦
詩三百六十篇西瀼東屯客愁裏何人作堂畫
遺像收拾光芒榜詩史堂前何有有荔支樹猶
未老熟獨遲世人貴早不貴晚倘非我輩誰賞
之涪陵昔遺妃子汗萬顆包羞莫能訴瀘戎一
經少陵擘至今傳誦輕紅句少陵傷時淚成血
一點丹心不磨滅散成朱實滿炎方風味如詩

荔支通譜　卷七　十四

兩奇絕樂天曾畫忠州圖自言香味人間無君
誤亦作閩中譜陳紫聲名重南土何如詩史堂
前株正是一飯孤忠餘人爲世重物亦重端如
丈人屋上烏巴圖閩譜合避路奚用品第紛錙
銖攙先熟者如楊盧但可與之作前驅閩娘十
八婢姿稀將軍大樹真慵如我生四百餘年後
來作先生游處守登堂三嘆荔正丹聊效柳人
祠子厚安得先生今復生添賦夔州歌一首要
使荔支之名長不朽

○詩史堂荔支晚熟而佳預同官共賞偶成

參差摘實分餉復用前韻

詩史堂前荔支晚尤美高壓瀘戎與妃子姓名猶未聞峽中風味惟應似皮裏試將遠况江瑤柱正似騷人擬良史我來嘆息屢支殊方爭獻唯恐遲汝今已晚何用好不是少陵誰眼之貴妃游魂遭血汚玉座悲懷何以訴唯有雲安再拜人悶解夔州兩絕句遺像空存食不血滿目烟霞明自滅何人種此星幾終一樹團團味

奇絕君不見南賓木邁有華何足圖樂天過慮重看無又不見洛陽牡丹妖艷何必譜六一區區記風土天生此果更此株夏日之時見子餘晝疑炎方張火傘夕訝庭樹棲赤烏雙頭瑩若玉一穀細骨輕於錢五銖陳江閼閱如崔盧茲產於閩必爭驅大無中邊甜勝蜜醞釀不假蜂爲奴永安宮西郡堂後折簡呼賓老太守時方炎熱會苦稀事好乖違意徒厚手摘高枝贈丹實歌和前篇搔白首嗟一餉之樂兮天亦慳於老朽

、病中食火山荔支 以下在泉州作

前年夔州食荔支同僚共賦輕紅詩妃子名園世所貴不似詩史堂前奇去冬分符向南土半月身行荔支國三州嘉木皆眼見更閱君謨向來譜臨漳一種名火山品雖云下熟則先從今漸入荔佳境陳江未擘先流涎老病餘生怯佳果日啗那能三百顆殷勤未破絳紗囊心火驚添火山火

○再用前韻

屏間觀畫願頻支想像風味哦新詩火山太早反遭罵陳紫未顯誰稱奇氣稟南方君子土不近長安帝王圃安排名字知何人誤與牡丹同入譜泉南老守思故山荔熟我去誰後先但願丁香一株熟添入藥裹痊痰涎平生夢寐南州果瘦腹如蟬消幾顆明年何處飣杯盤厓宕山前月流火

漳州石教授寄火山荔支

炎方摘實是筠籠千顆遥遥寄病翁未啗吾州法石白且嘗鄰郡火山紅纔先趂得楊盧厮珍重來從芹藻宮我欲細論香色味一尊何日廣文同

林漕世傳贈莆中荔子名狀元紅分送陸倅陸有詩次韻

譜中不見見屏中正與花王雅目同別駕破荒吟好句少陵詩裏擘輕紅

提舶送荔支

舶臺丹荔新秋熟風味如人自不同名字未諳眞缺典從今呼作馬家紅舊已有馬家綠者

陳紫

端明品第首推陳花裏姚黃是等倫郡圃一株稱小紫故家風味自宜珍

皺玉

莆中皺玉價傾城品第吾何敢妄評只恐此非眞皺玉果然是玉亦虚名

大將軍

荔支名字太紛紛所見多應不逮聞別有深紅覇羣品郡人呼作大將軍

玉堂紅

天敎尤物產閩中名字深奇自不同顧我素稱田舍子如何敢啗玉堂紅

奪先紅

閩中荔子說莆中闕下奇包又不同正向鈴齋想風味奪先人送奪先紅

七夕紅

宅堂荔子無名字自我呼爲七夕紅記得去冬初到日家人指樹語衰翁

白蜜

紛紛蜂采百花歸蜜在枝頭竟不知造物要令甜在後時人莫訝熟何遲

次傳景仁馬家綠荔支　六首

玉座奇苞未與頒伏波家果忽堆盤宜書蔡譜均稱綠不比韓詩只咏丹薦李徒誇碧實脆嚼瓜未覺水晶寒羨君衫鬢巧相似我坐郡廳慚

素餐、泉州驪事號荔支驪
兩載閩南白盡頒、驚看異品上杯盤、發緘初訝囊非絳、擘實猶疑顆未丹、較美宜同法石白、纔先欲占麥秋寒、廣文詩句篇篇好、咀嚼令人欲廢餐。

荔子新詩屢見頒、端同玉局賦金盤。香包盡帶賜袍綠。熟顆半含仙竈丹。西蜀稍多應喜遠、東嘉可種似宜寒、微酸好入鹽梅鼎、莫作尋常衆果餐、

蔡譜黄詩久已頒、不同馬乳綠堆盤、色因不惡故名酒。食可成仙何用丹、追逐故紅相上下、比方魁紫稍孤寒、般勤百顆分甘意、端爲詩情合得餐、

涪陵妃子謾名園。豈似閩南綠一盤。最喜色同青玉案。不妨功並紫金丹。畫看紅紫品流俗、詩嚼冰霜牙頰寒、吟罷閑觀右軍帖、來禽青李可同餐、

平生雅意在丘園、行矣歸尋隱者盤、此日詩盟共君結。明年荔子爲誰丹。欲移仙種栽中土、只恐天資不耐寒、定向家鄉想風味、江瑤斫柱謾加餐、

玉泉院荔支軒　楊胐

曾觀荔支圖、幾費丹青妝、能紅能紫亦能綠。不能寫作天然香。曾讀荔支譜、品品堪第一、較量滋味論高低、大抵聞名不聞實。我疑眞宰推化工、安排百果分番紅、杏梅桃李不足數、先教稼穟隨春風、錦囊玉液相渾淪、百果讓作東南元

別有眞香與色味、一時分付荔支軒、

荔支行寄王善父　元　吳　淶

炎雲六月光陸離、人在閩南餐荔支、荔支日餐三百顆、紅綠亞林欺衆果、絳羅繫樹蠟封蔕。尚食擘盤獻青瑣。涪州歲貢與此同。意欲移根來漢宮、天生尤物不用世、沾洒蛋雨吹蠻風。蠻風蛋雨振林藪、西域蒲萄秋壓酒。勸君莫近楊太眞、傳說驪山塵汙人、

畫荔支障　張思廉

知味何人似蔡襄方紅陳紫與誰嘗七閩塵障
南來使腸斷薰風十八娘

咏晉安荔支詩　明　沐　璘

建水夫何如厥土早而熱蠻花開佛桑候禽罷
鵯鵊莽雲覆溟濛梅雨滋霽騄接地茂緗枝遮
空舒黛葉翠葆霞焜煌錦幄風掀揭香麝忌經
過飛鷂防盜竊勁雛赤膚脫肥脊火計切瓊瓤凹
明璫怪可餐冰丸訝許嚙真珠堆綠雲玳瑁垂
緑緬鳳爪天下奇龍牙衆中傑飽食甦素餐長

吟望林樾

咏荔支　洪遂初

五月閩南荔子丹摘來宜薦水晶盤色欺鶴頂
霞新染光奪龍精露未乾曾得漢皇陪上苑又
隨星騎貢長安紫薇垣裏分嘗處頓覺瓊漿滋
齒寒

饋林少保火山荔支　黄　鞏

側生幽谷半摧殘煙雨平林五月寒嘆息不逢
高着眼只緣風味帶微酸

鳳岡荔錦　吳　源

鳳岡荔子最稱嘉冬月林間已結華雨潤紫苞
含玉液日烘錦殼燦紅霞舌頭甘露真堪美掌
上胭脂更可誇昭代秖今徵貢絕笑他猶種邵
平瓜

鳳岡荔錦　陳叔紹

鳳岡一帶樹離離暑雨晴初顆顆垂影落滄波
疑濯錦色烘白晝似凝脂清時不動塵千里夏
日高懸火滿枝最喜華筵賓客滿冰盤香薦侑

瓊巵

荔支山鳥　羅　周

雨過蠻溪飲瘴烟猩紅萬顆壓枝鮮誰知山鳥
偷啣去又是紅塵一騎前

姚鳳岡送荔支荅謝　楊　愼

栢府薰風荔子丹雕盤持贈下臺端絳紗囊裏
冰肌滑火齊枝頭水玉寒羅帕分珍慚逐客驛
塵飛騎憶長安瓊瑤欲報才應盡獨立蒼茫倚
曲欄

白茅顧氏種荔核成樹有感　沈周

人傳顧家園近有閩荔栽始聞漫竦企果否兩莫栽閩吳地殊懸此物胡來哉彼此氣各偏炎寒亦難諧淮南不宜橘冀北不宜梅物固産不逦性與土相乖耳目自爲伉于懷日徘徊問訊昨走奴已遣仍慮詒及返有所挾幺枝葉蒖蒖葉次綴小蕾含黃未成開事固有變理執常哂吳獃無能述所致妄瘞核偶荄今本已拱把森然暢條枚去歲實垂成隤落惜瑰玫根氣恐未

充加培如保孩紫苞已在眼香甘早流腮老夫喟有此南氣其北來先從草木見造化有胚胎厥初限荒服難與玉食偕漸虞道理近有以滋味媒置堠當未免又見飛塵灰

○新荔篇　文徵明

常熟顧氏自閩中移荔支數本經歲遂活石田使折枝驗之翠葉芃芃然不敢信也以示閩人良是因作新荔篇命璧同賦

錦苞紫膜白雪膚海南生荔天下無臨蒸蜜漬失眞性平生所見唯萎枯相傳尤物不離土畏冷那得來三吳顧家傳來三四株桂身翠幄森森殊遠人無憑未敢信持問閩士咸驚呼還聞纍纍生數子絳綃裹玉分明是未論香色果如何只說形模已珍美千載空流北客涎一朝忽落饞夫齒白圖蔡譜漫誇張文飾寧如親目視飽啖只於鄉里足鮮嘗漸去京師邇不須更作嶺南人只恐又無天下痴朝來自訝還自疑事出非常有如此雖云遠附商船達不謂滋培遂

生活始知生物無近遠故應好事能回斡抒物聊占地氣遷造化竟爲人事奪仙人本是海山姿從此江鄉亦萌蘖由來沃衍說吾鄉異品珍嘗曾不乏不緣此物便增重無乃人心貴希闊福山楊梅洞庭柑佳名久已擅東南風情氣味不相下稱絕今兼荔子三

咏荔支　陳煃

蒙泉岳先生嘗評荔支謂北土葡萄足以當之若比玉消香水自可北面土人護短如此

佘今復爲此說解嘲豈眞䕶短者耶

水晶光瑩翠丹緋風味寧甘讓玉消寄語土人休䕶短東坡先已有詩譏

饋高宗呂鳳池超荔支　　林垐

本非凡品類超出鳳池羣自恨所居僻遠在瘴海濱至性耐煩熱丘園絕垢氛中含氷雪姿外纈紅錦文雨沾日以滋林高斕紫雲龍牙尚莫敵蚶殼徒紛紜禽鳥不敢啄晨夕候之勤起聆草亭前日日來南薰故人邈難見愁思劇如焚

縱有一尊酒獨酌未成醺新摘不滿筐持贈將徽芹封之吟不就無柰正思君

荔支　　馬森

不逐青陽艷偏妍朱夏時摘來紅瑪瑙擘破白琉璃

謝邵都閫惠荔支　　王世貞

朝來逄驛騎香色滿雙函野老慙推食將軍爲絕甘瓤看澄露瀉枝憶紫雲酣寂寞華清在何人走劍南

荔支篇　　黄謙

江南五月海氣熱南國荔子垂堪折梟梟溪風散麝香冥冥山雨流猩血飛樓複閣留衆賓層羊貰酒酬芳辰黄頭奴摘登君席四座果核難爲鄰朱櫻非貴馬乳非珍頓令玉涎生口角何怪驛騎飛紅塵紅塵赤日驪山路天梯石棧年年度但博玉環嬌勝花寧問丁夫汗如注鷩旂西指愁遠天斷腸回首各風烟馬嵬新魂忽寂滅涪州舊樹空駢鮮君不見汴州艮嶽花石綱

朝爲遊苑暮淒凉

荔支四首　　郭子章

榕樹環山郭離支列省衙妍姿當六月神品壓三巴露炫金莖爛日融火齊斜誰評紅與綠猶自說江家

凌冬還醖秀盛夏轉芳菲豔吐千家色熟看百鳥肥珠房朝采郁錦穀晚霞輝惟植炎荒遠徒勞笑貴妃

鮮疑排鶴頂燦若謝雞冠詎謂薇垣紫掬羅荔

寸丹低垂裝翠幌錯落襯金盤瓊漿堪入口頻
令齒頰寒
雨後光逾碧風中韻自玄看陰無隙地飛焰欲
横天香沁琴書潤味爭醍酪妍忠州圖畫在靈
美詎能傳

荔支八首　　車大任

垂垂一樹亞朱闌萬顆明珠似渥丹長樂自來
誇勝畫直教人作畫圖看
閩中五月荔支熟烘日蒸霞緋錦簇別有一株

接葉青居人道是江家綠
碧玉林中影絳娥臨風不覺醉顔酡西川南海
空相妬色味無多奈爾何
秀色誰云若可餐餘香沁齒水晶寒等閒消盡
人間渇不減金莖玉露盤
滿盤堆食盡還添薄宦三年迹未淹便欲移家
炎海上兒童贏得飫甘甜
嘗新處處憶高堂况是閩南荔子香水遠山長
懷不御令人還笑洞庭霜

紫瓊黄玉品非常延壽何如百步香一騎長安
飛不到太真遺恨未曾嘗

荔支四首　　温景明

綠柚黄柑總不如蒲萄盧橘亦躊躇而今天子
卻方物何用唐羌更上書
栗玉星毬萬樹紅側生曾獻大明宮已知蜀道
艱難甚不在胡笳羯鼓中
江干澤畔淨芳塵綠核纍纍萬顆勻閩嶠十年
誰作客馨香猶得入吾脣

肌可怡顔葉可裳江南果實足稱王誰能醞釀
瓊漿裹不羨瑶池玉液香
四月五月産火山粤中兒童不肯攀更有甘甜
如進奉最憐埋沒在人間

荔支紀典二十六首　　屠本畯

予在晋安喜啖荔支日可二百餘顆居民因
有貽者遂得饜飽隨意紀典作七言絶句貽
之騷壇執牛耳者萬曆丁酉六月書

其一　火山　　松栢墨

五月閩天丹荔爭兩餘林日照離離火山松壘
元先熟萬顆新嘗玉滿匙

其二　淨江瓶

雲張翠幄子櫨星側出枝間曉露零城裏萬家
相問遺釣龍爭買淨江瓶

其三　中觀

瓊瓤甘露法門開湛目青蓮大士來帝網琉璃
相映澈天台中觀放參同

其四　栗玉

弱歲曾嘗荔子丹一池番水灌冰丸如今正是
朱明日栗玉先堆瑪瑙盤

其五　星毬　鵲卵　鑛玉　金鍾　桂林　勝畫

星毬鵲卵大於拳鑛玉金鍾品是仙別有桂林
將勝畫小姬一見一嫣然

其六　蜜丸　牛膽

蜜丸牛膽兩豐腴碧玉為神顆顆殊兒女不知
瓤可啖錯疑耳後大秦珠

其七　黄香

自汲清泉洗荔支吳娃如意傍胭脂水晶簾下
黃香熟錯落瑤光並玉肌

其八　結綠

結綠如榛小更幽齒牙蕭爽沁冥搜怪來肌骨
清凉甚六月如從華頂遊

其九　龍牙　雙髻

幻出龍牙變態奇晚涼雙髻侍兒持自是拜來
新月早非關剖出夜光遲

其十　天柱　洞中紅

天柱高凌月窟孤洞中紅艷裊珊瑚飽飧內熱
渾忘卻已貯冰心在玉壺

其十一　鳳池超

尚幹鄉中錦作堆鳳池超出越王臺相如渴病
今應解不用金莖露一杯

其十二　綠羅袍

絳囊公子綠羅嬌白水真人絳節朝欲向九仙
通尺一倘能雲際坐相邀

其十三　黑葉　江綠

黑葉人傳自五羊最憐江綠出莆陽唐家妃子
如相見不命涪州驛騎將

其十四 雜詠

閩中長日苦炎蒸閉戶科頭想踏氷萬樹絳包
千歲種彌令病客意飛騰

其十五

須唐箕踞側生前霧瘴烟嵐莫問年日飽瓊珠
三百顆老夫鼓腹易便便

其十六

誰說楊梅勝側生卽看旁挺浪傳名哀家似可
獨煩渴巳藉張公進玉京

其十七

黛葉細枝亞玉樓孔帷翠幰逞風流可堪離子
名無熱何必盧家字莫愁

其十八

飽飲壺中白玉漿一迴相遺一迴嘗鹽官休暇
無他事對客先談製荔方

其十九

但把丹砂貯滿籠遲迴自笑太憨生麗華東海
如堪種不易秦人十五城

其二十

可惜生來託瘴鄉瓊姿那得近君王太官食品
多如許只有乾枝達尚方

其二十一

小君初學煎支法乳酪宜浮玉盌春旋瀋荔花
蜂釀蜜清香不減蔗漿寒

其二十二

不須頭腦太冬烘食罷扶籬習習風不是使君
能飽飫餘甘那得及兒童

其二十三

氷丸皙白資崖蜜紅鹽猩紅藉佛桑飽食既能
供醉眼可知化日正舒長

其二十四

南部溪山處處探荔支龍眼味都諳自從一作
閩中吏寄傲烟霞歲巳三

其二十五

剖來丹荔滿盛瓯露吸霞餐得自由寄語秉鈞諸貴道波臣今已似通侯

其二十六

自起開籠揀荔魁半斛白曬半烘焙故鄉朋舊應嘲我不遣紅塵一騎回

咏荔支　曹子念

天孫戲剪絳羅機散入千林海日暉漢苑漫誇盧橘甚唐宮應笑驛塵飛芙蓉露釀初消渴閶闔香生舊賜緋手劈紅雲歆白雪人間樂似使

君稀

荔支　顧大典

休言閩海是炎鄉山氣常含雨氣涼最愛榕城饒好景錦雲十里荔支香

宮詞　王尗承

閩州荔子玉玲瓏五月西來萬里紅笑取一枝連理顆繡綈封入合歡宮

荔支名歌八首　謝杰

狀元紅

紫金香貯玉玲瓏點綴薰風上綠叢一種丹毬三百品路人先看狀元紅

勝畫

仙娅月下鍊靈丹乳竇香凝白雪寒倦入絳帷知睡去嬌姿絕勝畫中看

中觀

一串摩尼湛錦波玉衣童子曳緋羅炎光高護空中觀添作祇園勝果多

金鍾

白水真人鍊絳砂金鍾鑄就落誰家定應飛入梨園去催出枝頭萬點霞

滿林香

素娥嬌弄淡紅妝半幅霞綃罩海棠夜合口脂匀玉露曉風吹度滿林香

山支

秋園涼雨洗林空更向青山枝上紅小結丁香隨錦隊櫻桃擎出大明宮

蜜丸

赤虬山人蜂作房柘衣輕惹霧九香波羅小氅
黄金色長貯仙厨白玉漿

鵲卵

紫姑秋夜臨高臺瀉下金莖露一杯牛渚橋邊
遺鵲卵靈官拾作寶珠迴

○憶荔支

江鄉六月火雲飛萬顆纍纍落翠微甘露夜浮
頳玉甕流霞朝染紫羅衣妝成帝女脂猶濕浴
罷楊妃乳正肥爲報相如消渴甚金莖留待茂

陵歸

啖荔支　閔齡

避暑風軒下金盤劈荔支可憐分寵日至是遲
丹時香褪紅衣膩膚凝碧玉脂朱顔難自匝中
赤向君披

咏荔支　柳應芳

白玉明肌隱絳囊中合仙液壓瓊漿城南多少
青絲籠競取王家十八娘
曾侍驪山清燕來六宮爭作水精緕玉環一去
無人問空對涪江泣馬嵬

荔支曲　鄧原岳

鳳凰山下荔支園擇日開林市子喧一百銅錢
分一擔平明奔進合沙門
纔交小暑日頻催一夜驚看錦繡堆早起香風
遍城郭人人都道荔支來
紅如鶴頂大如杯奪取頭籌滿擔回更怕午前
日色惡齊將青葉蓋頭來
火山先出試嘗新只好山隈及水濱酸沁齒牙

形味劣果中呼作掃除人
荔支高樹倒垂簷十尺長竿兩刃尖摘下但憑
多少與飽來還有水晶鹽
稍頭狐鼠捷如風夜驚經過樹樹空高結茅寮
敲竹夾曉來添得照山紅
麻繩高吊小筠籠上下盤旋西復東且喜今年
風雨少荔支箇箇不生蟲
千株傍水各成行半是豪家郭外莊最好五更
乘露摘啾時猶帶露華香

玻璨盤貯水晶丸疑是仙人絳雪丹飽食日須
三百顆石林無暑夏堂寒
金盃激灔碧波妍一道霞光照眼鮮何似婕妤
初賜浴玉肌三尺浸寒泉
綠袖紅綃錦隊齊豐肌甘液壓枝低吳兒可是
多輕薄錯把楊梅共品題
萬樹搖風點翠苔不妨對客日千枚城中諸品
垂垂盡猶有吳航勝畫來
海中仙品果中王喜說多情十八娘月旦不知

誰第一看來畢竟狀元香
千秋摘盡荔支殘蜜漬鹽醃更曬乾不分側生
能損價可知輸卻玉漿寒

荔支　陳仲溱

果中稱異品色味世間無遐夏香尤盛經冬葉
不枯楊梅真作僕龍眼合為奴昔日宣和殿移
根植幾株
纍纍蒸雨熟顆顆向陽酣錦襏硃皺色清香蜜
讓甘防偷插夾竹分摘貯鈎籃此地無名種猶
堪勝嶺南

詠荔支　陳邦注

郭外行來數里村纍垂千樹荔堅緊晝將陣陣
香風起爭向林間說狀元
紅粉佳人淺淡妝樓頭將對鳳凰岡試從今日
論顏色傾國何如十八娘
名園果熟擅江家細骨香肌護絳紗自是炎方
徵異品上林盧橘漫相誇
紅翠參差列畫圖品題曾屬蔡君謨客來携酒

林中賞折取丁香第一枝

荔支四詠　陳价夫

千紅萬紫轉葳蕤絳李朱櫻敢並奇繡嶺宮中
含笑日承恩不獨為冰肌　右色
一騎紅塵驛路長微風忽自送都梁若教譜入
清平調姚魏安從擅國香　右香
剖卻紅香列蚌珠薦來玉液與醍醐解酲不用
花間露擬物何須塞上酥　右味
嚴霜朔雪竟難成瘴雨炎風始獨生只為能除

消渴病唐家應不置金莖 右杜

荔支十咏 有引　陳薦夫

興公譜既成又賦荔品四十絕新意雋調情事韻語剗截都盡余因賦所未賦者題僻語儉劣得十首既愧勝畫之曉成又非火山之早熟甘飫無煩於貴主抱泣徒憐於村嫗客有誚余復用天寶遺事者余笑而未與之言

駝蹄

朱實西來驛路長明駝驕蹴滿蹄霜當時也合

馳千里不獨涪州馬足忙

山中冠

衫爭暈綠帔爭紅散盡春風滿六宮自咲朱顏生較晚只應隨分冠山中

金線

細骨香肌寵幸深華清泉裏玉沉沉絳綃朱袖雖零落一縷難銷舊釧金

西紫

千株萬樹錦成堆猶自西家衣紫回寄語東君休用妒紅塵元是蜀中來

綠核

搖曳微風火滿林驪山一顧主恩深胷中已化萇弘血莫訝香肌少赤心

皺玉

羽騎參差出驛門空持朱實予香魂阿環墜地今千載猶有斑斑玉上痕

一品紅

千里瀘戎驛騎飛出山猶着薜蘿衣傳呼野服

休朝見較賜宮中第一緋

玳瑁紅

顆顆明珠貢嶺南還將玳瑁匣輕函助嬌試插桃花鬢不數平原上客簪

洞中紅

洞中丹實幾千年愁向長安一騎傳好似紅妝離洞去桃花溪口戀塵緣

勝江萍

佳名久已動明皇淚迹誰能逐楚玉赤比朝陽

甘比蜜令人北面是濃香

咏荔支　　　　　　　　　　徐　𤊹

夏日山居荔支正熟偶憶歐陽永叔浪淘沙
詞風韻佳絕遂按調効顰歌以佐酒本欲爲
十八娘傳神反不堪六一公作僕矣

高樹錦蒸霞朱實青華一丸寒玉裹紅紗萬顆
纍纍閩海上不數三巴　西域枉乘槎馬乳休
誇剖開瓊液碎丹砂異品即今誰第一猶說江
家

丹實滿林稀耀日紅酣由來佳品壓江南漢苑
楊梅應避色盧橘香慙　沁齒有餘甘玉液中
涵釵頭一朶美人簪記得樂天曾有句映我緋
衫

樹樹火連空綠葉芃芃朱顔妖麗玉肌豐傳說
瑯琊王少女十八娘紅　分摘滿筠籠錦繡成
叢半林香氣度微風却笑杜陵詩句好只憶瀘
戎

驛騎走紅塵一笑華淸炎方何用獻朱櫻天寶

梨園新度曲小部音聲　鼙鼓動西京妃子心
驚梨花魂斷不勝情翠袖紅綃俱是夢水綠山
青

十里錦雲鄉傅粉凝妝紅裙爭看綠衣郞黑葉
稍頭朱柹小玳瑁丁香　延壽品非常尤勝陳
江繡鞋一種記閩娘風送瑞堂香百步結綠硫
黃

一品狀元紅金線金鍾麝囊吹散桂林風黃玉
紫瓊眞勝畫江綠叢叢　雙髻翠雲鬆蘭壽香

濃綠珠魂在玉堂東五嶺三巴無此種獨擅閩
中

白玉瑩肌膚輕襯羅襦鳳凰岡上錦千株任是
崇龜工墨妙香味難圖　百果更誰如羞殺楊
盧品題猶說蔡君謨觸渴延年還補髓一確醍
醐

庭靜午風凉荔子盈筐小娃纖手解羅囊玉腕
氷肌相掩映百步聞香　含笑問檀郞何似濃
妝紅顔薄命總堪傷因憶驪山當日事閒說明

梨。余少從先人客燕別荔支者八載歸適及
時啖之不覺致飽偶成八絕　袁敬烈
星丸錯落水晶盤雪比冰肌霞讓丹作客帝鄉
逾八載不聞一騎向長安
六月南州暑不侵璃漿玉液解煩襟纍纍朱實
千林綺不數枇杷萬顆金
堆成錦繡艷紅妝窈窕城東十八娘此物閩中
推第一西川南海盡無香

冰盤輕解紫綃衣一片香膚白玉肥何似驪山
新度曲長生殿裏醉楊妃
鳳爪龍牙盡可餐宋香陳紫姓名繁由來品類
元非一不比忠州畫裏看
樹下婆娑任意嘗芳香沁入齒牙凉醍醐未必
能勝此此物還教進尚方
鳳岡天柱古來無葉亂層雲樹半枯歲歲熟時
難採摘任卸山鳥飽饑鼯
曾逐嬌妃一笑來至今猶說驛塵灰輕紅擘盡
朱顏謝何似當年葬馬嵬

田園雜興　鄧原岳
紅綠參差露氣鮮荔支今歲正當年山居淸福
堪消受飽食還教樹下眠
颯颯西風雲欲崩荒郊朔氣太憑陵呼童速綰
荔支火此物由來不耐冰

賦得雨中丹荔　張邦侗
輕紅艷艷復團團側出枝頭絳雪寒雨潤胭脂
香不斷光沉琥珀露初漙浣花人去淋漓後擲

果車迴莽蕩間姹女鼎中丹幾轉飛瓊月下步
珊珊

荔支　彭城
金盤托出紫羅囊瑤席誰誇馬乳香自是紅顏
多命薄一時恩盡棄君傍

閩中荔支通譜卷七

閩中荔支通譜卷八

晉安鄧慶寀道協輯

綏城吳師古啓信訂

明徐𤊹興公荔支譜七

荔支詠小引

譜既成矣與名奇品片語单詞皆所必錄筆札之暇取品目之佳者各賦一詩得如干首附于卷後殫其伎倆未足擬諸形容空貽貂續之譏不無笒末之愧萬曆丁酉七月既望徐𤊹興公

識

江家綠

芳樹離離徧海涯由來香味壓三巴火雲映出玫瑰綠舊説閩中第一家

、葡萄穗

絕豔濃香滿路飛玉膚輕襯紫羅衣若逢漢代乘槎使不帶凉州馬乳歸

、雙髻

千年枝上並頭柔斜結香雲縷縷新相倚明妝誰得似黄陵廟裏兩夫人

真珠

孕出靈胎箇箇圓林中遥見夜光懸一枝臨水低相向不與鮫人泣月年

、十八娘

先朝舊事説閩王公主曾稱十八娘千載芳蒐應化碧佳名猶自記紅香

○將軍

林外森森翠幄高軍中不用醉葡萄只今十里

雲如錦疑是當年舊戰袍

、釵頭

雙雙珠顆錦如霞斜插金釵貼髩鴉一種人間可憐色六宮羞殺步搖花

、粉紅

深紅輕膩壓枝斜貌比桃花更染霞一自承恩天寶後温泉宮裏洗鉛華

、綠羅袍

輕盈初試越羅新不染人間紫陌塵百萬紅妝

爭結綺隔牆遙看綠衣人○

勝畫

紫膜紅綃白玉膚爭誇絳雪出仙都生來自有天然色却笑崇龜浪寫圖○

白蜜

誰遣餘香沁齒牙美人纖手剖輕霞天生甘味如萍實不待遊蜂釀百花

桂林

樹色蕭森比桂叢青枝綠葉自芃芃月光夜照花如霞疑是天香落鏡中

滿林香

十里重林錦繡堆更無驛使惹塵埃微風暗度幽香異韓壽才過荀令來

狀元紅

素質朱顏太絕倫風流先占曲江春只因賜得宮中錦爭看瓊林第一人

星毬

不待宮娃羯鼓催半空誰滚火星來山禽誤啄雲中墜豈是三郎蹴踘回○

七夕紅

滿樹渾疑大火流尚餘丹實報新秋繁星遙與雙星映半在佳人乞巧樓

雞引子

曾食淮南九轉丹幻成仙果赤團團寄言山鳥休輕啄留取猩紅頂上冠

金鍾

不見蒲牢伏上林紅爐烈火鑄黃金南風吹入蕭蕭葉如聽鈞天大呂音

勝江陳

紫說陳家綠說江佳名千載本無雙于今別有酣紅色鼎足三分未肯降

天柱

天柱巍巍出半空折來猶自綠成叢南風吹動枝頭火還似當年職祝融

大小江綠

風捲香塵滿路飛絳綃新裼綠羅衣天生麗質

誰堪並婉孌江濱大小妃

宋家香

綠鬢如雲面似霞氷肌何用鬬鉛華隔牆一道
薰風煖吹得餘香過宋家

進貢子

丹荔何年貢七閩宣和中使往來頻玉環只識
涪江種空走驪山一騎塵

延壽紅

九轉丹砂貯絳囊剖開甘液勝瓊漿由來此物

能延壽恨殺唐玄誤漢皇

百步香

紫翠陰森映夕陽遙看一片錦雲鄉美人羅襪
凌波過路碎紅塵滿路香

綠紗

苧羅溪水綠如油浣出輕紗翠欲流何代美人
工剪綠結成佳果綴枝頭

麝囊紅

纍纍丹實似星懸萬綠陰中赤欲然日午餘芬
生鼻觀不緣林下麝香眠

中秋綠

金風玉露仲秋時碩果枝頭落較遲明月一輪
流翠影青銅高照碧琉璃

松紅

莫以松枝比荔枝翠濤聲裏露胭脂忽看琥珀
生連理不待千年長兔絲

丁香

紅粉佳人獨倚樓雨中丹實滿枝頭荔香元與

丁香異只結團圓不結愁

郎官紅

甘液濃香似酥醲傳來佳種近楓亭誰將天上
郎官宿散作林中萬點星

紅繡鞋

一片紅香落翠苔美人林下踏青回當年若使
潘妃見貼地蓮花不敢開

綠珠

山禽偷取踏枝翻錯落珍珠綠滿園臥地殘香

吹不起月明如照鑒樓寬

洞中紅

烏石山前暮雨凉幾番風起散餘香洞中六月紅如錦不但桃花誤阮郎

冰團

六月閩天見鬱蒸忽驚寒氣座間凝水晶盤貯深紅色白玉壺中映絳冰

何家紅

炎夏深林雨氣妝胭脂片片落稍頭何郎粉向

朱衣拭滿面桃花汗欲流

鵲卵

月明銀漢鵲驚枝風動寒巢欲半欹吹落人間完似卵冰盤高累不愁危

勝江泮

纍纍枝上火雲燒甘液真同絳雪消一片紅光如日赤兒童空有楚江謠

綠核

滿林丹實夏煌煌一道炎風列燧光壯士緋袍都解却碧苔齊臥綠沉槍

火山

迴望蒼梧是故鄉紫綃輕颺麥風凉生來自信紅顏薄歌向朱明鬬艷妝

興公譜成於萬曆丁酉賦詩四十首色香味品摹寫殆盡予近增脩復得雜咏如干篇體雖不一要皆爲南中珍果標奇錄附其後亦吾鄉一段佳話也崇禎戊辰鄧慶寀識

五月十日初食火山荔支　徐𤊹

仲夏氣鬱蒸輕紅綴荔子厥種名火山早熟差

足喜色香雖未全驟食亦清美不患廿傷脾且愛冷沁齒已勝滄來禽猶堪敵青李聊爾爲先鋒次第飽陳紫欲結林下盟請從今日始

小園荔子垂熟山鼠竊食殆半作詩以惡之

楓亭產奇品核小與衆殊吾宗狀頭老樹藝雄閩都小圃有閒地移植連根株經年十數載結實懸虬珠半披綠暈袷半着紅羅襦纍纍綴林

椖粲然同美姝造物頗忌盛香味招饞飽黠捷
偵緣樹竊食過猸狙日夜費防逐畢竟分甘腴
詩人誚無用鼠輩胡爲乎鄰家富倉廩米粟難
貯儲李斯昔有訓顧爾移斯須

十二日食火山荔支同用王梅溪韻

再朝聚首餐荔支狂來五字哦新詩今辰翠籠
又擘到別有一種尤珍奇根株藝植同一土易
熟離離滿園圃本支已識分廣南不待按圖翻
舊譜與名嘉實雖滿山定讓此品來爭先嘗新

既喜早一月冰盤擘啖流饞涎作食無多腹不
果三百青銅沽百顆相期同到鳳皇岡天柱梢
頭赤如火

再次王梅溪前韻

日長竹枕頭懶支飽食細誦龜齡詩四百年中
幾人和句法難比前賢奇粵南有種到閩土栽
種得宜推老圃笑殺永嘉韓彥直如許木奴亦
作譜竊幸閒身居故山得食豈必論後先吾儕
愛嗜同沆瀣俗輩忌食寧流涎今年結盟訂已
畢更賽瓊光鬭珠顆陳紅江綠熟尚遲莫笑饞
夫急如火

馬季聲西禪荔子生蠹簡來戲答次韻

荔子濃香送晚風忽聞將熟半生蟲縱然聲價
因微損猶勝驪山一騎紅
朱實輕吹小暑風誰知葉底飽秋蟲君家異品
元稱綠莫惜西禪幾樹紅

十七日同伯孺在杭集鄧道協新居食中
冠荔支

新居初落成荔子熟已半梢頭見早紅正品得
中冠摘來悅我口彷彿明星爛始食味尚酸浹
背有微汗小者猶若珠大者尚如彈嘗新頗不
厭錦殼堆几案輕風送晚涼清香迴鼻觀置埃
無飛塵不作蘇子嘆

十九日積芳亭食早紅分得藥名體

驕陽起石林古木香早荔枝上風獨搖天南星
已墜夏五味始全陳紫蘇病肺數百合飽嘗白
石脂色膩自笑徐長卿尊前胡不醉

廿一日集高景倩木山齋食中冠伯孺作

水墨荔支圖各賦

萬顆纍纍日飽嘗一枝偏帶墨痕蒼生來自有丹砂色寫出還疑黑葉香乍洗臙脂嬌翠袖新添螺黛變紅妝冰肌絕類崑崙女不是王家十八娘

廿九日高景倩齋中食鏁玉荔子賦得漢人名詩

江陳萬年種夏景丹顆垂檀欒布鑛玉香甘始

當時千枚秉露摘盆子盛纍纍諦審食其實核焦延壽宜楊盧植太酢青李尋傷顧綺疏受殘照林高桐蔭虧盤桓譚轉劇三伏湛凉飇

五月晦日芝山寺避暑本宗上人以瓜荔作供同賦十韻

寶刹芝山勝雲堂避鬱蒸探幽期野客結夏約名僧荔斷全林買瓜尋故事徵絲𣲖開古色丹實剝清氷甘比醍醐灌寒如沆瀣凝飄分消絳雪殼解裂紅繒七寶蓮還讓三生果莫矜梅檀香豈匹酥酪味難勝棐几閒堪隱繩牀倦可憑清凉元足戀同坐佛前燈

六月三日集諸子九仙觀避暑食荔分得回文

東城古樹遠蒼蒼目極雲天夏氣凉風捲翠濤松瀉響日薰丹顆荔生香通靈有夢仙遺蹟共樂行吟客繞廊空盡俗緣閒結社朧朧月影度疎篁

四日鏡瀾閣食桂林

結夏過高齋乘凉與客偕會尋扶荔勝品得桂林佳白傳圖珠顆閩娘落繡鞋開來徵舊事半可續齊諧

六月六日集鼇峯玉真院限韻

松風謖謖亂吹衣山上臺高暑氣微古樹蟬銜殘靄咽遠林鴉背夕陽歸竹流翠影諸賢集荔剝紅塵一騎飛郭外澄江清似練幾人詩句比玄暉

初七日過在杭積芳亭邀伯孺送方山滿

林香至分得鐘字

積芳亭外將斜春科頭箕踞當長松敲門傴僂來老農一肩翠籠遙函封蓋頭新葉青茸茸此種產自五虎峰纍纍千顆香氣濃剖開瓊液涼心胸桂林鑛玉并金鐘鳳稱異品今凡庸嬌如窺簾少女容黃衣綠裏光重重微風披拂林杪衝隔牆猴殺尋花蜂雄饕勇噉皆可供鼓腹不用管朝饔

初九日蓮花樓食荔分得短歌行

冶城東望雄高閣萬疊烟巒青繞郭一時賓從集如雲勝會千秋繼河朔芙蓉出水搖朱闌古塘風裂紅衣殘城中城外遠騁目八窓吹送松濤寒主人爲具供丹荔翠籠遙從鳳岡至一道清芬縹緲飛水邊荷芰無香氣劇飲狂歌日正長始知世界元清涼世人擾擾居火宅更誰避得塵埃黃企脚南窓兼散髮如意擊將壺口缺相期爲樂樂未央回首東山吐明月

馬季聲自嶺南歸病起招集噉荔用韻

薰風長日値朱明不惜青蚨買側生千樹紅雲重設宴一尊白社又尋盟未須匱裏探金七且向盤中弄水晶香色已知勝百粵與君曾作嶺南行

謝在杭買莆田陳家紫一日夜直抵會城

同諸子集積芳亭分得送字

余嘗著荔譜陳紫盛在宋異品冠莆陽古昔脩苞貢厥產因地佳別土不宜種聞名未見實往往勞魂夢主人好事者遠致役飛鞚驛程三百

里日夜紅塵動筠籠乍入門香風暫然送奇物匪獨餐拆東召賓從水盤浸石泉嘗鮮客來共千顆虬珠抛一丸瓊液凍爽口恣吞咽入掌任娛弄宋香遠避舍江綠稱伯仲飽啖俱膨脝誰人腹空洞蔡譜互翻閱曾錄各諷誦豪飲招高陽竹葉啓銀甕持齋約名僧伊蒲設淸供爲樂欣及時滿堂盡喧閧祇愛齒頰涼不患左車痛奇味無能名擬作陳紫頌

六月十四日過芝山寺噉荔支乘凉至夜

問緣寧許自蹉跎古寺乘凉屢屢過已識荔支求價貴不妨榆莢數錢多幾竿脩竹通僧舍一抹殘陽掛女蘿選得樹陰同偃息臥看行蟻上南柯

十六日積芳亭啖黄香荔支

閩海從來説荔香誰知異品有深黄楚江寒菊初凝露蜀國秋葵乍向陽玉貌隔簾窺賈女金丸滿地擲韓郎洞庭莫詫柑三寸瓊液空含顆顆霜

十七日饋在杭雙髻荔支同咏

連理枝頭並蒂殷孿胎合浦蚌珠還月明漢水雙妃佩花落天台二女鬟玉臂相聯嬌艶態香肩齊輦闘朱顔新承秦虢夫人寵妬殺華清舊阿環

爲玉峰上人題伯孺水墨荔支

長日僧寮獨坐時剡藤如繭墨淋漓相看不説三生果但對南風寫荔支

六月廿三日謝在杭招集積芳亭食勝畫

荔支分得減字木蘭花二闋和蘇長公

吳航異品賜浴金盆氷骨冷紫袷羅襦絶色輕盈未易圖　忠州白傅枉把朱顔描竹素沛國祟龜益浪揮毫寫玉肌

又

紅綃如繭紙上容華應較淺玉液金莖香味從來畫不成　梢頭懸火日啖何妨三百顆十八娘紅始信丹青妬入宫

賦得一騎紅塵妃子笑

劍閣巉岏繡嶺迢烟塵飛撲馬蹄驕香生荔子氷肌滑喜入芙蓉玉靨嬌檀口半遮依錦障瓠犀微動映紅綃漁陽鼓震明駝急春雨梨花怨未消

七月二日蔣子才齋中荔會分得宿名

華堂張宴秋宵永楊柳枝疎桐瘦影羣賢畢至良會頻愛客陳遵轄投井彈棋角勝聲喧闘濁醪一斗沽十千二參不醉履舃錯銀河炯炯明星懸虛窓露冷消煩暑荔香猶擘王家女赤實

還同魚尾賴芙實蓮房愧儔伍蝸牛吐沫沿花叢燕子巢乾巢欲空已聞蟋蟀響居壁科頭箕踞乘凉風危絃三弄清商引出水癡龍吟玉軫須臾滿室煙雲飛心樂寧辭長夜飲

七夕積芳亭啖七夕紅荔支

乞巧爭陳荔子鮮紅綃羅列小樓前試看今夜支機錦半在人間半在天

愛殺風流十八娘一枝濃艷鬬紅妝離離已見繁星墜不待天邊望七襄

食鵲卵荔支

乾鵲填橋碧漢邊栗林遺卵綴蒼烟絳苞抱出星同燦玉孔探來石共圓風動危巢驚彈過月明高樹儼珠聯莫言三匝無枝繞孕得靈胎木杪懸

咏荔支膜

曾向忠州畫裏描胭脂淡掃醉容消盈盈荷瓣風前落片片桃花雨後嬌白玉薄籠妖色映茜裙輕裼暗香飄嫣紅狼藉誰收拾十八閩娘裂紫綃

餉馬季聲勝畫荔支

暑退金氣消勝畫最晚熟厥產自吳航舟實大盈掬色奪瀟林香味比江家綠乘潮渡馬江筠籠來甚速聞君病乍瘳走餉滿一斛我披本草經此物甘無毒餌渴更補髓何患餐果腹寄語文園翁金莖漫求服

閩中荔支通譜卷八

閩中荔支通譜卷九

溫陵黃居中明立訂

西湖何偉然仙臞挍

明鄧道協荔支譜一

荔支譜小引

荔支一物種類實繁君謨摘辭簡古列品明備與公採集羣書爭奇扼勝合此二譜誠難贅言不揣末學輒爲蛇足者亦有說焉一以君謨墨本與印本之頗異也二以各郡聲稱之不一也

三以與公蒐採之未盡也四以詩家錫名之未安也五以嶺南品第之當定也六以古人比擬之實遠也七以畫手寫生之失真也輒抒所聞聊爲博笑其佐議未敢鉞徐砭蔡若集錄或可步王踵張云爾昔崇禎改元夏日鄧慶寀道協識

第一

忠惠以莆陽近産作譜福泉各距其家未盡百里督課稍嚴民實向化風流儒雅迥異羣倫元夕則出教張燈端陽則與民競渡成俗寓偕樂之意予嘗再役泉州每渡萬安拜公遺像考公舊蹟思慕公之爲人而公之書法已妙唐宦宋朝諸公自當斂手渡口兩碑韻高鋒正千秋不磨百世可師荔譜七章竟分虞手歐褚而下難與雁行惟家與家主與生家與家謬誤滋甚使後世而下尊金石乎信梨棗乎余嘗數爲訂正參考異同疑信相半公之舊蹟獨見此二刻記得友人林異卿見公手書劉氏墓碑久卧榛莽

大爲賞識乃手自印搨傳之海內獨荔譜傳摹漸失其眞今安得初本而品題印證之庶幾不負忠惠作譜至意

第二

荔支雖各土宜尤在培壅余嘗新正三日往閩岡見土人俱肩沃土堆積樹根地本以種植爲事故荔子獨甲諸處陳紫游紫本爲同生方紅周紅未甚區别將軍郎爲天柱野種實是椰鍾七夕何異中元黃玉原乎皺玉鼈卵鵲卵一物

異名火山海山仍是早熟因其速化弟見微酸若稍待時不嫌早慧余嘗食得熟者未見作酣

第三

荔子原無用核種者皆用好枝剮去外皮以土包裹待生白根如毛再用土覆一過以臘月鋸下至春遂生新葉他木栽時皆去枝葉獨荔樹要留宿葉承露若葉去露槁則無生機余嘗六七月鋸荔支蘆新根方生無不存活最怕日曬必求稍陰涼處時時灌水方易生葉嘗在水西

嶺東黃氏見池塘植山枝一顆云係核種土人言山枝皆用核種無有鋸蘆者蘆字之義果木非核種者稱蘆益福州方言也余嘗以龍目作蘆今已生植又以梅樹裹蘆次年花實凡樹枝堅者皆可作蘆凡果核堅者方可爲種惟李無仁獨否古人以王戎賣李鑽核千古負寃李一名夫人者皮多帶粉故云今曰核中無仁謫爲夫人李既無仁何用鑽核也徐譜以荔支種不佳者以好本接之龍目有接法荔支恐無接法

第四

蜀都賦云旁挺龍目側生荔支側生對旁挺而言非荔支即名側生也果爾則龍目當稱旁挺矣上林賦云荅遝離支儻以側生例則荅遝亦可稱荔支耶張子壽賦彼前志之或妄何側生之見疵杜子美詩側生野岸及江蒲劉彥冲詩幽林旁挺綠奧婆娑皆本蜀都賦語然非以側生名荔支旁挺名龍目也黃魯直辯蜀都賦云龍目惟閩粤有之太冲不自知其失則賦云旁挺

猶耳食耳荔子本正出爲果中之王牡丹爲花中之王柰何以側生辱之文人因襲借用似以側生爲荔子别名余欲爲荔加九錫故特訂其訛毋使後人復責坊州貢杜若也

第五

五嶺七閩鄰封比境風土既近氣韻攸同荔子高下未能甲乙大抵此種爲美不特閩美而粤亦美此種爲下不特粤下而閩亦下從來宦遊二土者皆未悉其眞味若本草圖經者謂北方

以茘爲名而蔕牢甚不可摘取乃以利斧劙砍其枝故名爲利枝此說不經不特不知物性又且不知物情余向客粤食之甚甘可比漳泉上品大抵五嶺過煖時多失候物亦宜然福州寒暖適中物自純美嶺南縱不得與延壽勝畫爭雄乃列蜀川之後實爲厚誣嘗從先子宦遊滇南見沐國餉丹茘數枚盛以金縷雕盤其酸不可入口大抵摘之太早正味未全郎福州佳種亦以早摘作酸豈皆生質之過耶

第六

古人有以盧橘比茘子又有以茘子比楊梅又有以香橼爭勝又有以櫻桃並妍又有尊之太過以龍眼爲之奴古今人皆未眞識茘支趣也凡物各具一種之妙安得倫比惟時當盧橘則盧橘美時當楊梅則楊梅美各以其候爭妍取憐四時成功何能殿最而欲升之於上夷之於下其亦果中罪人

第七

劉崇龜姻舊武干以財則不荅惟圖茘支則受古文載此一段余不知崇龜何故獨重斯圖至此豈未之見乎但茘支實難寫也余嘗見名手圖之無一生氣此實天然正色不易名狀畫家原有難易桃花茘支俱難描寫崇龜所好因以不易見珍耳每念中表陳伯孺寫生之妙未嘗俻過圖寫于今已矣言之黯然

閩中茘支通譜卷九

閩中荔支通譜卷十

温陵黄居中明立訂

綏城吴師古啓信校

明鄧道協荔支譜二

事實

上林賦荅遝離支張揖曰荅遝似李出蜀中離支出閩中荔字亦用欐字衛洪七間云蒲萄龍目椰子荔支作此字 北戸法

韓文云荔子丹兮蕉黄

南越王尉佗獻高祖鮫魚荔支高祖報以蒲桃錦四匹 西京雜説

杜詩云憶昔南海使奔騰貢荔支

舊南海獻龍眼荔支十里一置五里一堠晝夜傳送奔騰阻險死者繼路和帝時臨武長汝南唐羌以縣接南海上書諫曰臣聞上不以滋味爲德下不以貢膳爲功故天子食太牢爲尊不以果實爲珍伏見交趾七郡獻生荔支龍眼等鳥驚風發南州土地惡蟲猛獸不絶於路至於觸犯死亡之害死者不可復生來者猶可救也此二物升殿未必延年益壽帝於是下詔曰遠國珍羞本以薦奉宗廟苟有傷害豈是愛民之本其勅大官勿復受獻 謝承書 前譜已見今録全疏

唐天寶中取涪州荔支自子午谷路進入 蜀志

敘州府土人善爲荔支煎可以致遠

白居易爲忠州刺史作木蓮荔支圖寄朝中親友各記其狀

荔支至難長二十四五年乃實坡詩云荔實周天兩歲星

荔支熟時人未採則百蟲不敢近人才採之烏鳥蝙蝠之類無不殘傷故採荔支者日中而衆採之 本草

福州志荔支樹高二三丈許大至合抱頬類桂木冬青之屬四時榮茂不彫花似木犀青白色微香實初青漸紅肉淡白如脂玉性畏高寒州北數縣皆不可種連江之南雖植成熟亦晚直

王北嶺而南始大蕃盛其品不一 梁克家三山志

魏文帝詔羣臣曰南方有龍眼荔支寧比西國蒲萄石蜜乎今以荔支賜將吏啖之則知其味薄矣

吳錄曰蒼梧多荔支生山中人家亦有種之

異物志曰荔支爲異多汁味甘絕口又小酸所以成其味可飽食不可使厭生時大如雞子其膚光澤皮中食乾則蕉小則肌核不如生時四

月始熟也

仲長統昌言今人主不思神芝朱草而患枇杷荔支之腐亦鄙甚矣

劉淵吳郡注曰荔支樹生山中葉綠色實正赤肉肥肌正白味美 以上五則出太平御覽

莆田方慎從字惟之宋景德二年進士守嘉州手植荔支于郡圃賦詩有留取清陰待子孫之句至大觀中曾孫傕以殿中侍御史持節按蜀部學嘉父老擁車誦慎從詩爲賀前言若券亦

一奇也 興化府志

諸品見前二譜者不更錄惟舊志載一品紅於荔支爲極品六月熟今取以充貢星毬紅蔕根於臍銳者如瓜扁者如橘圓者如雞子頎者如皂莢形殊狀詭核皆如丁香亦有絕無者食之甘脆而有韻蓋神品也磨盤雞引子皆七月熟扇書實如饅頭皮薄上大下小味甘淨江娠實亦如饅頭皮光上大下小 通志

興化諸品已載蔡譜舊志謂譜中所志今不復

有惟玉堂紅出蔡宅狀元紅出風亭特珍於時按狀元紅舊名延壽紅狀元徐鐸所植也今延壽紅晚出種類迥殊而霞村所植者幾與風亭埒又黃石青山下謝姓園中一株獨大蓋百年物也每歲分枝而生熟時非先祭告不敢輕摘蓋若有神物爲之呵護者又有一種曰火山五月初間熟出黃巷者佳 郡志

玉堂紅爲莆之絕品其樹在城南蔡宅僅一株耳延壽紅品不減玉堂紅亦惟一株在延壽橋

側通志
皺玉梅聖俞詩云莆陽荔子乾皺壳紅釘寄合
璧事類
王十朋謝林虙奪先紅詩云莆中荔子勝閩中
烏石山前又不同正向鈴齋想風味奪先人送
奪先紅搕林居烏石嘗為別院第一人故王及
之梅溪集
李贊皇謂此樹為南方佳人不耐寒今郡西北
七十里有邑曰興化其地稍寒巳不可植矣紹

熙志
兀絳厚之不喜處外及以給事中領長樂親舊
祖道東門勉以東閩舊府百貨所聚永嘉之柑
烏石荔子珍絕天下絳下車作詩謝之云丹荔
黄柑北苑茶勞君誘我向天涯爭如太液池邊
看池北池南總是花名賢清話
按烏石荔子舊傳宋香是也實如陳紫而小或
云陳紫種出宋氏黄巢兵過欲斧之以王媪抱
樹號泣而止後結實核若有斧痕郡志

泉州志荔支五月熟者為火山肉薄味酸六月
熟者早紅桂林金鍾白蜜狀元紅之類皆佳品
也七月熟者俱山荔支品類數十穀粗厚佳者
良有風韻山縣霜多不宜郡志
舊志云藍家紅其品為郡第一法石白出法石
院色青白大次藍家紅大將軍宋葉廷珪嘗植
諸品於圃王十朋第之以此為冠詩云別有深
紅霸圃圃郡中呼作大將軍七夕紅十朋詩云
宅堂荔子無名字自我呼為七夕紅桂林俗呼

野種金鍾楊師姑此品俱多穛核巳上三品今
所稱者通志
漳州志何家紅樹在郡人何氏家故名見蔡襄
荔支譜及曾鞏荔支錄火山本出廣南四月熟
味甘酸而肉薄郡所產者絕勝中半五月熟其
品亦佳陳家虎皮斑瓤厚核如丁香味美而香
郡人品題以為第一陳紅冰團大綠小綠余家
綠俱名品也通志
廣州信安縣有連理荔支樹𠠶傍挺龍目側生

茘支也 袁宇記

果實之珍者樹有茘支 華陽國志

蔡翰林譜茘支以宋家香爲上品至和丙申宋氏老以餉公公謝以詩有並賞昔聞思故友之句注云嘗同陳太監靖方諫議謹言大卿階並曾曾賞建炎丁未六月師仁居里中有以百顆遺予者并墨公詩相示葢去公時又七十有二年矣香味絕世尚如公言嗚呼向非王氏媪保持之豈使後生見此高韻耶 徐師仁

蔡公詩云茘支纔似小青梅葢四月初作也四月時未有茘支所謂似小青梅者乃一種蚤茘名火山亦有佳品熟以五月間人不以爲貴也 劉克莊後村集

地氣莫煖於東南若福南四郡地居東南偏飛霜所不灑故生茘支水口離郡城稍西北僅兩程許茘支絕種矣 王敬美閩部疏

泉州城大而土曠人家多依原隰爲園林余以六月行部肩輿過其下嘉瓜四垂朱槿熠爚綠柚扶搖於短垣丹茘點綴於碧葉眞令人目不暇給 閩部疏

漳州氣候最煖草木皆先時華余以四月抵郡廨中盛有所植盤飣間頗不乏味叢蘭桂子茉莉薝蔔一時並開茘子蕉黄同案而薦誠寰中異境也 閩部疏

東坡嘗謂茘支厚味高格兩絕果中無比惟江鰩柱河豚魚近之耳

頳濵詩云名園競摘絳紗苞蜜漬瓊膚甘且滑

壯遊京洛墮紅塵箬籠白驪脯最珍 合璧事類

閩越人高茘子而下龍眼吾爲評之茘子如食蝤蛑大蠏斫雪流膏一啜可飽龍眼如食彭越石蠏嚌嚙久之了無所得然酒闌口爽饜飽之餘則咂啄之味石蠏有時勝蝤蛑也戲書此紙爲飲流一笑

食茘多則醉以殻浸水飲之則解茘皮不可燒其香引屍蟲 徐象梅博物餖飣

萬曆巳未呂祖降陳上舍來青閣每示乩詩與

學士倡和其詠荔紅三章曰醉眼看來剖隋珠
玉潤氷清白露腴新衣裁剪紅羅綵堪列丹砂
上天厨一 自幼生來雨露沾曾似縈星朶朶黏
試把閩蜀並爲較始知味列有酸甜二 枝頭紅
顆樹欲然脫下絳衣美女眠津香恰似瓊花露
生垂一本各團圞三 又五言一絶曰非酒亦能
醉非肉亦能飽細微能迷人乃知造化巧 呂祖
靈蹟 上舍名鍾彥溫陵人辛酉舉京兆試
呂祖所相也

南齋志曰龍眼荔支出朱提南廣縣犍爲僰道
縣隨江東至巴郡江州縣往往有荔支樹高五
六丈常以夏生其實赤可食龍眼似荔支其實
亦可食
方輿云學士山在石照縣東五里直郡治之江
樓山西北張氏有荔支異本合幹唐文若曲端
嘗賦之焉
寰宇云涪州縣地頗產荔支其味尤勝嶺表相
傳城西十五里有妃子園多荔支當太眞時以

馬遞馱載七日夜至京人馬多斃於路百姓苦
之
鼂說之詩荔支一騎紅塵後便有漁陽萬騎來
謂此也然蜀中荔支瀘叙之品爲上涪州次之
合州又次之涪州徒以妃子得名其實不如瀘
叙耳
涪州圖經云州至長安有便路不七日可到昔
宋景文作方物略言荔支生嘉戎等州以去長
安差近疑卽爲妃所取葢不知涪有妃子園又
自有便路也

按蜀志補云高都山在梁山縣北山中民以種
荔爲業有古驛路乃天寶貢荔支所經也
郡國志云僰在施夷中最賢古所謂僰僮之富
多以荔支爲業園植萬株歲收百五十斛
敘州圖經云荔支廳卽倅廳有名萬朶紅最爲
佳品又一本在尉廳一株四柯西南一柯獨肉
厚而味甘又不冬巖在宜賓西百里山坡荔支
迷袁多屬廖氏宋時此州因出荔支煎 蜀中方物記

惠州荔支味酸樹亦甚少東坡曾云土産早者既酸且少而增城晚者不至方有空寓嶺表之嘆至東莞漸多漸佳五羊黑葉諸品遂與閩産伯仲耳 徐𤊹客惠記聞

廣西荔支色青大如楊梅肉薄核大味甘而不酸如閩龍眼之下者龍眼則又不逮矣 謝肇淛百粵風土記

元李京雲南志土獠蠻以採荔支販賣爲業則滇南亦有荔支也然蚤摘味酸殊不堪嚼余友鄧汝高視滇學時黔國以餉子道協所嘗啖者或以爲採荔之枝誤矣 黄明立千頃齋集

周彦通云昔嘗讀蒙泉翁論著曰荔支流品僅可與北之葡萄比南人不以爲然蓋護短也噫翁之意微矣夫荔爲果以實重陰不與焉紅繒紫綃龍牙鳳爪之夸詡先後篇牘雖東坡老人於流離遷謫之際猶以日啖三百顆爲言若不知其詞之饒焉噫美則美矣亦南方植物之珍耳一騎紅塵萬姓播越千載而下非但人病之荔亦自病之矣翁甫守也安知其意不出於此哉長柯密葉敷蔭席地日交之而翠陰成月交之而金影碎風雪交之不疎不凋荔之陰蓋與徂之松建之榕吳楚之豫章同德而比義者也北人不及知南人有之而不必盡知也 周宣荔陰説

荔支園巳異

吳人胡百能爲李平叔言其族居姑蘇有名園當春時縱人遊賞至三月荼蘼芍藥盛開天氣清和士女羣集叔偶獨行散步至園角小亭最居幽處遥聞其上笑語驩洽就視之見供帳甚齊數黄衣少年共飲侍女六七人顔色殊艷亟趨避之既去百餘步竊意黄衣非士庶所服回望之已無所覩但得荔支殼十數枚其大如鵝卵芬香觸鼻袖之以歸見之非世間物也

嶺南荔支固不逮閩蜀劉鋹每年荔支熟時設宴名曰紅雲宴 清異録

石桃山多中冠夏月坐其下香霧噀人顔色特妙秋冬以後霜葉脱盡蔚然青出故中冠之色之香之味之骨有名姝國士所不兼者余每賞一詩義必曰此文中中冠也蔣德璟雜說

嶺南荔支龍眼皆早熟雷署前龍眼一株十二月開花正月結子余初夏出門實已離離如指尖大初六日過陽江荔已熟微側而酸是火山種初十日方入夏猶春候耳驟啖頗損側生羣價然家君云雷種甚大而美未可以初出定品題也

荔支紀　　李焆

荔支一作離支閩中惟興化泉州最盛他郡雖之終不蕃實種亦不一端午前熟者曰菓山味酸能減胃氣宦遊渴荔支名不曉也一見便啖每暴下遂致忍饒最上惟狀元紅進貢紫二種狀元紅以莆產爲勝進貢紫最耐久泉中錦田產無踰矣皆夏老方熟亦不多得民間鬻者曰蚤紅雖甜不貴也焙乾作行貨者桂林野種似粤本楓亭有狀元紅亦可作乾然走味多矣秋深結子與龍目相見者曰筆香曰麻餅曰綠羅袍俱絕佳俗尤珍之如少年叢中文人行也予鄉傅稔勳夏器休官時四壁蕭然家錦田雖進貢紫數十畝至今繁茂子孫資之昔人木奴千頭可以不貧者信然予嘗以語新都鮑在齊在齊云著名艷譜擅珍綺筵不如爲清白吏作供一時傳爲佳話

荔支夢　　鮑山

丁卯仲冬與友人擁爐夜坐因食蜜羅柑論及收藏果品之法某果某藏法某果某藏法荔支以礬水鹽水藏法予曰總失其原味恐未盡善也更闌客去就寢即夢一人來訪蒼赤之顔蒼赤之服云吾乃荔偃因公不知吾族故特來相聞如狀元紅進貢紫桂林野種閩廣俱有之若廣則另有金鍾鴨蛋紅芙實鷄爬之類閩則另有鼻香金盞銀盤秋來嬌鷄抱子蚤紅果山之類味雖高下然丰格則一吾種安肯夷衆果之

列請公思之吾譜之外誰譜也但笑公不來我
地何得眞味今帶有數枚乾者公試嘗之較市
貨葷自别公必欲鮮者容吾出支時再來相約
遂醒口中猶有荔香

憶荔支　　嚴佳明

余髮始覆額先君挈余宦于莆莆饒荔支出風
亭者其上品也余有句曰曉霞藏葉底晩日隱
林梢先君見而笑曰二語雖有致而失譌於詠
物矣吾以驛騎送兒于樹下當更得佳句弗徒

辱吾珍果也遂疾鞭而去未至里許香風觸處
火色薰灼離離若若搖曳空中枝葉反居其內
耳始知二語之誤因婆娑賞啖日暮遡還復改
句曰山氣蒸霞亂林香拂水來青絲歸騎籠盡
帶火珠回今緬懷此事已三紀餘矣風木徒悲
再遊無日偶道協言及荔支不覺凄然再賦一
絕
魯化爲蝴蝶留連萬顆珍閩山魂夢在猶得憶
前身

惠州府治旁有文惠堂宋陳文惠公堯佐守郡
日堂前手植荔支名將軍樹東坡有謝贊之今
堂廢而荔支無存　客惠紀聞
交州記龍眼樹高五六丈似荔支而小廣州記
曰子似荔支而圓七月熟以荔支過始熟故名
荔支奴
廉州龍眼質味殊絕可敵荔支坡詩云龍眼與
荔支異出同父祖端如柑與橘未易相可否異
哉西海濱琪樹羅玄圃纍纍似桃李一一流膏

乳坐疑星殞空又恐珠還浦圖經未嘗說玉食
遠莫數獨使皴皮生弄色映琱俎蠻荒非汝辱
幸免妃子汚
杜牧華淸宮一詩尤膾炙人口據唐記明皇帝
以十月幸驪山至春卽還宮是未嘗六月在驪
山也荔支盛暑方熟詞意雖美而失事實　詩話
總龜
楊用修云白傳荔支圖序可歌可咏可圖可畫
歐陽公荔支詞絳紗囊裏水晶丸亦妙

晁氏曰皇朝蔡襄記建安荔支味之品第凡三十餘種古今故事一卷陳振孫曰君謨爲此書且書而刻之與牡丹記並行閩無佳石以板刊歲久地又濕皆蠹朽至今猶藏其家而字多不完可惜也 文獻通考

蔡端明荔支譜舊乃棗板所刻博古賞鑒家重之若木難火齊此本爲莆人翻鏤者亦不失筆意但搨不用墨而用煙殊乏光彩耳 徐𤊹紅雨樓集

興化志古蹟宋軍治清心堂有太守徐師閔荔支譜刻于壁則蔡譜之外復有徐譜也又陳玉叔輯閩日有荔支考今覓之未得

廣州城西南有荔支灣漢昌華園故址廣四十里袤五十里黃榆詩云昌華苑外裙腰草玉液池邊鼓吹蛙卽此地 馬欻南粤概

崔倅宦廣州一乳媼善幻伎倅家小鬟福州人媪語鬟曰亦思歸乎我與汝同歸乃于浴房施小箕共立其上戒鬟謹閉目覺身飄飄行虛空中開目見通衢市井人物廣城也遂造其家父母驚喜媪使紿之曰通判公幹泊舟河干我偷出當急還來春來訪我遂別去穿市覓土物數種復立箕上頃刻還舍以物分遺家人一日抱嬰兒門前見有持福荔者兒求之不得媪曰我別有計取小盒置几上發之則滿盒皆荔倅大駴異而鬟父母適至鬟詢以向日事皆合倅欲窮其術媪笑曰此神術官人試觀之拉請其家酒坊坊有大釜煮酒正沸媪躍身其中遂不見 馬欻南粤概

元古杭徐昌綠荔亭記云叙南之西安邊里有銅山銅山巨族爲廖氏其先世徙自蜀郡詩書行誼爲鄉人所敬交遊婚媾率顯者也家有荔支兩株莫究所自植古老相傳約百數十年物其盤骫偃蹇凌霄漢蔽日月就下屬望之蓊然如垂天之雲傍有一亭夏暑爓爐實熟葉密香聞數里廖氏耆耋以其暇率族人聚樂其間布席列俎折實於盤少者以次奉觴爲壽畢則拱

侍聽長者之訓懽洽之至禮度不踰然世雖有荔支未有實緑而味甘者迨宋太史黄公食之驚異而有廖致平家緑荔支之句今尚見於豫章集中鄉里因名其亭曰緑荔廖君樞童稚時與予同學京師今皆將五十矣持譜求予爲斯亭記余見其歷世宦學相承治行尤著斯亭殆將有聞於遠哉廖之後世子孫其尚培而葺之於無窮可也按志亭在敘府西六十里徐爲中善左丞 曹學佺蜀中方物記

方物略云隈枝生邛州山谷中樹高丈餘枝修弱花白實似荔支肉黄膚甘可食大若爵卵贊曰挺幹既修結蘤滋白戭外澤中甘可以食魏鶴山萬州嘗池觀荔支詩曰分隨猿鶴老隈枝趨詔重來兩鬢絲邂逅一觴莫辭醉能禁二十載差池則荔支亦可以名隈支矣 曹學佺蜀中方物記

余性嗜橘日啖百餘顆偶病文園之渴喫之立解竊謂百果之品橘爲第一閩州洞庭各擅其美迨督學閩中客有作荔支考者侈而姱之獨不及橘余爲之短氣因繪圖作評語以代置像評曰夫橘與荔支古今賦咏者夥矣其色朱實而丹苞其味甘醲而芬郁將無同乎然荔支熟在秉炎而橘也素質霜凝貞芳冬茂操不如也荔支鄙其患腐而橘也精白任道淑離有理德不如也荔支蒙誚側生而橘也光分璇宿榮植上林珍不如也荔支易損左車而橘也消餌解酲通神已疾益不如也由斯較之始信靈均爲

善頌王逸非知言客惡得嘲余爲昌歜羊棗之嗜乎哉 顧大典入閩遊稿

不佞黄發山莊有橘數樹覽足下圖評心馳故園矣不佞以爲灼灼麗日則美姬也耿耿凌霜則貞婦也節槩既殊風韻逈别吾其在荔子乎雲夢多柚不敢私於鄉土江淮變枳不盡掩其瑕瑜近日蔡伯華職方取香櫞足下取橘而欲班荔支上不隨人妍媸者也不佞特爲側生解嘲云爾 陳文燭荅顧道行柬

余家雲夢之側舊稱橘鄉余酷愛其花與實木奴數頭手自植之其意殆亦彷彿道行也已而遊蜀遊閩並得以荔支充盤餐而余之嗜更篤甚輒以噉蔗之境比之每一入齒頰則灑然不知蜀道之難瘴海之遠也乃知櫨梨橘柚各有其美大都非其至者耳道行評橘謂當出荔支右其詞甚辯而里人陳玉叔駁之余與二君同臭味何能獨附玉叔口吻第道其自所嘗試者乃爾儻亦風味故自有別乎然世人嗜荔子者

什九嗜橘者什一道行心遠必自有寄當不在區區品第間哉　張文燿荔橘評題辭

足下品龍眼伯仲荔支鄙意亦然曾質之王敬美敬美曰直堪作奴耳客有以側生旁挺比王家兄弟者不佞爲次公方並駕何堪此語客遂不言異時與二王談及當共鼓掌耳　陳文燭荅頤道行柬

荔支自湖南界入桂林纔百餘里便有之亦未甚多昭平出穪核臨賀出綠色者尤勝自此而南諸郡皆有之悉不宜乾肉薄味淺不及閩中所產　桂海虞衡志

龍荔殼如小荔支肉味如龍眼木身葉亦相似二果故名可蒸食不可生啖令人發癇或見鬼物三月開小白花與荔支同時　桂海虞衡志

余深罷相居福州第中有荔支初實絕大而美名曰亮功紅亮功者深家御書閣名也靖康中深謫建昌軍既行荔支不復實明年深歸荔支亦如故乃知世間富貴人皆有陰相之者　老學

庵筆記

予爲成都議幙攝事漢嘉一見荔子熟時凌雲山安樂園皆盛處糾曹何預元立法曹蔡迨肩吾皆佳士日相與同盤桓辟許昌亦嘗以成都幙府來攝郡未久罷去故其荔支詩曰歲杪監州曾見樹時新入座但聞名蓋恨不及時也每與二君誦之　老學庵筆記

宋福清翁昭文者先儒亢之從子也圃中非時生荔支其母曰豈有嘉客踵門耶頃之莆田林

光朝至因名爲嘉客紅予向脩荔支譜未載漫
記於此徐氏筆精
閩士越科臨川人赴詞會京師旗亭各舉鄉産
閩士曰我土荔支眞廠枝天子釘坐眞人天下
安有並駕者撫人不識荔支之未腊者故盛主
梅梅閩士不忿遂成喧競旁有滑稽子徐爲一
絶云閩香玉女含香雪吳美郎星駕火雲草木
無情爭底事青明經對赤叅軍淸異錄
交趾有芭蕉極大隆冬不凋中抽一幹節節有

花花重則幹爲所墜結實下垂一穗數十枚長
數寸去皮爛軟如熟柿可食一名牛蕉又有龍
荔實如小荔支味如龍眼木與葉亦相似元陳
剛中使安南詩云牛蕉垂似劍龍荔綴如珠紀
其實也謝在杭百粵風土記載廣西荔支如龍
眼豈卽交趾之種歟若芭蕉則閩廣極多第不
如交南之大耳徐氏筆精
儋耳荔支凡幾種産於瓊山徐聞者有曰進奉
子核小而肉厚味甚佳土人摘食必以淡鹽湯
浸一宿則脂不粘手他種味帶酸核大肉薄稍
不及也顧岕海槎餘錄
荔支子閩中爲上川蜀次之嶺南又次之味甘
無毒蔡端明著荔支譜通論與福漳泉四郡名
家不過十有二品其下三十二品不論也有名
桂林皮麄大如雞子味甜一名中冠皮光而薄
味淸甘一名金鐘皮略麄色青黃味佳大類桂
林皆六月熟一名火山核大味甘酸四月先熟
一名早紅類火山五月熟又有狀元紅一種形

圓味甚佳仙遊楓亭爲多時獨重之愼懋官華
夷花木考
荔支酒方用荔支肉三斗燒酒餅麵一斤拌勻
以大盆盛之發過對時又用大盆換盛發過對
時依燒酒法蒸出酒埋地中兩日去火氣香美
可愛徐氏筆精
唐鮑防襄州人天寶末舉進士大曆中爲福建
觀察使時明皇詔馬遞進南海荔支七日七夜
達京師防作雜感詩云漢家海內承平久萬國

戎王皆稽首天馬常銜首蓿花胡人歲獻葡萄酒五月荔支初破顔朝離象郡夕函關雁飛不到桂陽嶺馬走皆從林邑山甘泉御果垂仙閣日暮無人香自落遠物皆重近皆輕雞雖有德不如鵠目擊時艱一念忠懷可見是知貴妃所食荔支實出南海已見劉昫唐書并防詩蔡君謨譜謂愛嗜涪州歲命驛致羅景綸以爲一騎紅塵乃瀘戎之產恐悞矣 徐氏筆精

烏石山有宿猿洞怪石森聳昔有老翁畜一猿每夜輒宿洞中唐季大築城垣隔此洞於城外宋熙寜中湛郎中俞棄官歸隱於此程大卿師孟篆書宿猿洞三字於石徑尺許洞前舊有荔支樹極佳名曰洞中紅古靈陳襄贈湛俞詩云此去蓬萊峰頂月夢魂應到荔支園羅源林迥詩云荔支影裏安吟榻菡萏香中繫釣舟迨及國朝廢爲叢塚荔樹已無存矣謝肇淛有句云湛侯當年拂衣歸卜築喜就城南陲菡萏香風垂釣裏荔支寒影對僧牕子亦有詩云怪石高

於雉堞齊昔人曾此卜幽棲白楊滿地髑髏出蒼蘚上崖名姓迷夜雨徒聞山鬼哭秋風不見野猿啼荔支樹死洞門塞行到此中生慘悽壁上諸名公題刻具存無人修復良可慨也 徐氏榕城三山志

余家有徐虞部荔支譜碑本虞部名師閔字聖徒嘉祐中守莆其譜文字極簡質至于品量荔子高下美惡皆不錯但爲蔡譜所掩世未有知之者然公吝虞部書稱其精審又云常亦有作大略相近餘亦少有異焉殊無以已長蓋它人之意此其所以爲公也 劉後村文集

荔支珍果楊妃絕色一時相值宜唐帝辟心太真厄於祿山宋樹剝於黃巢均之不幸第太真身死而名終辱宋樹暫 而品猶奇妃也千載而下視宋樹不有餘愧者乎 趙世顯芝園隨筆

閩中荔支通譜卷十

閩中荔支通譜卷十一

溫陵黄居中明立訂
綏城吳師古啓信校

明鄧道協荔支譜三

文類

洪離傳　王褒

洪離字成林蜀人也其祖側生顯於漢厥後種落散處閩中爲盛離生而形狀特異鵠首鶴頂牛心虎皮爲人華而實確而質内含章美津津

可尚以故識與不識咸稱譽之唐天寶間天子聞其名采而致之使者冠蓋交於道猶慮其來之緩也特設驛傳以迎焉既至同盆成子虚水侯上謁時盛暑上坐沉香亭趣而入上笑曰聞卿之名有年矣卿來能啓沃朕心乎離從容稽首曰臣遠方賤士也自謂深根固帯山林間足矣叨以先容獲薦左右然臣起遐陬酸寒鄙陋恐見罪不敢忝居喉舌之位上撫再四曰名不虚也特命釋褐肌膚潔白上曰玉色英英照人中何物也離垂首對曰特一赤心報陛下耳上大悦錫爵紅陽侯奉朝請賜予數召對無虚日後宫貴人邀而食之開懷款會適其意而後已久之執法大臣謂離弗能裨益治體何往來屑屑之不憚煩也請罷之上用其言由是疏焉後終於蜀孫支入閩奕葉繁衍遂爲巨族有一派而居嶺南皆未若閩之大著耳

江妃傳　謝肇淛

江妃者唐玄宗皇帝侍妃也小名緑玉其先世

家於南越漢武帝時有側生女隨尉佗入貢帝見其美愛幸之爲築離宫居歲餘無子寵衰聞陳夫人以相如賦復幸亦奉金鍾千求相如作賦賦上不見省卒幽死長門中然家世産好女子不乏和帝時詔歲貢采女以備掖庭後用唐羌言罷之妃以開元中生母方娠時夢繁星纍纍從天下已取吞之覺而命筮得離之頤曰銜珠黄鵠生芻一束去其國三歲不復是女也而艶必大吾宗果以季夏之望生妃及長有殊色

肌理膩白如玉無少疵厯體有異香奸製紅綃
爲襦壓縠若粟裼以碧衫豐膚內映益增其妍
然常自匿翠幄中市里罕見其面也時天下承
平日久上怠於政務日事遊宴貴妃楊氏寵冠
椒房而妃有姊采蘋先入宮得侍帝從容言其
女弟鮮姣欲以傾貴妃帝聞心動而先時左丞
相張九齡又盛稱妃之美不容口遂遣中使乘
傳遽召妃促者絡繹於道以天寶五載六月下
旬得幸於華清宮中霞綃初卸玉肪瑩發妖冶

融液香聞遠近既而丁香輕含火齊徐吐流腴
浹籍膂爲遺落不自收舉帝大悅翼日制曰朕
味道渴賢采華茹實博羅筐筥之媛以佐蘋藻
之絜蓋有年矣才人江氏德惟邁種姿擅凝脂
國色天香沁吳宮之芬水氷心雪質奪漢掌之
金莖政當破瓜之年益重標梅之感今遣大將
軍高力士持節冊封淑妃位貴妃次於戲玉食
萬方予豈有愛於喉舌小星三五爾益自固其
衾裯食哉以時無廢朕命自是寵遇日隆每食

未嘗不侍側然妃小有智數時時以甘言自媚
於貴妃浸入肺腑得其驩心貴妃不嫉也一日
上與貴妃交膝坐沉香亭擁妃於側裸戲久之
謂貴妃曰此郭舍人所謂唼喋女脣甘如飴者
耶時安祿山在傍曰臣以爲消膩渾如塞上酥
耳上與貴妃大笑時方盛暑上有消渴疾道士
羅公遠以術致江陵柑百顆西京州進浦萄數
百斛上謂左右曰爭如我江家並蔕瓊漿風味
乎然妃終逼於貴妃不自安常以顏色非故求

自疎遠每歲僅一再見上上愛益渥併賜采蘋
號梅妃寵與貴妃埒三人各自矜其色宮人或
微問帝帝曰江家妃神仙中人也楊梅尚不堪
作奴耶貴妃采蘋聞之大怒以事掊摭妃暴烈
日中又加炮烙曰使老嫗黧面聞者傷之後左
拾遺杜甫紫微舍人杜牧忠州刺史白居易皆
有詩弔妃妃既死竄其族於閩廣間然子孫猶
美麗稱江家種以比昭君村云
外史曰諺有之美男破脣美女破舌江氏起卉

服見天子恩寵傾苑籞盛矣而卒以色衰來殘
桃之譖況其他乎然貴妃投繯馬嵬梅氏碎骨
兵燹血汙遊魂跡穢青史而妃之香名猶膾炙
人口本支蕃衍亦天道哉余懼世之人不察猥
云色舉與楊梅二氏同類而共笑之也

荔卦　徐𤊹

離利貞亨自求口實
彖曰離也者明也柔在內而剛得中止而麗乎
明中正以觀天下離之時義大矣哉

象曰木上有火離君子以果行育德
初九天地變化草木蕃
象曰草木蕃品物咸亨也
六二黃離元吉
象曰黃離元吉中未變也
九三賁于丘園美在其中
象曰賁于丘園其文蔚也美在其中惟其時物
也
九四以宮人寵用拯馬壯若號一握爲笑
象曰以宮人寵尚口乃窮也用拯馬壯積中不
敗也一握爲笑內喜之也
六五公用享于天子大車以載吉
象曰公用享于天子承天寵也大車以載中以
爲實也
上九碩果不食有殞自天
象曰碩果不食何可久也有殞自天承虛筐也

荔子編序　王世貞

承甫遊河洛所著作輒爲人梓行其遊楚亦然

而最後訪其友顧益卿於閩閩既饒佳山水其
海錯珍苞之類又足以佐酒而益卿居恒推事
承甫氣益發舒歌詩益富前後得詩近三百首
名之曰荔子編范宮允伯楨胡侍御原荆期傳
之而屬序於予夫荔最先著閩品最下次著嶺
品小勝閩最後著品最高遂以其味居天下冠
承甫之所遊閩者豈爲荔子故耶其所爲歌詩
豈盡發之荔子耶今承甫之所咏荔子百不得
一而其所遊閩則以閩之山水足賞而益卿足

依也顥名編而以荔子毋亦承甫有所托謂其後出而能冠天下之味也耶余覽承甫詩一再過眞若所謂絳繻綃單玉膚氷液望而以爲海山仙人者吾不知視三危之瑞露何若要不在中山紫花西域蒲萄下矣雖然以之植上林寧能側生雜遝於霜露摧剝之餘而媚時口哉承甫休矣其卽吾南中安矣

石倉園荔支閣記　　曹學佺

荔支閣介于雙樹樹固有垣繚之而枝葉扶疎

特出垣外作虬龍勢競舞而飲水閣去其梯借徑于菴之別室以梯以橋皆因于樹樹有欹側處人行蹲而避之坐露臺如在綠幄中荔子熟時朱實離離可掇而食不煩假手于攀摘矣閣之後闢有一池泉冷甚種荷不能活湛然青玉色有亭臨之曰玉泉亭亭傍累石爲坡以種菊曰菊坡

荔支園草題辭　　李維楨

荔支惟蜀粤閩有之而閩爲最閩又以莆爲最其色香味殊絕見於前人詩賦者讀之令人口津津恨不縮地坐樹下飽嘗之莆人龔幼孫一日介其友謁余示以荔支園草有詩有尺牘有舉子義益家有荔支園日諷誦者述其中余三復之艷色奪目清香逆鼻甘味沁齒卽啖生荔支不啻如是望梅止渴豈虛語哉白香山謂荔支離本枝一日色變二日香變三日味變四五

日外香色味盡去此草越千里如比肩歷千歲如旦暮耳豈草木之實所堪擬議然而雲壑布衣類杜工部所云可爲慨嘆物之遇合有時安知不有包匭底貢十里一置五里一堠爲扶荔宮而居之壓枝天子飣坐眞人舉天下無雙者余識其端竊比斲林之券云　大泌山房集

荔支亭稿序　　郭子章

予守潮郡齋隟圃故有荔支亭子延友人康用光爲兒輩師講業亭下用光自潮還豫章自豫

章入潮往來有感抒之乎詩一日解其蘘於亭下示予骨神稜爽音響玲瓏采光陸離枝葉扶疎緜貞元大曆而上迦於建安黃始亡不擘鏡而融結之用光家在古瑞山下與珠林劉尚書相距尋尺尚書故以詩雄元　明間用光自以病躅舉子業日夕步趨故其詞遠宗魏唐而近範珠林予卒業之忻然有當予心也時維夏五荔子正丹紫羅襯殼白璧塡瓤緗縹裁葉醴酪和漿而龍鱗干霄芬香襲庭鶴巢其巔鹿蟠其

根予孰睬之又忻然有當予心也予朗吟用光詩提如意舞鹿鳴鶴和恍若有解惪風時暘荔子垂垂如紺珠火齊飄然欲聲因題之曰荔支亭稿嗟乎荔生五嶺八閩九眞之間處炎野華赤海不得與五柞玉樹並植宜春樂遊諸苑而歲時放丹不改柯易色用光與予共席三顧雙鳳下才十倍予而予邀天幸通時籍用光猶然衡門布衣不受人憐無幾微不堪之狀又何以异嶺外之荔彌遜彌丹乎雖然漢破南越自交

州移植起扶荔宮貯之則又惡知無好用光者如漢故事植之承明金馬門而用光當斯時所以對公車獻　天子者不爲上林甘泉之賦則必有痛哭流涕長太息之策不爲明堂之圖封禪之書則必有正心誠意之對區區荔子詞鄧林一枝焉耳

荔支攷序

王世懋

陳右伯玉叔蔡駕部伯華皆予執友也而皆官於閩伯華謫爲鹽官時居閩最久啖生荔支弗慊爲之說而貶之比來典試再賦香橼感誇其

美欲令班荔支上伯華書一通遺予予時欲爲荔支解嘲宂弗暇賦丙戌春予來自莆玉叔授一編曰荔支攷前後徵荔支事博極羣書略無挂漏余听然而笑敬謝陳先生足下幸甚爲側生吐氣遂令王生賦不得作夫毀譽愛憎之口所從來遠矣我非彼彼亦非我兩吻相角不若造而問長年三老何則彼所徵者衆也故羊棗偏好於曾點羊棗不以其故永譽荔支專惡於伯華荔支不以其故損聲假令予賦而相角彼

亦且羊棗我耳玉叔不自爲政膾炙哉將不爲
天下月旦乎盍予始嘗火山於漳幾謂荔支橫
得名耳稍入夏於泉啖桂林便謂爲佳六月居
莆飽啖狀元香風味品絕七月還福更啖長樂
勝畫甘釀倍之火山見今玫中而桂林狀元香
勝畫皆今人名不載蔡君謨譜豈即當時陳紫
類而異其名耶玉叔謂吾子嘗併序之爲吾是
書增價耶復及此昔米元章辨顛於蘇長公長
公戲曰吾從衆倘伯華瞋目而爭予請以是詑

對

荔支考序

陳文燭

余入閩啖生荔支而甘焉謂百果之品此爲第
一可消文園之渴者司馬相如上林賦云荅遝
荔支豈所指即漢苑中所種二百餘株耶嗣是
唐伯游上書止交州貢仲長統言人主當思神
芝朱草而鄙其患荔支之腐都非長卿本旨漢
而後珍之者衆矣假取蔡君謨譜益以往籍屬
文學王子林子校焉知味者共之若云梨橘各
有其美食蔗漸入于佳而與荔支較焉非余所
知也作荔支考梓燕嘉樹軒

荔支舊譜序

屠本畯

荔支者閩廣巴蜀之佳果也實號珍腴樹稱長
壽色味不一品類繁滋虞夏商周既不錫于禹
貢曾何圖于王會豈非生絕徼者難以充君之
庖耶自尉陀備物相如作賦以來貢盛于漢帝
而交趾置堠名傳于唐妃而涪州遣騎其後紅
鹽白曬紛馳于趙宋矣　明興一切報罷俾英

英仙品遠跡廟廊之中灼灼靈根偃息瘴蠻之
地人罔有之物亦宜然本畯年在孩提從先公
總憲嶺南知食而不知味年在稚齒從先公左
轄閩中知味而不知品今年逾知非每覽君謨
子固之書輒動三山九漈之想萬曆乙未移貳
閩鹺越明年時惟朱明屆節丹支離柯翠幄舒
張見絳苞之錯落瓊瓤剖迸詡甘液之旁唐齒
煩浮香眉宇就爽矣古今人啖之不足故歌詠
之歌詠之不足故從而譜之於是宋蔡君謨開

奚于前明徐興公抉奇于後色香味品悉爾無遺生植採製粲然大備使食者可執品以按圖閲者可披圖而索品矣自蔡公所傳名存于今十而三四徐生所增奇名異品十而六七將五百年間僅二譜焉擒藻固難考索未易其不然歟伊余不慧飽啖是宜客有談楊梅勝于荔支者又有談龍眼可稱伯仲者不慧初啖謂客言爲然逅嘗乃知耳食非眞身歷爲信勒斯荔譜成一家言

荔支舊譜序

黄履康

自宋蔡君謨學士襃荔支譜牒迄今五百餘年閩品識爲奇絶古今詞人往往注頰而侈譚之晉安徐興公先生更取蔡譜而廣之其攟摭富其蒐羅博其詞采陸離其人抗志青霞擷芳秕苑恭嫺於箋疏者余取而讀之覺流膾吻齒間涎津津不能收何必箕踞樹下啖三百顆也甬東屠田叔使君來爲吾閩農府丞稍爲考訂蔡徐通譜授梓焉余從使君署中手㔹輕紅因戲語使君閩故以此姬重此姬藉與公才管殊沾沾而生氣黄郎且檄南宮御女呼十八娘來玉珮珊珊將毋以十二峰之夢疇與公耶使君笑而頷之余獨怪靈均以騷經抒鬱瑶華佳卉舉綴頮端荔支抑何寥寥耶葢南天獨擅造物者巧閟之以待千載剖抉譜而傳之皆吾閩後先諸君子也通譜行爲絳衣之稗官爲端明之藎臣爲南部之勝事萬曆丁酉歲九月望日

荔支咏序

鍾惺

夫有絶世佳人於此吾生不得與之同其地接其人襲其蘭蕙之香餐其醇醪之味覩其氷雪之容雲霞之服有妙於言者舉其形神而寫之筆舌之間縹緲遠近如昔人所謂詩中畫者對之巳如身至其地而接其人矣幸而又身至其地接其人并其人之香之味之容服皆得而領畧之則其言之妙遂可廢乎余以爲惟身至其地接其人者乃能妙於言而亦惟身至其地接其人者乃益知其言之妙而不能忘情於其言

也閩中荔支其香味容服所謂絕世佳人也予楚人生平向往之仙仙乎不勝蘂珠羣玉之思今年以督學至閩當荔子纍纍之日適有延津之役不得乘果下馬攀條折枝采華茹實食不能過二三顆輒罷或戲予遂聞聲而相思日近前而不御而予竊自比阮嗣宗之好鄰女終無所私或深於好者也至於篇章題詠贈之以言則老學究之不暇爲風雅固矣憲長吾鄉杜仲實先生獨能以公餘之日爲七言律三十首紀

之夫詠物之妙無如少陵然律能爲五言而不必七言近時王元美能爲七言而不能至數首未有屬詞比村巨麗精切如公者蓋舉荔子之香味容服遠體遠神一一傳之於詩如寫照然何者公蓋接其人故言之獨妙而予幸身至其地或始知其言之妙也與時公開府八閩彼南國佳人即公故知而予持公詩他往蓋無歲不至其地無處不接其人乃知一騎紅塵崎嶇險遠劣得妃子一開口而色香精神已失之甚遠者何其計之勞且拙也

紅雲社約　　徐𤊹

清異錄云劉鋹每年於荔支熟時設紅雲宴余恒想其風致吾閩荔子甲于嶺南巴蜀今歲雨暘時若荔子花頭甚繁樹梢結果纍纍欲紅自夏至以及中秋隨早晚有佳品今約諸君作飡荔支會善啖者許入不喜食者請毋相溷先定勝地名品以告同志平遠臺法雲寺白寄二樹異品也必先半月向主僧買其樹熟時往食本

宗上人主之西禪中冠甲于城内外馬恭敏賜葬之所極繁極美馬季聲主之尚幹滿林香香倍衆品唯林氏有三五樹非至親往求不得入城陳伯孺所居與林氏至近伯孺主之磨盤大如雞子高景倩東山别業有此種今歲生尤繁盛景倩主之凰岡中冠爲福州第一品必至其地始得選食但路隔一水非舟楫莫至謝在杭土之勝晝出長樂六都更有一種雞引子亦出六都同時而出在杭長樂産也再主之綠玉齋

前新植一株楓亭種也今歲結實不甚多食畢足以他品余主之楓亭荔子名甲天下核小香濃一日一夜可達會城色香未變周喬卿莆人也主之桂林一種味極甘美凌晨皆於萬壽橋貨鬻間有挑入城者吳元化鄭孟麟主之會只七八人太多則語喧荔約二千顆太少則不飽會設清酒白飯苦茗及肴核數器而已不得沉湎濫觴混淆腸胃每會必覓清凉之地分題賦詩盡一日之遊願同志者守之萬曆戊申夏至

前十日徐𤊹興公題

紅雲續約　謝肇淛

余自壬辰離閩丙午始返十有五年未獲啖故園荔子每一思之常津津齒咽間也迨丁未夏無荔卽有一二僅慰足音未能果腹越歲戊申荔始大有年而社中諸子鱗次比集因思晉安此品甲於宇內幸而生長其地又幸而十七載始逢其熟也河清難俟髮且種種明年之馬首北矣可虛此日月乎於是社中諸子唱爲餐荔會而不佞復條所未盡者如左以與同志者共守焉　一初出市則新香可愛勿嫌味酸勿憚價貴當集同志一啖以開勝會之端　一政滿市則光景難虛勿畏性熱勿憚會頻當連數日共啖以極行樂之致　一將罷市則殘紅可惜勿厭冷落勿憚搜尋當倒筐筥盡啖以成美事之終　一譜志記載甚多會城種類有限沿街擔負皆園林採拾之餘村落家藏多耳目罕見之種跬步所限終無染指之期一品未收已有

遺珠之歎凡我同志幸悉鄙懷或奇植異名傳乘弗載或家傳手蒔羔鴈所遺毋論遠近各採數顆以廣異聞兼闡幽鬱　一同志諸子嗜有濃淡性有豐約縱勉強破慳於一時終隱忍生嗔於他日乾餱失德雅道衰矣不佞之約主不必一人人不必皆備或餘勇可賈連司累日之盟或百足不僵共鳩一時之集憚煩而願去者聽慕風而來參者許要以行樂及時何用枉生哇喊亦恐風景少殺不無貽笑山林　一人皆

同心會主真率在家少加酒饌一二以佐笑談出外遊者唯携飣茗數具以防饑渴蔬簡則携易坦則意洽用約則後會可繼品少則正位不分要爲側生賞音非作措大面孔也　一聚會既數功課當嚴若徒稱雄善啖則吃隸皆可登壇縱使濡忍腐毫即厮養亦嗤上水令置一簿携以自隨每會先記日月勝地次列同集姓名主人分體拈題坐客即席抽思雖潤色或需他日而草刱必限尅期詩不成者記姓名於簿以

行薄罰無恃頑化外致取笑筆端　一名園雅會樂事賞心雖形骸已盡蠲除而言語當忌穢雜或徵僻事或歌古詩誦人間未見之書談宇内瑰奇之事間有雅謔何妨絕倒勿言朝廷時政勿作市里猥談勿陰說短長勿互相攻擊勿故爲狂態亂恣喧呶勿強作解事妄加評品此雖一時萍蹤便是千古話柄無令惠州三百顆擅美當時更恐王家十八娘見笑地下耳萬曆戊申夏至前八日謝肇淛在杭譔

賦類

荔支賦　宋　范成大

紹興丙子夏有自行都餉貢餘新荔子者坐客稱歎窮山所未嘗有呼酒更酌鼓瑟以侑之且爲之賦時爲新安掾

吾聞南國之南水激而山蟠鍾具美於一物緊化工之所難撊絳綃以袪服襲菁桃而中單湛氷明之漼漼粲玉立之團團蓊生香之令芳泫仙液於微瀾走候置其萬里上玉宸與金鑾顧

人間之流落繞千倉之一簞餉江南之病客索孤笑於犨端斥蜂蜜之黄膩謝佛桑之紅乾覺龍目之么麽咍蒲萄之甘酸藉以秋雲之巾薦以水晶之盤羞以燒香之浮酷相以流水之清彈迨風月之温麗耿星河其未翻余一嚼而三嘸灑玉池之清寒恍醉夢之翾飛掖九天之風翰望涪州與閩嶺揮八極於雷軒方冥濛其路暗儵浩蕩其天寬岌芳臺與綉戸窈玉聲之闌珊款荔支之仙人若平生之所歡謂客子其少

留紛擘綠而破丹招玉環於東虛御淸空之雙
鸞訪長生之舊曲有千載之遺歎悵三山之回
風驚南斗之闌干亂梧竹之滿庭渺雲海之漫
漫

荔支賦　　明　蔣德璟

若夫金櫻栗玉虎斑龍牙麝囊椰鍾黑葉綠紗
蚶殼朱柿星毬鷄肝霞墩松蕾金綫氷團牛心
鵲卵淨瓶蜜丸夫固亞僕乎瀘粤然猶閩囿之
下丹也逞者忠惠之書讃於方氏摘二百而爲

讖竟淪揜於鐸里維鐸及奕誕降嘉蕤延壽是
孳祥井是沇移紫度緋法藍心恥流觀夫伏熠
秋回百荔垂纖黛葆扈雲形實射暹夜星晝燭
圓盖方陣聳若火烽其木不燼又若琅玕萬斛
鳳尢離離芸風氣聞千步又若洛媛含辭未吐
寒泉三尺渫浴天芳又若合德初出蘭湯廣上
圓下皓肪中沒又若宜主柔溫無骨霧綃半劈
醴津斯醒龍漿斯落又若吉雲露珠一勺袒膜
醲英又若水晶穪核焦封又若丁香應啜灰滅
又若甜雪留芬射越弛服墜裾又若茵墀流汁
入渠故其冬青春榮之性絳襦玉膚之狀駁犖
辨豔之妝蠲渴補髓之溽亮羣族之所伏嗟難
得而覼况是以釵頭盛髻雙髻奉褐王娘鄣袂
將笮攤鐲服其實者挹膏漱瓤爲荔羨偓昔扶
荔之宮積草之池金明搖風十不一易若乃雒
陽置於嶺南長安盡於巴蜀法部初哇明駝塘
翻撫酸苞而虛憐悵珠曆之巴兗悝嬌環之解
笑固以珹功爲結琭忠惠之書擿二產汰閩江

之城稱未若茲種𦵏歷乎三十二之外重曰震
氣五滋㚒獵的纏生代巧兮荅遝蚌胎誰其冠
者緊延壽兮元鼎風堠宜和航厖珍非質兮皇
罕連賓願登上林比禹橘兮

荔支酒賦　　何偉然

東粤韓若海師相掌南翰苑時讌士於院之
桂樹下樽罍迭舉醞酎遞易最後出荔支酒
充季雅氷壺玉液通座神澄客曰盍賦諸僕
屬座未得分斐尾之卮遂抽毫受簡以應命

翳美祿之在醞類樹秫以釀成何醁卅之殊異取離支於南珍詎頓遜之酒樹寧六齊於遐生擷宋香與陳紫策火攻而淬晶浮玉斝以無色考水德而鑑澄虞香味之速遷計載魄而抱貞辰溪以釣藤爲就寶州以醉果作珍伽盧有椰子之汁南蠻有檳榔之醇訶陵柳花之扶南安石榴之精造蒲萄於八色洗梨妝於三春彼皆以醞而勝醥此獨漉髓而沃神碧瑶瑩於仙女河源探夫崑崙及紅友爲玉友悉中聖而爲清

瑞露則書生之特遇瓊粕則南嶽之所迦玉恍何言夫上頓次道奚得於盡傾玄旨將合於石汁幽馥一出於蘭英珠璣呈月而流液琬琰作膏而未凝覺金罍之太黃延壽光而永存可扶衰以維老蓋補髓而渴齲飲長生於君山斟洪粱而色欣誣麻姑之見遺賀侍郎之貽樽鄙醽醁之翠濤何蒼梧而漂青令牙慧而齒智寧舌妙而唇馨經神池而薦馥何鷄舌之比能矧和平之合德膽不豩而避酲出鴟鵂之上巵覺荓勝而弗沉分桂香于木天將金粟之遜芬洵太平之良醼一和神而定人詎藜藿之浴腸得借滋于上林洵元宰之下士起獨坐之華歆皆如斯之妙飲亦觀禮之所生何必殛儀而放杜囚星而楚經也哉

荔支賦

林古度

吾閩佳果有荔支焉歷代稱美百莫能先產旣炎土生復炎天爲樹嘉蔭爲花細妍及其成實外赤中鮮纍纍若若紅香滿前其品固貴其質

可憐衆彼名號後人強鑄雜沓瑣屑荔不必然荔之爲物別有自全勿剪勿伐匪原匪田厥根厥本亦風亦烟不知唐室取媚嬗娟致勞驛騎反以爲愆非荔之過由人所牽君子終諒不倚不偏旣充甘食亦奉華筵一切種類畢莫能賢雖足珍兮未敢自專世所尚兮桃棗成仙爾表爾裏色味相兼粵酸蜀澁鼎足殊懸三都見侈萬古難捐漢王唐張兩賦爭傳予曷能贊億萬斯年

頌類

荔支綠頌爲王公權作　宋　黄庭堅

王墻東之美酒得妙用於六物三危露以爲味荔支綠以爲色哀白頭而投裔每傾家以繼酌忘魍魅之蹝踀見醉鄉之城郭楊大夫之拓落陶徵君之寂寞惜此士之殊時常生塵於尊勺

荔支頌　明　韓上桂

一果之美者曰荔支余友鄧道協所著通譜詳矣往時閩粤各矜其勝余謂茲果何必余兩

鄉即瀘戎間固儼然稱南面孤也因憶白香山所評語而爲之頌頌曰

歷稽羣植疇據奇觀果推香荔花侈牡丹或憎炎熱或苦凝寒弗易厥性惟土是安牡丹新聞荔亦晚出風雅罕傳騷篇恨逸迫漢迄唐二物吐色丹賞其葩荔珍其實余長荒嶠未審姚黄撫斯玩斯特嗜瓊漿花僅屑玉果乃稱王星羅霞布荔擁幬張入掌珠瑩清牙雪釋乍嚼怡神飽餐資液香味兼妍姿顏最惜櫛比駢聯充盤映席種先南海次數增城龍牙犀角瓌瑋咸矜遙聞陳紫閩福尤名一經妃笑瀘産爲輕扶荔官崇側生賦重吾鄉九齡雄詞競諷亦有君謨譜分伯仲道協後與搜羅靡縱既操令品載省豪奴將離旁挺後勁寧孤天然作對白老匪誣置華旌實猗歟盛且

荔支頌　龔之祥

世珍鮮荔曰色味香五日盡去遠曷能詳頳虬卵解白鳳膏結裝車與船奚聞芳澤爰考載籍

遡厥本始時損其膚未隕其美二紀而實功成合抱冬夏青青松栢之操火德離明蟲不敢近待人而採薑桂之性熟私其鄉根不踰域含章可貞匪枳其橘選樹而飽亦得美蔭清和宜人蕉風竹韻旨卩固爾比江瑤柱想格之高豈惟甘故饞者所嗜蝤蛑斫雪詎知微酸偏滋禪悦瀘戎下品猶津女妃列伊烏石殊族呈奇嫱施之慕能不企而凡可以食鮮可以酒綠兮流液紅乎吾友誰其致之酌以大斗

與雍丞黃海鶴先生書　鄧慶宷

蔡譜中家寥無紀及諸刻本皆作寂寥無紀考其文意列品雖高而家寥無紀以其無紀事之家耳況金石之刻必不差謬郭聖僕亦主此說惟長者示之唐鄭谷荔支樹詩孤棹今來巴檄外與公亦作檄字鄙意巴檄非是或徼字謬耳鄰架上不少鄭都官集幸考之陳履吉以荔子原出巴蜀移植吾閩今閩盛而蜀微譬之氏族分處蕃衍於原處理或有之此可以説鄭詩矣

王十朋詩云路遠應難三日寄下註云閩中荔支三日到永嘉王元直云福寧州諸海壖皆植荔支揚颿三日可到溫州宋梁克家三山志謂福州之北自長溪寧德羅源連江西自古田閩清皆不植荔子古田閩清地不宜也若連江寧德長溪何地弗産梁公溫陵人尚不識福州北境況其遠者哉

復道協　黃居中

家寥無紀當依石刻爲正鄭都官詩巴檄句查雲臺稿果是徼字門下訂謬不虛也王梅溪是敝郡守寄永嘉似難三日或附海舶可通耳

與黃海翁　鄧慶宷

徐譜啖食中云帶露摘下浸以冷泉此欺人語耳荔支浸泉以擔頭鬻者行烈日中啖之却用泉浸若乘曉入林帶露摘下則又何用泉浸哉與公定未乘曉入林耳吳門葛震甫謂食多發熱泥與公乘曉浸泉一語震甫爲閩司理時八月終到未食荔子止王元直留龍眼啖之此皆

未知真者

復道協　黃居中

新荔浸水在日中時非帶露摘下時也不浸食多發熱理或有之野種即蔡譜所謂椰鍾其聲之謬也其大若椰子耳其名頗不典乎

與黃海翁　鄧慶宷

徐譜謂常選鮮紅者於竹林中擇巨竹鑿開一竅置荔子節中仍以竹籜裹泥固封其隙藉竹生氣滋潤可藏之冬春色香不變此語頗異閩

中不乏好事未嘗見有鮮果至春時也記得阮堅之司理閩日令人以棕包郡庭荔子至冬開視則已枯落作臭夫物至熟時則已蒂落安得久視況此至貴之物能以人力奪之耶徐譜欲神其說更啓後世之惑元直以貴郡野種卽爲勝畫長者當爲野種品題視狀元香何如也韓宗伯以蔡端明立意故亞嶺南不知此意非始于端明先具於本草大抵人各負其鄉土端明獨奇楓亭宗伯自陳嶺海皆不若王奉常敬美

先生以長樂勝畫爲第一奉常吳人其言公其論定長者勿以三山與吳航同隸福州而諄諄勝畫也果如元直之說則泉有野種便可頡頏楓亭弟不如福州名之十倍典雅耳

復道協　黃居中

徐興公云云固是文人好奇之過然聞之建州蓮子貢獨大亦以夏月包裹蓮枋至冬開之不壞而敝郡狀元紅不必烘而日曬肉不甚黑味亦不變與公未可盡非姑存以俟知者勝畫僕未及啖野種皮麤肉厚而香特勝然食之有渣固當在狀元香下又敝地桂林鄉有桂林卽野種別名惟殼有一線略與甘美似勝野種也野種桂林間有小核者勝畫亦復如是耶又山支有綠羅袍者俗名青約其皮綠肉潤而漿無水鮮脆甘美應班狀元紅上但出少難得卽十八娘敝鄉僅一株今不知存否若何矣泉郡荔支以南安錦田爲上傅錦泉會元故里也其家園有數百株稱最勝興化志稱火山黃巷者佳物

固以地靈耶

與曾大雲司馬　鄧慶宷

日來無事取荔支舊譜正其紕繆參以所見吳淳夫從吏授梓然此物惟閩人知之他處耳食者知之未眞輒以楊梅謬爲甲乙又以吾閩未食嘉楊梅臧晉叔言吳興太子灣產白楊梅其妙無可倫比卽如晉叔所云亦安能敵我荔支哉韓若海宗伯言君謨譜荔支伸閩而抑粵又欲爲粵吐氣此一物何至爭辯乃爾也君謨譜

中獨遺長樂之勝畫而左袒楓亭之狀元香特甚王敬美亦云嶺南爲下而勝畫獨甲諸種是爲得之也友人以溫陵之野種卽勝畫之別名第恨其名不典耳明公視野種於諸品何如也

與宋比玉

僕見蔡端明公荔支譜諸石刻家寥無紀句挍之諸書皆作寂寥無紀林茂之謂寂字爲家字不全也海鶴先生與郭聖僕以家字不差語意爲列品雖高紀事之家却寥寥耳又十八娘其

家今在城東報國院冢旁猶有此樹二家字皆作家字又粉紅條故曰粉紅石本故曰語止下無粉紅二字若以梨棗之刻不如金石虎皮條主吏作生吏和帝帝字又闕則此三家字差譌無疑也後世翻刻數十手豈無一人作端明忠臣而縱其差譌如此惟王元直以冢字旁點故息放於綿頭之上以取態立異果爾不慮作家字讀耶元直以古人碑銘若兩字並排則一字別搆寫法今和帝第二行有魏文帝語二帝相並故省其一果爾何不省魏帝而省漢帝也元直又以粉紅故曰卽止爲文章之妙若再粉紅二字則複矣粉紅二字皆後人蛇足又以調於民生句以吏常以牛心爲準與第六條主吏不同上言郡守下言椽史荔支皆調於民生如今各錢糧皆派在丁口元直尊信金石大過僕甚惑之聞貴家有石刻且足下博識金石必有灼見

復道協　宋珏

知留心考訂欽服敬服家作寂冢作家所謂闕疑可也故曰卽止舊本皆然若以點置綿上以取態此說謬矣弟有荔支譜宋搨者爲小楷携去在此木刻耳

與鄧道協　王繼皐

見王敬美荔支敘蔡伯華大殺風景古人固有不喜孟子與離騷者伯華固不足異也記維揚有朱存禮居閩日馬于堦餉荔支數百顆只嘗其一而返之或問其故吾以于堦故一嘗耳荔

支不足嗜也五穀本以養人有學辟穀者卽吾閩亦有伸龍目於荔子之上徐惟和譬之曰正人君子常有不宜流俗處時以爲善譽五嶽集何處索覩

與鄧道協　　徐　𤊹

足下謂僕藏生荔支於巨竹中神其說啓後世之惑此非僕之臆說也三山元宵最盛而神廟中各出奇珍生荔留至春時往往目擊之家兄元夕詞有云閩山廟裏賽靈神水陸珍羞滿案

陳最愛鮮紅盤上果荔支如錦色猶新此一證也豈愚兄弟剏爲是說啓後世之惑者耶足下居與閩山最近試詢之鄉長老則知吾言之不誣矣到金陵便以語黃明立先生僕亦非好奇之過耳

閩中荔支通譜卷十一

閩中荔支通譜卷十二

溫陵黃居中明立訂
綏城吳師古啓信校

明鄧道協荔支譜四

宋元詩

興化軍曹殿丞荔支　　宋　蔡襄

厚葉纖枝新絳囊使君分寄驛人忙彩毫封處曾留意筠籠開時不減香風色甚豪應少損路程差近得分嘗閩州縱有千千樹未抵家園氣

味長

和曹殿丞寄荔支

荔子凝丹摘曉鮮江南來路與雲連託根曾是三山下結實應歸萬木先鄉國遠携甘旨重宴堂分甑色香全清才仍更傳新唱一一驪珠照眼圓

謝宋評事荔支　有引

伏蒙評事宋丈分貺家園丹荔世傳此樹已三百年黃巢兵過欲伐之時王氏主其樹媼

擁樹願并戮與兵爲之不伐今雖老矣實益
滋繁味益甘滑眞佳樹也因成短章用酬厚
意

齋館從容接燕申每臨佳樹走觥巡兵鋒却後
知神物年壽高來況主人並賞昔聞思故友分
甘今喜奉慈親豈惟特祝公難老兼欲靈株比
大椿

七月二十四日食荔支

絳衣仙子過中元別葉空枝去不還應是天人

知憶念再生朱實慰衰顔

和麗公謝子魚荔支

霜鱗分不登枯肆丹實全應勝木奴欲効野芹
羞獻去敢期佳什墜驪珠

淨泉院嘗荔支

霞樹疎林暑後新直疑天意別留春京華百世
爭鮮貴自是芳根着海濱

毛君惠荔支　　蘇轍

荔子生紅無柰遠陳家曬白到猶難雖無驛騎

紅塵起尚得佳人一笑歡

謝任瀘州師中寄荔支　　文同

有客來山中云附瀘南信開門得君書歡喜失
鄙吝筠籢包荔子四角具封印童稚瞥聞之羣
來立如陣競言此佳果生眼不識認相煎求拆
觀顆顆紅且潤衆手攫之去爭奪遞追趁貪多
乃爲得廉耻曾不酳喧鬨俄頃間咀嚼一時盡
空餘皮與核狼籍入煨燼

和張推官荔支

長嗟珍果滯遐方好種華林奉帝王夏簟滿風
羅秀色曉梯乘露摘新香潑霞乍染愁將變烹
玉纔凝忍更嘗正在臨邛病消甚忽蒙佳惠敢
相忘

廖致平送綠荔支爲戎州第一王公權荔
支綠酒亦爲戎州第一　　黄庭堅

王公權家荔支綠廖致平家綠荔支試傾一杯
重碧色快剝千顆輕紅肌撥醅蒲萄未足數堆
盤馬乳不同時誰能同此勝絶味惟有老杜東

枝詩杜子美宴戎州東樓詩云重碧拈春酒輕紅劈荔支

○次韻任道食荔支有感三首

一錢不直程衛尉萬事稱好司馬公白髮永無懷橘日六年惆悵荔支紅

今年荔子熟南風莫愁留滯太史公五月照江鴨頭綠六月連山柘枝紅

舞女荔支熟雖晚臨江照影自惱公天與蹙羅裝寶髻更挼猩血染殷紅

荔子二首其一 見前譜　　曾幾

裳紅錦包三色露珠凍寒泚火傘燒林不成水北人藏冰天奪之却與南人消暑氣

憶荔支　　唐　魚玄機

傳聞象郡隔南荒絳實豐肌不可忘近有青衣連楚水素漿還得類瓊漿

詠提刑邢夢臣虔支連理荔支　宋　趙抃

嘉陽天遠被薰風荔子呈祥郡館中庇本莫將慈竹較娟特寧與瑞蓮同並柯畫聳煙光動與幹霄空月影通奇木幸逢真賞筆誰誇丹實一

一簇冰蠶繭千苞火鳳冠隔瓤銀葉嫩透膜玉漿寒

荔支歌　　楊萬里

粵犬吠雪非差事粵人語冰夏蟲似北人冰雪作生涯冰雪一窖活人家帝城六月日卓午市人如炊汗如雨賣冰一聲隔水來行人未喫心眼開甘露甜雪如壓蔗年年窨子南山下去年藏冰試工夫山鬼失守嬉西湖北風一夜動地惡盡吹北冰作南雹飛來嶺外荔支梢絳衣朱

裳紅錦包三色露珠凍寒泚火傘燒林不成水北人藏冰天奪之却與南人消暑氣

憶荔支　　唐　魚玄機

傳聞象郡隔南荒絳實豐肌不可忘近有青衣連楚水素漿還得類瓊漿

詠提刑邢夢臣虔支連理荔支　宋　趙抃

嘉陽天遠被薰風荔子呈祥郡館中庇本莫將慈竹較娟特寧與瑞蓮同並柯畫聳煙光動與幹霄空月影通奇木幸逢真賞筆誰誇丹實一

庭紅

妃子園　　宋　范成大

涪陵荔子天寶所貢去州里許有此園然峽中荔子不及閩中遠甚陳紫又閩中之最也

露葉風枝驛騎傳華清天上一嫣然當時若識陳家紫何處蠻村更有園

新荔支四絕

荔浦園林瘴霧中戎州沽酒擘輕紅五年食指無沾處何意相逢萬竅東

海北天西兩鬢蓬閩山猶欠一枝筇鄞船荔子如新摘行脚何須更雪峯

甘露凝成一顆冰露穠冰厚更芳馨夜涼將到星河下擬共嫦娥鬬月明

趠舶飛來不作難紅塵一騎笑長安孫郎皺玉無消息先破潘郎玳瑁盤 四明海舟自福唐來順風三數日至得荔子色香都未減大勝戎涪間所產甫陽孫使君許寄蜜荔過期不至、貳車潘進奏餉玳瑁一種亦佳併賦之

荔支詞　　陳襄

番禺地僻嵐煙鎖萬樹纍纍産嘉果漢宮墜落金莖露秦城散起驪山火炎炎六月朱明天映日偎枝紅欲燃自古清芬不能遏留得嘉名為椹仙上皇西去楊妃死蠻海迢迢千萬里華清宮闕閒無人南來不見紅塵起至今榮植遍閩州離離朱實繁星稠一日為君空變色千里悤誰速置郵可憐錦幄神仙侶為飲凝漿滌煩暑綺筵不惜十千錢酩酊秦樓桂花醑秦樓女子繡羅裳鳳簫鳴咽流宮商醉歌一曲荔支香席上少年皆斷腸

和程大卿荔支

棠陰為政有光晶號令風行鬼亦驚和氣發來藏不得直教丹荔背時生

禁苑荔支結實賜燕帥王安中　　宋徽宗皇帝

葆和殿下荔支丹文武衣冠被百蠻思與近臣同此味紅塵飛鞚過燕山

風雨損荔子　鄧肅

前日雨聲如隕石昨日風狂退六鷁荔子吐華漫如雲結實定知無十一南來無以慰愁煎端期一飽果中仙山頭看花日千轉嘿想香味空流涎事類瀏羹愼勿恤風雨在天非人力要及豐年天下同那爲海邦私一物

荔子

荔子有佳品乃在府城東我來方秀發紅雲幾萬重遙知香味色已具碎花中凭欄一念足不

食意自充人世如夢耳當體色卽空謂是爲眞實便可侑千鍾謂是爲非實眞飽亦何從虛實兩無有樓高雨濛濛

荔支　蘇軾

荔支幾時熟花頭今已繁探春先揀樹買夏欲論園居士常携客參軍許叩門明年更有味懷袖闢諸孫

、荅韓奉禮餉荔支　梅聖俞

韓盛人所希四海饋名物韓復未疎子分珍曾不一莆陽荔子乾皺殼紅飣蜜存甘尚可嘉本味固已笑遙思海樹繁帶露摘初日安得穆王駿能置萬里疾

江彥允約遊東山作荔支次韻　朱松

天工傾倒不餘力惟有荔支香味色君家桃李要爭妍腸斷髯絲禪榻客書生甕俎天所支煮茗誇妓非良規腹飢衣寒君不忍看詩喚作東山嬉氷盤絳實光照市歸來香滿巫陽袂明日

人傳玉蕋仙絕勝空賦青龍柿

謝陳正字送荔支

十年梨棗雪中看想見江城荔子丹贈我甘酸三百顆稍知身作近南官

齋餘睡思生湯餅紅顆分甘愜下茶如夢泊舩甘柘雨芭蕉林裏有人家

橄欖灣南遠客還煩將嘉果送蓬門紅衣襞積蠻烟潤白晒丁香之子孫

乾荔支　蘇轍

含露迎風惜不嘗故將赤日損容光紅消白瘦香猶在想見當年十八娘

和程大夫荔支　　唐庚

家在岷峨飽荔支十年遊宦但神馳側生流論今千載入貢稱珍彼一時定自不將凡果比如何偏與瘴烟宜白頭莫作江南客辜負山中故友期

趙敏賢送荔支　　戴復古

荔子固多種色香俱不同新來嘗小綠又勝擘輕紅大嚼思千樹分甘僅一籠嘗觀蔡公譜夢想到莆中

故園秋日曲　　謝翱

空園久閉無人住城烏應入巢其樹食盡滿園綠荔支引雛飛去人始知

荔支鸜鵒　　魏時敏

摘鮮自涪州驛騎紛馳逐千載馬嵬冤化作雙鸜鵒

錢塘荔圃　　明　陳憲章

錢塘四月尾荔子五番丹不異炎方戲無因聖主看微風香井落細雨壓梅蘭蔡老應憐汝名家譜可刊

求荔支栽貞節堂

高榜近東溟朝光滿北楹欲便清晝聽須待綠陰橫名木從誰假幽居賴母成君家多黑葉火急遞雙莖

荅西艮荔支

殷夜春雷憎攪睡灑窻涼雨苦催詩三年得句無僧島昨日逢人說李涯珓內須甝長醉酒世間胡有不爭棋短歌歌罷無人聽持向西艮荅荔支

乞荔支

逢春思種樹垂老喜開齋未厭青紅在從君乞荔栽

荔支灣　　古濠世階

五月炎州荔子團珊瑚為樹錦為丸乍擬電掣龍精出宛似霞明鶴頂丹曾得漢皇陪上苑却

從唐騎入長安粵東朱實真無比滿摘瓊枝荐
玉盤

辭類

南鄉子　雙荔支　　宋　蘇　軾

天與化工知賜得衣裳總是緋每向華堂深處
見憐伊兩箇心腸一片兒　自小便相隨綺席
歌筵不暫離苦恨人人分折破東西怎得成雙
似舊時

減字木蘭花　荔支

閩溪珍獻過海雲帆來似箭玉座金盤不貢奇
葩四百年　輕紅釀白雅稱佳人纖手擘骨細

肌香恰似當年十八娘

西江月　荔支　　康伯可

多與牡丹聯譜南珍獨比江搖閩山入貢冠前
朝露葉風枝裊裊香玉滿包仙液綴紅圓壓鮫
綃華清宮殿蜀山遙一騎紅塵失笑

滿庭芳　荔支　　柳耆卿

青幄高張瓊枝綴巧萬顆香染紅殷絳羅衣潤
疑是火然山白玉釵頭試簪黃金帶奇巧工鑽
題評處仙家異種分付在人間　年年輸帝里

歡呼內監妝點金盤況曾得眞妃笑臉頻看炎
嶺當時奏曲風流命樂府名傳憑誰道移歸禁
苑長使近天顏

宋介夫遺荔百顆并蔡公墨跡用蔡韻

元　盧琦

病客愁懷鬱未申窮簷盡日幾迴巡多情故舊
偏憐我一種甘香最可人宋祖聲名傳耳底蔡
公墨跡喜躬親千年佳樹蟠根在莫怪莊周說
古椿

咏宋家荔支　林士敏

江南有佳植託根在庭除扶持王母力珍重端

明書君家忠孝門餘澤尚沾濡子孫貴封植愼
勿忘厥初 出端明別紀補

明詩

世宗皇帝御製荔支詩

荔支佳果產南方何事名爲十八娘露濕嫩柯
靑玉色日蒸奇實紫綃光纍纍葉底垂珠顆箇
箇囊中蘊玉漿驛馬星馳來貢獻明皇賜與貴
妃嘗

海雲蒸暖荔支香顆顆中包白玉漿萬里固應

修職貢君王只恐擾遐方

謝蜀王賜荔支　　方孝孺

涪州丹荔擅時稱翠篚來庭色尚新獻罷未曾
登玉案先教頒賜與羣臣

翠籠擎出殿門東受賜羣臣喜色同却笑開元
恩未廣祇將異味悅深宮

尚食頻供素膳回金壺仙醞不曾開君王暗道
渾忘味佳果何勞遠貢來

無才慚曳殿門裾珠味頻嘗玉饌餘解道側生

風味好惜非梁苑馬相如

九重勤儉恤民勞錫貢深思道路遙異味奇珍
俱詔罷皇明家法勝前朝

病身趨召歷千山又見江城荔子丹竊食無功
心有愧賜歸分與衆人看

園官受果勝黃金一樹生成一樹心味美已知
堪適口當恩倍值用功深

綠帶荔支　　高　啓

春雨蠻枝錦果肥華清貢罷驛塵稀山禽自繞
枝頭啄疑是宫中舊雪衣

啄荔支　　王　恭

憶昔開元日繁華御裏看玉環天上去無復到
長安香沁瓊漿冷紅垂火齊團九重思玉食馳
貢未來難

賦得荔支送人之燕

昔年高品滿長安薊北空聞火齊團鬬雨帶花
飄別路障雲和葉拂征鞍離盃醉擘丹砂顆纖
手嬌傳君玉盤明發幽州千里外竹籠遙寄也

應難

靈源寺石橋上擘荔支擲輕紅于流水有
咏　　高　棟

三笑溪頭擘荔紅空波亂點紫霞峰祇疑洞口
桃花去流出靈源第幾重

山禽荔支

一枝紺雪帶炎風青鳥飛來夕照紅南國只今
無歲貢莫教銜入上陽宮

荔支　　陳　煇

南州六月荔垂丹萬顆累累簇更團絳雪艷浮紅錦爛玉壺光瑩水晶寒高名已許傳新曲芳味曾經薦大官烏府日長霜署靜幾株斜覆石欄干

鳳岡荔錦　萬韞輝

鳳岡佳樹鬱葱蘢海日晴蒸荔子紅曉色平分霞作幛香風初動錦成叢嘉名不獨傳千載珍味應須貢九重憶昔嶺南遊宦日故人分送滿筠籠

鳳岡荔錦　陳价

千株荔子植前岡五月欣看錦作行翠幄幾重添暮雨絳霞一片絢朝陽氷盤試薦驚心喜雪顆初嘗濺齒香清世更無妃子笑紅塵一騎不須忙

荔支　薛章憲

荔支遠方之珍也近出海廣顧氏石田翁有作要余和之以寄主人

逆橘淮可食閩荔吳得栽地力費旋斡天巧煩穿裁入耳即欣然撫掌何快哉美合賦曲江怪宜志齊諧東海度朔桃西岡大梁梅休文始有疑辟疆初無乖疾足走蹀躞遠自勞紆迴妄意祇應謬旣覿元非詒瑑枝細梟娜黛葉紛葳蕤手足喜斯猶心目豁然開郵傳衆愕眙聚觀互驚猷函盛願致子耰播期生荄歲得千萬顆日啗三百枚仙襦感羅穀甘漿嚼瓊玫禮接比嘉賓保護如嬰孩丹櫻眩朱脣紅梨映赬腮遠望勻若榴曼倩遺叱來分畦列馬目闢壤規鹿胎

錢鎛時自操壺觴與之偕魚鳥來相親蜂蝶亦可媒百年會有終萬劫從飛灰

荔子　廖世昭

明珠十里越江濱此物真看席上珍潤竭氷霜堪夏正餘甘風韻稱時新葡萄香水難爭長盧橘楊梅恐後塵包貢自來王國典隱憂愁絕杜陵人

炎方佳實評勻圓翠蓋雲枝亦可憐益智朱囊看僞永駐顏丹井有神仙側生應出推閩地害

馬從聞恨蜀天本草按圖知食性漫評眞譜到
吟邊

荔支　顧承芳

南海仙姨着絳紗玉肌瓊液襯丹霞清標絕色
眞憐汝盧橘枇杷未足誇萬顆魁奇先薦寢八
閩迢遞此移家食荼茹蘗空愁苦此日嘗新思
轉賒
纍纍萬樹簇春紗灼灼千秋醉晚霞膚與截肪
差可擬甘於萍實更須誇芹憔漫爾何由貢海

物酣來此是家耿耿丹心徒自切天涯芳草望
應賒

荔支山鳥　陳昌

茜紅衫子玉肌香南國風流十八娘若得青禽
傳信早不教鼙鼓動漁陽

荔支　釋德珙

滿薦金盤血色新枝枝猶帶瘴鄉春阿環只解
聞新調不道漁陽有戰塵

荔支　顧可久

珠崖大火候荔子熟離離膧殼如丹罽凝膚似
素脂甘流紫渠盤色映碧玻匙若擬吳中敵楊
梅還御枝

荔支　黃瓚

平林果熟絢情霞香散微風落日斜曾記當年
傷六駿嶺南多種荔支花

荔支　岳正

水蒼火齊逗精光一道平溪兩岸芳競富石家
紅錦障賭碁康樂紫羅囊摘來磈磊砂初結嚼

罷冷瀼露已霜却念天庖供御府孤臣無路薦
甘香

郡齋荔支　葉溥

磊落枝頭結異芳水晶爲質錦爲囊八閩不到
三郎騎千載如今味獨長

荔支　文元發

萬里紅塵一騎忙猶嫌香色漸輕黃自從遺襪
傳觀後却望盧戎是瘴鄉

荔支篇　丁應宗

荔支樹植何年榦叅百尺根盤旋虬枝客葉蔽
雲日陰森嘉蔭氷廳前三月着花五月實垂垂
兩樹紅霞聯淸香風遞滿几席未嘗越客先流
涎筐籠摘罷露猶濕雕盤疊進餘三千剝來纖
手擬鴿卵金匙玉盌浮寒泉炎方性熱宜少啖
我今一啖沉痾痊脆較駝酥甘較蜜殊方珍果
應居先太眞奚祗惜一笑自幸一飽緣前緣只
嘗此品樂亦足莫嘆薄宦居閩天

詠荔支　錢行道

浥露蒸雲樹樹丹摘連枝葉滿銀盤從敎辟穀
消長夏千顆驪珠一日飡
香溫水潤玉無瑕翠羽紅綃鬬麗華服食自今
顏色好何須九轉煉丹砂

益卿貽生荔支　陸君弼

錦苞初擘露華盈顆顆金盆照水晶白髮年來
多病渴不煩天上望金莖

荔支　鄭繼銘

遶屋荔支未熟淡紅淺綠交香莫論楊梅伯仲
濃陰苦箇爭長

長樂勝畫荔支歌　鄭世威

勝畫名果何處來六都殊品閩中希總是地靈
大英特儲精生色偏絕奇豈知今日饋送廣搬
使肥甘作苦悲春氿仳離勞草草旱疫爲災百
枯槀究哉祟物獨榮華轉輸官府承奉好晨炊
無米吏拍門東催西討送司道勵勸戎馬漏孔
多涓流不塞成江河鬻兒供應已云極設復濫
觴無已將若何司道堂高隔千里那得懸知民

痌痾民痌痾多餓殍側望循良少舒痛常德之
龍東莞何卹青賑飢恒悄悄鎮守需採屢空囘
閭落晏如無勾擾嗚呼安得賢牧長若渠坐令
凋効皆歡娛白叟只今稱卓魯何如一騎笑須
臾沿不見滇中石廣南珠何時滅天壤俱作倆
者誰千古萬古長嘆吁

寄福州趙明經賦得生荔支　王叔承

生荔支憶君別我江頭時江帆五月下泉福遊
子歸來荔支熟芳嬌十八娘秀吐江家綠一夜

山腰紅雨懸萬朶胭脂褁鮮玉玉漿入口甘露
寒紫衣狠籍黃金盤山家女兒茉莉鬟日將荔
支當飯餐樹頭之鮮樹底鳶娟娟色味移時變
怪得西飛馬上珍莽入長安朝海甸五花驄馬
昭陽宫貴妃纖指開輕紅嫣然一笑傾芙蓉人
間百果朱顔色九霄翠幕生香風美人如玉如
君子君隔閩南幾千里別來夢落九仙峯荔葉
青青荔花紫螺江鯉魚忽寄將離愁細結蒼藤
紙問君讀書近何如遮莫新篇報知已何時得

過滄海君飽喫荔支沉醉爾長相思生荔支

詠荔支　佘翔

絳囊顆顆隱珠胎不是紅塵驛騎來自擘凝脂
沉碧水大秦明月掌中迴
青籠携來荔子丹小姬剝出水精寒一餐已解
文園渴不羨仙人承露盤

荔支十詠　陳省

吾鄉徐與公譜荔支儷壤果核一旦增珍老
農談之頻與少陵美芹之感姑即家園所有
者紀以十絶厠諸大方作後眞似綴山枝於
蜜尨諸品叢側也覽者知必攢眉擲之矣

海山

江南五月泛蓮馨已見家園荔子生首占山谷
涵海氣狀元藉汝作先聲

狀元紅

江南珍果滿芳叢品類纚纚自不同奧味清甘
兹第一佳名因喚狀元紅

勝畫

鼎鼎朱實滿名園不數楓亭說狀元白此佳名
稱勝化錯將勝畫入方言

桂林

靈根元自誇榕海嘉樹胡爲說桂林祗以味同
金粟馥疑生月窟桂花陰

金鐘

金鐘名與桂林京差大於渠却讓馨記得鄉人
傳諺語風吹落地不聞聲

中冠

陳平雖美如冠玉曾似冠中蘊玉漿薊北閩南千萬里美芹安得漢官嘗

蜜丸

朱殼團圓九返丹味同玉液更堪餐花開不待遊蜂採結子成時即蜜丸

鵲卵

烏鵲爲橋天畔遊盡留鵲卵綴枝頭年年七夕佳期近羅列如星樹上稠

雞引子

大如琥珀小如珠大小相連一帶俱入世共傳雞引子維余還謂鳳將雛

山枝

山前山後側生丹似簇芙蓉秋水寒雖讓濃甜與諸品吾家滋味不嫌酸

荔支　章嘉楨

側生當暑月風味壓南陬捧出盤頳玉簪來釵鳳頭蒲萄寧汝伴盧橘若爲儔枝倚青樽畔還將作酒籌

翠幄千年樹紅鞋十八孃何論斑玳瑁不謂色硫黃入口易蠲渴爲圖難寫瓤披襟從飽食直得寓炎方

怪底膚如雪尤憐性怯寒盤飧野客供籠帶逐臣鞍錦陣霞舒紫瓊漿鳥啄殘不因妃子笑焉得至長安

荔支　張鼎思

褰帷財見滿山花此日庭前萬顆賒鵁鳥熟啼遲曉月紫微交映晚晴霞有懷亭傳將難達訝許兒僮摘競譁飽食五年中未熱且無書去報京華

到處娟娟映日紅綠榕相傍似青楓枝頭含露驅炎瘴籠裏生香入暗風玳瑁已堪誇嶺外葡萄那許說西戎歸時我欲携千子遮莫中州笑白公

荔支　任家相

嘉樹籠葱翠蓋長炎天如簇蕋珠囊枝枝承露排朱實葉葉吟風襲異香已勝安期飡火棗疑

從玉女乞瓊漿含桃何物堪舂薦好置郵傳達
尚方
長夏濃陰午夢涼烏啣仙子紱丹房絳綃暈帶
胭脂濕碧液寒凝琥珀光謾把側生誇左賦曾
隨飛騎入昭陽南中風物應無數占盡芬芳自
品嘗

賦得雨中丹荔　張邦侗

輕紅艷艷復團團側出枝頭絳雪寒雨潤胭脂
香不斷光沉琥珀露初溥浣花人去淋漓後擲

果車迴萍蕩開姹女鼎中丹幾轉飛瓊月下步
珊珊

荔支　徐渭

帆檣報荔支猶憶江南時一色明勾漏千罌枕
瓮脾消中隨蕉往高樹放猿之近日肝腸別依
稀餓釆薇
當醉更須醉當湌便買湌幾年千里外一顆百
金難飛騎休輕刺垂猩且奪看老甜今已矣世
味飽鹹酸

虎眼白琉璃誰能隸虎皮小毬蜂粉結高浚烏
摹司歸去苶如葬王歸牆亦飴由來甘苦柄舌
觀豈能持此首食虎眼荔支之作

畫扇頭花卉示宋比玉　程嘉燧

二十年前二十時風前雪後對花癡如今欲畫
渾忘却恰似吳儂貌荔支

食荔支　商家梅

負却荔支三五年看人舌上說芳鮮今朝帶露
新新摘不待楓亭飽一千

盛得盈盆食屢添笑余口腹太無厭迎風忽聽
玻璃響消付如霜半七鹽
名爲勝畫名非常顆顆能含色味香猶有吳姬
開笑口籠中先摘一枝嘗

閩中荔支通譜卷十二

閩中荔支通譜卷十三

溫陵黃居中明立訂

綏城吳師古啓信授

明鄧道協荔支譜五

明詩二

五月十日初嘗火山荔支　謝肇淛

五月猶未半輕紅已出市磊磊朱蕨蕤乍疑晨星墜雖無膏腴肪已勝醇醨味碧玉初破瓜珠胎尚含淚穠薄不禁風肌細還愁稗跫然空谷

音始知希者貴

閩與公園荔爲山鼠所食慰之

昔聞將軍樹高者縱猿取今君扶荔林徒以飽碩鼠此種出楓亭移來百里許十年一結實時復因風雨樹杪若殘星不能盈筐筥鼠患尚可除蟲蟻不可去佳人薄命多寧獨江家女綠珠隕高樓明妃辱胡虜榮悴自有時東君那爲主須待滿林香爲君浮桂醑

食火山荔支次王龜齡韻

十七年來思荔支夢中猶誦蘇公詩玉肌紅穠兩寂寞盧橘楊梅空擅奇一朝披褐歸故土手蒔庭前作老圃却似天涯遇故人相見何須更披譜廣南一種名火山泉人皆後爾獨先十月梅花雨前茗市上爭取垂饞涎生長閩山愛佳果次第須當日千顆明年馬首各西東目斷南天滿山火

再次前韻

天香國色奪燕支妝鏡臺前哦新詩纖纖素手

爲君擘翠袖紅綃雙鬬奇吳中楊梅色如土仙種應須出縣圃冰雪曾看工史圖姓名盡入端明譜四月五月紅滿山未采百鳥不敢先先鋒一出便歷市明珠已引饞龍涎投老蒐裘計未果莫惜銅錢沽百顆邃然一覺心清涼臥看疎楊度螢火

得馬季聲書云園荔蠹損戲柬二首

十載思君碧荔風殘香一夜落秋蟲西禪寺外濃陰裏少却星星數點紅

香肌蚤已怯西風朱實那堪飼蠹蟲但使主人
能醉客不妨樹底覓殘紅

集鄧道協霧居園啖中冠荔支時色尚青
而酢甚同賦

火山出未久中冠繼其後裛露帶猶青綠衫裼
紅袖齒頰有餘酸膏腴尚未厚措大性所宜挈
攖不停手琴瑟雖未調亦已勝瓦缶酸盡回微
甘佳境漸入口岸幘發浩歌孤月上高柳

積芳亭啖蜜紅荔支分得藥名詩

袒臥桂枝林紅雲實已美酸漿猶礪人餘甘遂
溢齒寒冰片片飛丹液巨勝爾殘香附筠籠擲
地黃間紫劇談幸從容天半夏雲起預知佳味
深蚤當歸故里

高景倩木山齋啖中冠荔支伯孺作水墨
側生圖同賦

擘盡冰盤萬顆丹一枝幻出巧毫端朱顏洗罷
都無艷黛色妝成似可餐濕葉應沾秋露重輕
痕如隔曉烟寒素心相對渾忘暑莫作紅塵馬
上看

集高景倩齋頭啖鎖玉荔支賦得漢人名
詩

夏季布葬筵鎖玉陳蕃枝輕黃香四座殷朱浮
青絲出井丹液涼雪實融凝脂楊盧植上苑桃
李廣西陂未若三伏生微寒朗侵肌吾曹操彩
筆揮霍光陸離餘甘寧可忘向子長相思

五月晦日避暑芝山寺本宗上人出荔子
甘瓜作供同賦十韻

逃暑期幽伴尋鐘到上方客心何住着佛地自
清涼夏臘同僧結炎歊與世忘圍蔡烹露葉石
瓮劈雲房巳出伊蒲供還分妙果嘗緣開霞散
彩紅劈玉浮香色奪青門種瓤凝紫府霜有寒
皆沁齒無液不傾囊碧草侵桃簟閒花臥竹牀
歸來山路晚月落講經堂

徐興公招集九仙觀避暑啖荔支賦得回
文

蕭蕭落木古空壇劇暑塵忘盡日歡橋對寺門

松繞碧郭圍山殿石生寒潮歸晩浦秋風遠樹
隔晴嵐夕照殘消渴病知應漱玉嬌枝荔顆萬
藂丹

六月四日積芳亭嗷桂林荔支分得江字
皮粗膜白
味不甚佳
異品雖相繼爭雄勢已降名應從桂嶺色僅敵
涪江白裼膚凝玉紅疎綺映窓何時飡勝畫松
露滴秋缸

六月六日集玉真官納凉嗷荔支限衣微

暉歸飛五韻
晴嵐如雨濕羅衣半壁危亭挂夕暉玉液驚從
丹荔瀉濤聲遥向亂松飛林邊古堞圍朱殿雲
裏孤鐘落翠微萬壑凉生殘暑失鼇峰新月送
人歸

陳伯孺餉滿林香荔支同賦柏梁體得蒸
字

六月七日苦煩蒸袒衣跣足頭髯鬔病肺消渴
同茂陵故人相遺玉壺冰函開未開香騰騰黄
衣綠縠嬌自矜廣額豐頤薄如繒輕綃初解脂
膚凝甘液沁口不可勝方山此種天下稱浮江
百里青絲縢香色雖減猶崚嶒野人雄饕擅絕
能斯須劈盡玉山崩敲詩莫厭挑殘燈浮生踪
跡殊無恒

蓮花樓集嗷荔支分得雜言體
登高樓望遠海黄雲飛四郊桑田猶未改雉堞
斜圍十萬家巨鼇長戴三山在五月六日火將
流披襟對此紓煩憂欲雨不雨山忽暝驚濤瑟

瑟疑清秋四面羣峰繞簾翠殘荷滴露凝珠淚
一陣香風送綺霞三尺寒泉浸紅荔紅荔秋已
殘宴會君莫惜試看城東十里池今日荷花不
如昔

馬季聲招集雕龍館各賦荔支一事分得
根

仙種應從閬苑傳孤根百尺老龍眠紅雲低映
輪囷石絕壁深蟠瘠癘烟唐騎未能馳繡嶺漢
宫應得傍甘泉春風容易朱顔換閲盡枝頭幾

歲年

六月十二日買莆田陳家紫一日夜直抵會城招諸子同賦分得五言古詩得一屋

閩海荔若雲遝答布山谷列品七十餘陳紫擅其獨末鋭廣兩肩核焦埋深綠此種出莆陽祕書閉門碧寥寥五百載接枝猶蕃育在山豐年玉出鄉荒年穀六月火雲蒸紅塵勞急足朝挾楓亭林暮走馬江濆旦起日初高葳蕤爛盈目翠籠未開緘流香已滿屋飛燕雪中膚太眞風

前浴色味不可名但知果吾腹敗襦委芳草遊蜂尋殘馥中冠斷後塵桂林甘雖伏勝畫淨江瓶三分堪角逐異品固不常勝會亦難續何時從九仙飽噉壺山麓

過芝山寺噉荔支乘凉至夜

閒來兩度扣禪房分得松窓一日凉採盡紅雲猶有宴燒殘碧篆已無香衰蟬咽露喧祇樹馴鴿依燈宿講堂四壁寒山滿牀月老僧更獻紫瓊霜

積芳亭噉黃香荔支

紛紛紅紫鬪濃妝正色猶存一樹芳金屋正宜藏玉貌綠衣何用怨黃裳棲枝鸎語渾無辦對酒鵝兒別有香若待三秋搖落後千頭羞殺洞庭霜

徐興公見惠雙髻荔支同賦

一榦斜分兩顆勻却疑連璧是前身綠雲鏡裏雙鬟小紅粉叢中並蔕春玉臉欲偎愁半競同心已結媚橫陳當年若上驪山道妬殺鴛鴦被

底人

爲玉峰上人題水墨荔支圖

松煙幻出荔雲香飛動猶含曉露凉知爾空門無色相豈隨千樹鬪紅妝

勝畫荔支　浪淘沙二闋

異品出吳航翠袖紅妝溫柔何似白雲鄉縱有丹青描不就國色天香　含笑解羅襦玉骨瓊漿胭脂無色墨無光祗是紅顏多薄命兩妬風狂

金井碧梧飄殘暑初消桂林中冠兩蕭條獨步此時儂第一質艷香嬌　豐肉核仍焦沁齒甘饒丁香輕吐暗魂銷人倚小樓春不住滿地紅綃

賦得一騎紅塵妃子笑

炎天佳果貢殊方正值華清罷曉妝紅粉乍迴新拜賜玉顏初解暗聞香千山瘴霧馳青絡百媚春風對絳囊最是劍門花落後梧桐秋雨泣霓裳

初秋二日集蔣子才齋中噉荔支分得宿名十韻

碧梧昨夜飄金井虛亭微雨疎簾冷主人張筵續荔盟斗帳斜度芭蕉影繁星纍纍倒玉盤參差綠葉紅琅玕四壁丹霞浴波動一泓甘露沁心寒火流鶉尾秋雲碧哀蟬咽柳聲蕭索蓮房偃水落殘衣竹塢當窗擁危石一室圖書坐談久大冠如箕復何有忘形已作爾女交留滯誰憐牛馬走朱絃玉軫醉君家分與應知後會賒彈棋握槊懽未畢樓角嗚嗚聞暮笳

山枝

側生固多端山枝最晚出七月暑氣殘纍纍結繁密大僅如彈丸甘足敵崖蜜此種生山中香非家園匹高居餐霧露豈意充口實獨殿眾品芳凌競三秋日陳紫退成功網羅屬遺逸佳期將云徂殘紅不可失感此歲寒心對之味已溢搔首白雲高梧桐影蕭索

七夕積芳亭噉七夕紅荔支

盈盈一水夜何其佳果初紅映酒巵醉把殘香望牛女相逢俱是隔年期

積芳亭噉瀛洲荔支同賦八韻得西字

見說瀛洲好穠陰十里隄香凝絲籠滿葉簇錦屯齊夾岸雲猶濕浮江日未西肌豐埋顆核穠薄裂輕綈不分商山橘還勝太谷梨紅釘金屈戍白乳玉玻璃絳雪丹堪餌芳塵路不迷會須乘興往千酒聽黃鸝

五月晦日集高景倩齋頭啖鏞玉荔支各

賦漢人姓名　陳价夫

垂楊修竹下訶鍾會羣英門杜衆賓進講張飛兕觥扶疎廣庭樹顆顆垂黃瓊朱李固難並況乃高堂生在谷永殷繁出郭太縱橫楚江乙萍實何足揚雄名

六月九日蓮花樓避暑啖荔同賦

驕陽肆炎酷流汗且及地握手城東南招尋得幽致巍樓控連郭四牖浮野翠遠渚敷白蓮寒泉浥丹荔新詩互彈駁濁酒頻取醉長嘯依白

雲披襟納涼吹雖非紫芝客頗免紅塵累藹藹金蘭情悠悠嵇阮誼酒壚未云遐且結區中戀慙無庾亮吟聊作高歡避

七月二日集蔣子才博古齋荔會各賦宿名詩

亢陽初歇涼颸起蓮房粉墜陂塘水銅槃井冽揚清漪荔實星星薦紅紫綠槐高柳嘶殘蟬斗酒喧呼動四筵醉來岸幘且箕踞唾壺擊碎心茫然紛紛麈尾飡中落曼衍玄虛兼善詭危語何曾橫追人鴟張那復談騎鶴君不見秋墳鬼唱鮑家詩長夜訶牛徒自悲鵬翼寧須較籬鷃女蘿何必依松枝男兒安能事一室壁立猶存腐毫筆鳴鳴暮角起嚴城百斛春醪萬緣畢

仲夏二十二日集高景倩木山齋啖中冠荔支因戲作水墨側生圖同賦

避却炎歊入醉鄉綠陰如幄午風涼泉涵玉井珊瑚碎日照金盤火齊光乍見松烟飄素繭恍疑霧縠換紅妝同將看碧成朱眼細認江家十

八娘

季夏三日九仙觀納涼食荔子各賦迴文詩

輕雲淡日夏峰奇古殿高枝荔子垂鷺鵠喚松聲謖謖早蟬喧竹露離離平隄柳色晴遶市靜院花陰午聽碁鳴玉噴香茶鼎沸清歌郢和屬心知

集玉真宮啖荔限依微歸飛脾五韻各賦

近體一首

數株丹荔鬬炎暉少女風來暑氣微古堞陰陰榕影亂遥天片片烏雲歸自從赤鯉凌空去不見紅塵撲面飛莫羨丹丘尋羽服高情全屬薜蘿衣

六月十日集馬季聲雕龍館分咏得荔子

紫

紅綃初卸吸精瑩幾點甘泉齒頰生漫向雲英求玉液疑從漢武咽金莖溫柔未信雞頭美芳烈應兼馬乳清一自瀘戎飛騎後不須花露解

餘酲

題畫荔支贈沈鍊師

曾向瑶池弄紫霞又從勾漏染丹砂品題幸入端明譜不比玄都觀裏花

爲陳校書畫荔支戲題

數顆纍纍似渥丹曾隨飛騎入長安無心勾引閒蜂蝶只博紅妝一笑看

爲包彦平畫荔支題別

瀘戎飛騎不勝忙佳品猶傳十八娘最是良工難盡處氷肌玉骨滿林香

萬紫千紅及暮春憶蓴吳客獨思閩側生漸已生紅艷聊取吳箋爲寫真

萍蹤聚散本無期才得相逢又別離聊寫數枝閩地果他時展卷是相思

荔支歎　曹學佺

六月四日海風作荔子枝頭打零落五年遠道歸如期一夕狂飈翻阻却空招漁艇在江干欲得垂垂映水看紅羅之袂已毀裂白玉之膚將

摧殘出門試聽滿街哭一半是賣荔支曲嗚呼豈但似我歎息餐不足

雨中望隔岸荔支

驟雨來青嶂千枝蘸碧波却驚流火駛已覺洗紅多沆瀣盤爲玉流蘇帳作羅薄言將采采臨眺意如何

石君亭啜荔嘲俞羡長

纍纍荔子實采采動盈抱漫論市上錢詎秘林間寶克兹石君羞展彼山泉滌量腹受幾何百

千恣傾倒齒牙沁甘露毛羽生難老嘗聞丹經言效驗良可攻使人美顏色長似少年好爲問美門長何如瓜大棗

荔閣初成

傑閣跨雙荔荔陰廣盈畝勢似奔流疾聲爲搏風吼綠烟蔽簷楹朱實垂戶牖天宇内昭明外寄似鳥有雲霞幻世界禽魚樂淵藪太古色長存炎蒸氣不受昔時種樹者懸知今日否以此相成意千載爲良友

荔閣前砌石臺成少憩

石欄雙荔覆坐處可垂綸鶯語臨流碎波紋觸物新樹陰雖漏日暑氣不侵人羽扇純無用惟應戴角巾

荔支歎

去年荔熟初營閣今歲工成風雨惡他處蕭疎尚可言忍在閣中看荔落

雨色凄其六月寒平地無處不飛湍舉頭瀑布山山白失却林中荔子丹

轉圜未了弄紅添節候相催坐可占不信此時過小暑荔支還是雨頭尖

十八娘家粉黛殘玉肌羅帳淚闌干楓亭三日無消息馬上空歌行路難

嬌羞十五閉房櫳風雨無端妬守宮玉鏡臺前倚惆悵郎家不送荔支紅閩俗女子將嫁男家先一年送荔支紅

荔陰坐月

古荔濃陰下前山忽吐光似烟似露破幾葉幾枝長月出分諸影風來不辨香石欄扶不盡彷

彿在東牆

平浦驛啜荔支

炎月辭家庾嶺瀧荔支新得啜雙雙開元妃子空知味作賦誰能買曲江相傳張九齡故宅在平浦又曲江集有荔支賦故云

清溪驛宰朱某里人也以荔支名綠扶包者見餉爲此方佳種

三灣亭子倚山坳夾樹人家似鳥巢謾說故鄉相見好荔支先識綠扶包

橫石驛荔支絕類閩之中冠喜而賦之

荔支原不是山枝味子甘酸到頰知欲問側生眞面目絳囊籠取玉琉璃

荔支閣

渴止玉漿寒倦眠紫雲錦相期閣上來勝于河朔飲

閩中荔支三十首　杜應芳

林邑初分到海東火珠纔劈水晶融餐霞每覺臙脂冷吸露飜猜肌肉豐自是寒泉浸輭玉應

教閑月恥迎風君今有意憐顏色莫待奴來妒入官

紅淺紅深模兩重起來日色漸高春素襦輭襯凝酥體香粉輕彈濯玉容嫩乳含津肥半綻芳心貼肉緊全封自憐搖落西風後妝拾鉛華帶縷鬆

明河欲渡苦無杠漫挼流蘇拂綺窻氷繭圍勻裁楚水錦紋繰就濯巴江中宵珠斗堪盈把到曉熒燈尚在缸記得紅綃十五夜嘗憑靡勒湊成雙

兒家孃妳忌丈持為報南薰定信期嘗閃朱顏凌灼灼漸含玉液賽垂垂冷腸雖不因人熱素質須防到老衰若待十年然後字芳菲匿得恨來遲

生來的的迥光輝始信人間萬色稀髯冉下摘來那便是眼中泣出又還非柔情自合嗟無骨豔態何妨誚有肌傾國傾城何足惜令人千載欲同歸

餐風浥露幾年餘結子含胎半夏初只為斷恩成荏苒敢將圖報惜瓊琚藏嬌不羨妝金屋釋燥何須噉玉魚明月繞梁照顏色枝枝葉葉更交疎

不勞施粉又施朱好與東家之子俱勻滴丹砂寧易覓藐姑氷雪自然殊瑛盤醆蓋十分透玉甃瓊漿一片無聞道茂陵消渴病何時飛唾落成都

雙成長日在瑤池底事東來傍海棲慣駕燭龍

烹石髓誰知火棗雜交梨朱顏月滿留丹的玉
質風前憎白莧不是塵飛供一笑漁陽安得起
喧聲
纔嗟紫玉貌難偕尚美瓊英色更佳點點猩猩
眞愛惜涎涎燕燕好安排尋常漫說雀錫異到
此方知蜂蘁乖莫以道途成遠隔肯令臭味兩
爭差
海上神僊安在哉空將殊色向人開明妃未出
紫臺去西子新籠絳節來種玉有緣絲透幕倚

妝暗忖扇披腮莫言壺嶠虛無裏拍浪乘風倩
作媒
只抱衾裯待主人不同桃李閙芳春榴心生妒
紅於火奴眼先欺白似銀璨璨摩尼雙合手霏
霏香雪快沾脣憑他刻畫施無豔敢把儀容突
有莘
南通西闕漢朝君豔異當年始得聞大宛蒲桃
奪使節臨邛竹杖馬卿文上林經歲形須槀故
國招魂性不羣縱是覲光緣分淺也應想像對

花雲
南國佳人錦繡團肯將心事逐奔奔鵑魂初染
腮邊血獺髓重添額上痕絳襪穩眠遲早旭茜
裙結束向黃昏安能日日長生殿新曲從教舊
譜翻
美人長夏透香汗拂上輕綃便浹丹婉靚不關
棊局樂幽閒却謝鳥舍殘平明霞色浮顏重傍
晩星光怯體單恰好招搖過塵市忍將骨髓待
君乾

恩之未見淚如潸一見明霞尚可攀酳面方完
留悅澤宿酲猶在自酡顏夜光恰是炎州地川
媚分明合浦間不爲東君長護惜瀛丘險作望
夫山
少遜僊桃天上懸也非苦李道傍捐火媒一夜
燃膏逆白袷於今着錦纏車裏玉壺凝淚血奩
前花瓣捻春臙容光自古人人羨鼓枻終歸范
蠡船
誰將色色鬭丰標永日閒情破寂寥帳角懸珠

偏助趙隄邊剪綵可憐蕭流光開斛盈山谷隨
量成胎動海潮安得此中來望氣直教好女達
皇朝
支機片石手親交懶向君平去問爻寂寞轄飛
金鳳鈸蹉跎絃續白鸞膠常燃不藉千年表出
酪無煩三春包欲効長門潛買賦也因難解上
玄嘲
公子平生性太豪名園選勝幾週遭夫人五國
成紅陣隊女千羣着錦袍六簿呼梟隨宛轉九

枝吐鳳任酕醄自經應椒掄胡虜屈指從頭望
大刀
漫捲湘簾試看他迴廊小榭儘摩挲姿明嬴得
遊魚沒態冶還將細馬馱楓館殷勤傳驛使桂
林恃遑憶頻婆（楓驛桂林二地名多佳荔支）含情無語君知
否豈爲紅顔怨恨多
蓬萊雖不泛胡麻却也天台共一家暗着細腰
鳴琥珀輕颺團袖匿霓霞綠雲繞繞肩頭髩明
月煌煌耳後過試啖一丸生羽翰空中雞犬白

雲遮
第一楊家十八娘饒他姊妹各成行鸞鴻雅稱
裳無縫引鳳難諧被獨褰爲愛風流常帶睒因
餐芸府自生香欲將往事編新譜千古知音屬
蔡郎
渺渺愁予是左偺側生賦內始疏名爭如瑤島
三珠樹好擬金莖百顆明變宛肉盈非內息窺
採粟發自顔頻等閒採樂無人到一片流霞空
赤城

閩中愛月又憐星滋味而今始慣經珊碎定遭
如意鐵火懸分得杖頭青相偎相抱姊和妹生
妒生嗔尹共邢最是凌晨眠未足徘徊無那倚
香亭
狂吽炎風吹熱蒸些些見霑得勝儸騰火雲陣裏
黃梅雨舍利城中玉井冰稠結琥珣辟碧漢鈿
開蘇韜下朱陵年年此日如相憶信願常瞻佛
果鐙
飄零春色一枝妝生長豪華別有秋嫩紫幾重

施步障嬌紅十里欲迷樓銀花泛灩搖風月瓔
絡光明遍鳥洲坐上若還無此點多情刺史怎
消愁
不慣霜欺和雪侵長䖮水闊共山深好將素口
供檀板只擬文心入綺琴剩有百琲堪助豔殊
無九曲漫投縱權收錦字歸金帳會見紋鴛嫁
彩伶
遠望神山只有三幾枝漏泄幾枝含微撳美粲
解人語半韡香肩任女憨王子貽來仙鶴頂波

荔支通譜 卷十三 二十三

斯奪得老龍領相期共到西湖上試把禪心仔
細參
低着井欄高着檐五分春色五分甜過江萍實
真如蜜千里蓴羹未下鹽凡轉剝雞憎屐齒裙
留舞燕笑衣簾知他漢武白雲意解聽珊瑚望
遠幨
勝子金花白苧衫掌中玉雪紫泥緘毛嬙鄭旦
皆殊色長信昭陽各帶銜偷眼凝眸看不足㥏
腸拄腹口猶饞愁聞赤鳳兼銅雀錯認鶯啼及

燕喃
新綠荔支　鄭鐸
落花纔見飄空處結子初看出葉時山鳥啄殘
俄委地恍如金谷墜樓姿
乍丹荔支
萬點青螺未染塵忽看半帶口脂勻羅衣開處
肌如雪但少芬香遠襲人
正熟荔支
朱夏南支總若霞可憐一顆一丹砂名園百果

荔支通譜 卷十三 二十四

都難並火棗交梨未足誇
摘露荔支
園林曉望火燒空摘下清香滿市風簾隔美人
梳洗罷纖纖玉指擘輕紅
荔支咏　祝樹勳
瘴雨炎暉也有功釀成異果炫輕紅桂林灼灼
星毬綴錦里爲家幾處同
雙髻新成別樣妝相逢堪羡滿林香餘甘眞可
芳牙頰絶勝江萍在楚嘗

絳綃千片着明霞樹杪纍纍産赤砂勝晝爭多
長樂好試隨座客數江家
鶴頂雞冠總出羣狀元那得美如君小栽絶句
爲青史新譜今誇四海聞時徐興公著新譜

趙仁甫之園啖新荔
名園重步藤蔭夏生寒火齊初登市氷丸可
薦盤寵妃曾發笑遊客猛成歡酒量從兹減投
林日飽餐

荔支

閩中新荔熟越客丐休糧百谷成珠浦千林綴
錦囊梟風須紺摘帶露合多膏消渴逢甘醴充
饑得異漿青英鬪翡翠丹實炫鵝黄霞臉仍蒸
日氷膚倍膩霜建宮遺自漢置驛廣於唐火齊
緗枝綴珊瑚黛葉藏品多逾別域名重表炎方
飽啖爲名士頻呼十八娘

融庭採荔按數一枝十九顆門子竊摘其
一詩以戲之　沈長卿
適符瀛士數毛遂願錐懸列宿還虧十元宵尚

溢三先嘗應有故私啖意何愁費惠眞而主餘
桃却獨甘

葉太傅惠楓亭荔支
陳紫先推興化軍色香殊絶味超羣太眞郵傳
涪州種頓動詞臣賦與文

曹能始荔閣啖荔子歌　俞安期
曹閣皆荔滿林壑中連雙樹如團幕開葉紛疑
火齊生垂枚定道紅星落主人抗樹起高閣荔
子環如挂瓔珞紺紫纍纍高下懸朱丹點點東

西錯千枚任摘雕闌前金盆沃浸青琳泉香觸
何如屢嚥唾口饞便覺雙流涎須臾裂却丹霞
穀剖出氷肌皎于玉薄綃淺絳卸中衣滑澤光
瑩恣餐足牙後深甘玉女肪喉間不饜楊妃肉
一時遽盡三百枚通靈已覺成仙胎毛髓初疑
換丹藥羽翰輙欲升瑶臺漳州大橘大如盎甘
美不如何足想吳越楊梅豈之甘較之仙味寧
不慙龍眼猶令奴作匹其餘鎖鎖安足迹海內
如推百果王鮮食荔支終第一

題荔支　汪元范

繁實叢生綴樹頭絳羅苞就似星稠瓊瑰爭疊盈筐火甘液初嘗沁齒秋胡地葡萄寧競爽上方盧橘詎同流皇家不貴遐方味寥廓山川罷置郵

畫荔支　蔣奕芳

火雲初霽水晶盤玉液香清白乳寒向道仙姿原勝畫誰知今作畫中看

荔支

枝頭裊裊露初乾絳雪携來好並看為愛風姿誰得似楊妃沉醉倚欄干

紅塵一騎入華清大内遙聞笑語聲倘賜侍臣消渴病不須承露問金莖

廣州荔支曲　鄧文明

朱實離離吐火齊先看黑葉壓枝低浣紗更有施家女今日冷然賽水西

貯向冰盤一色圓摘來頃刻競新鮮莫言脆肉非珍品絕似孩兒玉臂拳

尤物曾傳十八嬌就中若箇亞長條殷勤進奉能爭寵玉骨冰肌隱絳綃

狼籍零星到火山不知天寶永元間色香三日都彫盡那得宮中一破顏

食火山荔支次王龜齡韻　胡梅

我來莆中為荔支預拚百首哦新詩尋常火山亦快意細核獨羨楓亭奇却憐尤物產茲土妄思偷入人家園恣食如猿坐樹巔何能細按端明譜盡勸遲遲歸故山固知上品熟不先白玉

填瓤紫羅殼耳聞亦自流饞涎何能甲視楊家果願各啖我三百顆貧兒腸冷蒸藿多不妨燒以荔支火

霞村食荔支再用前韻

匡牀久絕龜殼支枕中鴻寶惟新詩詩成半為側生賦徒勞擊節無新奇朝奩開香忘故土液鮮皮脆須臨圃休言爽口哀家梨歸但魂消對坐譜靈根端不戀高山然葉細枝見已先毛孔微微芳氣透何關雞舌含龍涎卓絕無儔超衆

果千錢頻買三千顆頫虬珠綴珊瑚林數里無
烟餐如火

林伯彦餐霞臺食荔支歌

山烟深水楓帶來荔支口擘丹霞臺霞光照耀
色更姻紫紋紺理白玉肪膝馳芙蓉露濯手三
十二種皆到口每逢米汁腹如蟬此果偏能啖
數斗飽死以樹作松栢墳堆殼核高如阜不死
應知骨是仙荔支仙人自昔傳間有饋者色不
鮮效顰嫫母分媸妍君不見冥鴻高飛去無迹

向人羞稱曳裾客但見日覩十八娘安肯低眉
二千石

福荔品　洪士英

福郡荔品諸譜已詳毋論蜀廣近如莆中未
嘗鮮摘不敢妄置雌黄惟以常啖者定之作
福荔品

吾郡多佳果首稱必荔支香柑誇佛手色相終
讓之叢叢綠霧宻顆顆紅雲垂鮫珠剖相似鶴
頂望還疑檀塲數中冠勝畵尤珍奇金鐘不入

眼桂林誠相皮蜀廣種雖好目素未及窺莆產
譜詳備欲啖恒無期福品屬本縣次第徵吾詩

荔支　張元芳

江城五月荔支丹草樹含香玉露寒錯落星毬
肌似雪錦屏光射水晶盤

玉為艷質錦為裳最是傾城十八娘昨夜宴歸
猶似醉至今春色近昭陽

風吹亭畔荔支香玉液瓊漿客謾嘗淺淡紅妝
都不減風流還讓黑衣郎

鳳凰岡上錦離離紫燕蚶花春作泥南國芬香
誰第一上林爭獻狀元枝

淡雲火實玉生寒曾向明妃帶笑看一自馬嵬
無驛騎紅塵應不到長安

平林一半夕陽斜天外亭亭散紫霞謾道綠衣
香漢苑不知麗質在江家

六月金櫻勝畵圖江鄉十里錦雲鋪妝成且莫
憐雙髻不及樓頭一線珠

絳苞萬樹種名園落日丹霞照海門艷艷虬珠

千百顆可無中使獻明王

閩友遺新荔子　黃之璧

露華鮮摘玉瓶開送到陶家佐酒杯奇語東籬花下客楓亭八月荔支來

顆顆明璫厮錦妝侍兒掌上擘斜陽也知絕勝房陵品却對紅雲喚客嘗

雙髻　丘惟直

枝頭連理散甘香紅錦囊包白玉漿貯向水盤誰得似昭陽姊妹鬬新妝

星毬

離離丹實綴如毬燦爛紅光滿樹頭莫是宣和燈火夕鰲山懸掛不曾收

百步香

六月閩香荔子懸綠雲堆裏錦雲連幽香一種天然味不數潘妃步步蓮

七夕紅

遙望雙星爛碧空一年一度鵲橋中誰知淚落凝成血散作枝頭點點紅

延壽紅

華清一騎走紅塵中使傳呼笑語頻此物若云延得壽馬嵬山下葬何人

桂林

綠雲堆裡綴紅綃白玉囊中核子焦只此林間堪賦隱淮南不待小山招

勝畫

錦雲香露萬枝紅恨不生逢繡嶺宮莫訝崇龜圖未肖千金誰爲賂良工

火山

品質殊生節序同偏誇早熟萬叢中只因一動妖妃笑又惹驪山烈炬紅

狀元紅

瓊液丹膚白玉肌御筵香透絳羅衣宮袍首賜何曾綠爲染霞光近紫薇

十八娘

棣萼樓頭風露凉閩娘清曉競紅妝朱脣玉齒桃花臉遍着天孫雲錦裳

冰團

太液池頭暑漸凉紅塵一騎日南方寒漿不待
隆冬結滿座歡迎六月霜

綠核

素質生來與衆殊冰肌玉液潤如酥相逢莫訝
心無赤祗恐前身是綠珠

十八娘　黄應恩

紅裙紫袖玉生香殿上傳呼十八孃憔悴只因
生處遠君恩親解絳羅裳

綠羅袍

天孫織就錦雲堆不學人間彩色裁一任宗風
吹縐縠絳囊新換綠衣來

紅繡鞋

輕紅搖曳出林端踏破青青草色殘莫謂嶺南
千萬里也隨驛騎上長安

延壽紅

珠實纍纍琥珀光盛來丹液玉爲漿瑤池不藏
蟠桃種更舞筵前五綵裳

七夕紅

樹底新妝雨較遲青鸞捧出玉玻璃紅顔不與
人爭艷祗記年年乞巧期

大將軍

將軍名字品中誇日煖紅袍映碧紗一自漁陽
征戰後只今棲隱落山家

荔支詞　郭天親

丹顆遥疑楓葉秋半遮漁艇半遮樓兒童無數
拋磚打鶯起流鶯啼未休

樹下嘗新帶露中美人珠翠問釵紅却恨當年
勞傳舍不教移入太真宫

士女風流髪尚髟荔支初熟作生涯入夜張燈
街上賣阿誰賣盡早歸家

荔陰族茂舊楓亭滿路垂丹滿路馨下馬欲探
三兩顆行人謾道是紅星

咏冰團荔支　安國賢

纍纍初貯水晶盤一啖爭禁齒頰寒南土由來
饒暑氣誰知六月有冰團

林生袖十八孃見遺戲作

荔子風吹滿袖香輕紅初劈水晶光少年潘岳車中果試問何如十八孃

題荔支　　朱廷訓

天機綴錦出神工千樹垂垂耿日紅火實最宜侵紫近水晶無問托盤空圖將越客遺南國笑擬唐人入内宫應是狀元堪勝處不敎容易卻薰風

火齊環佩絳羅裳雅稱當年十八娘丹露盡珍

馬乳味炎雲竟結鶴頭香詩成忽憶元除海譜出猶傳只隔牆嘉果從來知此地斷霞疎雨媚紅妝

詠荔支　　盧江

葉暗千里綠枝垂萬顆丹露勸朱鶴頂霞襯絳綃九海上隨塵去宫中帶笑看玉真纖手擘香薦水晶盤

荔支詞　　陳鴻

五月荔子多青色引雛山鳥時來食西園六月鳥飛去夜夜守園坐達曙大家分摘趁曉露北斗尚掛城頭路南窓有客午初起紅玉流香浸盆水

詠荔支二首

朱實原於衆果殊可人香味滿庭隅濯來濕透盆中錦剖破光呈掌上珠佳客飽飡寧許剩驕兒屢索祇愁無他年倘有閒園地買向鳳岡種數株

寂寂園林鳥不譁主翁相守此爲家綠叢千里

難通日錦障千重已變霞栽傍樓臺攀樹易摘來城市覺香加冰盤細擘南牕下顆顆凌晨帶露華

詠綠核荔支　　林叔學

冰膚藏異質佳品擅江南荳蔻輕霞護葡萄片雪含卻疑金谷換應使粵華慙剖出天然色江家映始堪

喜鄧道協修荔支通譜　林古度

世人有譜牒用以紀厥盛顯達表令名隱逸書眞性物極多散遺類繁每難竟人旣會宗支不使系異姓嘉果獻荔子名品亦堪命前賢蔡忠惠乃爲此族敬操觚悉條分例義得其正後之曹與宋起而亦相競生植日以繁流派日將迸君玆意何隹突爾郍爲政一旦羅群編衆美忽歸併頓使還本支其賢而其聖如人有小傳一一俱明鏡古今翰墨林於玆諸賦詠珍玉與瓔

瑶林間盡輝映有若枝葉披君㪺握其柄卷帙幸已成展閱殊可慶

荔支歌

人間萬果生方物四序分成盡堪喫那及閩南此荔支蜀都粵嶺名皆屈名品多奇有等差薰風蔫熟何纍纍中如孕玉凝脂處外若丹砂結實時飽食亦無愁內熱欲比櫻桃猶勝絕所以星馳入貢來能使楊妃開笑頰詩賦標題非一篇漢唐宋代人爭傳我生幸與同地產得不賞詠從年年年年口腹克甘美火棗冰桃等閒耳安得移根向上林高天雨露恩無比

思荔閣歌爲張元秘題

君家曲江荔支賦色香味向篇中具當年閩粵產隨人從心所欲何思慮君今與我則不然南國生身在流寓海錯牽情況荔支每歲相思凡幾度幾度思從朱夏時無能縮地楓亭路遥憶蕉風蔫熟新一啖百顆多臨樹紅膚剝去如絳綃香液流來郎甘露那似楊妃素笑顏頓教驛

騎飛馳赴男兒貧賤百事艱寧獨區區此懸涎聊將高閣錫嘉名名因碩果傳佳趣豈緣口腹遠垂涎兼歎鄉心常窘步倘侶尊鱸張翰思荔支自可供朝暮

夢荔支

二十餘年别故鄉荔支無計見紅香昨宵入夢呈丹粒何日驚心剖玉漿有似楓亭歸夏早非同粵嶺並時光從教種種皆堪憶不及魂交十八娘

還大丘憶荔支示諫兒

久向江南憶荔支歸閩今已及其時不生海灣難先見早食榕城未可知林際紅香猶渺渺市中名品漸纍纍少年記得曾飡去急與新嘗是客兒

海口翁士幹表姪新餉荔支于瑞巖歌

三十七年思荔子今向海城重啖始海城亦匪產荔鄉却自郡邑分來此此果此鄉人亦珍何況他鄉未見人甫能成實即採摘豈殊一騎馳飛塵翁郎是我姑表姪昨夜相訂在今日曉露未晞走市中呼買親為手數出風吹販子開筠籠為道新上還不克一歲一番較顏色顆顆攢結輕綃紅我雖曾食亦急急不問甜香與酸澁携將滿袖瑞巖巔笑向雲天剖百十吾兒生長自金陵初得入口疑紅冰謂言猶未美之至中心已覺喜不勝從此林間知漸好名品譜中堪細考我頭已白荔長紅宜共此回飡及早

邑中買荔支

此是吾鄉邑人家荔滿林啖思重到口望已即開心白日搖紅影凉風坐綠陰呼童逕便買莫計橐中金

劉拂雲餉荔支二百顆名桂林戲荅之

荔支何以桂林名豈是香如桂子清二百明珠勞餉贈十千紅友勝呼傾祟龜圖畫施相似坡老吟詞擬不成為謝殷勤無可報待將丹桂當瑆瓔

食荔支思金陵歌

閩天六月方炎蒸閩山荔子紅騰騰我歸携兒共飽食轉向玉融思金陵金陵兒姪更妻子欲食此果殊不能兒雖嘗味歲已久亦多大老諸友朋友朋欲作榕城客大老願謫楓亭丞夢寐不往蜀與粵烏石山似青天登登時食荔那可得畢世一見嗟未曾曾如我歸守成熟林間市上來頻仍新出筠籠玉盤薦動數千百盈斗升摘下枝頭榴火噴剖開殼裏羊脂凝臨風浸酒飲香雪映月浸水圍寒冰日日傷多不任口人

人思過空塡膺片時縮地信無術幾度仰天翻
白憎如童取小婀何用似鷄呼羣慚莫稱安得
紅塵再一騎使我附驥如飛蜩螗餉江南衆親
友劃如妃子笑不勝

買荔支不得戲作

魚蝦歷繞市落晚尚喧塡荔子産非地遠朝已
寂然厭心難滿欲饞口枉垂涎合向榕城去紅
香飽萬千

荔支花

只向閩鄉說荔支荔支花發幾人知幽香陣陣
微風裏苞蕋還分雄與雌

大丘嘗新荔支歌

去年海口瑞巖裏五月中旬嘗荔子今年大丘
復嘗新四月下旬驚有此物候重更感客懷何
時流寓返秦淮故鄉風味雖自好我心實似羈
天涯大丘果樹無此木楓亭肩販來沙玉阿弟
隔村乍買歸使我見之駭心目汲有東金山頂
泉剖浴數枚罕可憐會須早上榕城去市得盈

筐飡萬千

食荔歌

眼耳鼻舌與身意無所不快是食荔眼看高樹
垂血紅耳聞名品衆不同鼻嗅清香向朝露舌
呑玉液甘如乳身當故國館西峰意欲食之願
即從荔支食飽忘食飯或買或餽日千萬却思
古昔爲帝王諫止貢獻縣唐羌貴妃一笑至今
說而我賤子何饕餮我任江南五十春暫歸三
載而嘗新遥憶家人與親友安得一顆鮮到口

携來兒僕食倍多毋乃於此分太過人生生閩
信樂地江南好作歸閩計

荔支詞十首 次友人韻 用白戰體

閩山五月荔支鮮萬樹千林色蔽天上市人人
爭食飽忘飡幾處突中烟
瓤如白玉殻丹砂香沁肝脾與齒牙村塢近疑
烽燧火園墻遥訝海天霞
一枝低壓一枝低成熟爭看處處齊樵子菜兒
俱改業街東賣過又街西

不能留久不能醃飽脹傳教少食塩難待及時
先欲啖只消早晚變酸甜
豈惟口腹眼還看真是脂凝與錦攅性熱也知
徹有忌井泉洗浸似氷寒
鄉風交送滿堂前時候初當小暑天中貫金鍾
名色異高肩細核妙如仙
採折全枝剩木丫持如絳節映籠紗一錢十顆
千錢萬日費囊錢未破家
休論茜草與花顔菓色無如此色殷我欲帶將

之白下三千道路恨艱關
長樂楓亭種類繁漳泉名品動衣冠飡來歲歲
相宜甚何必長生學鍊丹
閩粵名兼蜀國傳三方以外盡垂涎焙乾天下
知無數那及枝頭摘下鮮

張羣玉明府送荔支

荔支名海內閩粵蜀都閩蜀本君鄉國閩為我
故山糊勞分惠至未免各思還得似丹砂否愁
人欲駐顔

陳磐生留食荔支與克廣亦摘其先祭酒
狀元公墓亭荔至同啖有作

君到金陵荔我誇我今食荔在君家剖如玉粒
開丹冉垂似宮燈點絳紗更值狀元來後裔偏
從娘子鬪鮮華以茲留客客淹坐竟日不須茶
與瓜

鄭汝交郡丞集客南園摘荔

君曾置驛客來多未及家園此共過坐入荔林
疑火樹步窮苔徑信烟蘿遠人若果宜攀摘賢

主清尊足笑歌宸愛夕陽明顆顆紅光欲敵醉
顔酡

荔支雜詠四首

無此鮮甜無此香氷肌玉液與瓊漿從來妙美
真難比只合呼為十八娘
不獸宜飡且好看真如鶴頂與雞冠火山最早
楓亭晚次第如珠撒木鄭
傳聞勝畫出吳航今歲今朝始得嘗總是一般
閩地果因他肥大故稱強

荔支至美是楓亭口未能嘗耳慣聽兩月不能
煩驛使一生塗路枉多經

剝荔四詠

共向閩鄉剝荔支遠人剝荔喜纍纍如妝火齊
來天外似鬬珊瑚到海涯爲愛紅香心獨賞爭
猜細核手先持飽飡願就三山老不欲還家繫
渴思　右遠客

共向閩鄉剝荔支高僧剝荔念阿彌恍拈穗子
從頭處似解衣珠着手時佛座獻新親自捧齋

筵作供衆先推非關口腹圖甘美恐入叢林結
果遲　右高僧

共向閩鄉剝荔支美人剝荔更相宜如臨錦帳
分銀蒜似脫紅衣露玉肌開口笑吞強石蜜嚙
唇歡洽勝甘飴從教玉指頻挑選那及桃腮[illegible]
媚時　右美人

共向閩鄉剝荔支孌童剝荔映妖姿渾如擲果
盈車日還比探巢取卵時擬是梨園羣弟子攀
將蓮蕚小孩兒鄭家名把櫻桃喚以此爲名不
更奇　右孌童

荅林祖生餽荔支

聞爾林園荔有名椰山十里隔榕城摘連枝葉
紅光透迸貯筠籠香氣盈碩果已消歸客渴琅
函更見故人情感茲投贈殷勤意獨媿無能一
報瓊

荔漿歌

鎮日無厭飡荔子剖殼津津瀉漿水宛似甘泉
涓滴流還如玄酒淋漓醲可憐[illegible]落莫沾唇可

惜輕拋但隨指偶思當下承受之頃刻浮光溢
素磁此漿不寒勝官蔗此汁競爽過哀梨竟以
芳潤漱冊府直將瀝液傾華池小啜細嚥愛微
沫有若捧盈懼顛潑斐航豈必遇雲英司馬何
妨病消渴眞如秋露浥薔薇人間百味那能奪
我從久客歸故鄉口腹既饜齒頰香已幸分甘
進貢子還疑就乳十八娘却怪當年蔡州守譜
荔翻教柞去漿

荔支將盡感賦

今年今夏到今時廢食忘飡飽荔支信是人情無厭足自應物候有推移欲留香色難爲計兼送流光亦可悲待得林間重結實子身恐又在天涯

別荔支

來時堪喜別堪憐一別爲期定一年猶勝貴妃思遠地當如織女會高天低頭棄核方離㲉舉手攀枝似贈鞭未必人人皆類我情痴十八阿娘前

詠荔支廻文

南閩此果妙鮮甜顆顆垂林入夏炎三日過多佳却減一年逢極熟當添含香冷下通喉潤碎玉紅開擘指尖籃滿貯來新露曉甘人是味美全兼

閩中荔支通譜卷十三

閩中荔支通譜卷十四

溫陵黄居中明立訂

綏城吳師古啓信挍

明鄧道協荔支譜六

荔子　丘濬

世間珍果更無加玉雪肌膚罩絳紗一種天然美滋味可憐生處是天涯

寄荔支與吳泉濵　王愼中

聞君習靜物都忘新得馴禽畜子方遣贈荒園紅荔子山中百鳥好來嘗

荔支得郊字　黄伯善

星苞落落綴雲稍闘産何如洛與交美獻自憐南國遠側生謬被北人嘲花含香液分蜂課實帶餘甘上鳥巢聖代不煩臨武疏千章百斛鬱青郊

蘇鵬東送荔支

方紅陳紫俱亡羊晚熟園林擅宋香味勝渾如甘露液色鮮不數絳羅囊嶺南久紫坡公憶海

曲令分野老嘗歲歲異君愛饞發頌移嘉植入江鄉

吳惟修籠貽鮮荔支　董傳策

炎海方消渴欲沾荔子丹千秋標絳實數顆簇冰盤詩憶賴虬兆東坡詩冰盤薦兆賴虬珠名聞火鳳冠荔支名還思交趾獻諫疏亦忠肝漢永元間交趾獻荔支置堠傳送唐羌諫止之

啖荔支二首

鐵幹婆娑落千紅方苞剝出水晶籠炎荒正惹

長卿渴却啖瓊漿半洗空

南風釀落出牆枝丹渥羅囊玉露披搏得風流瘦吟骨蘇郎曾寫異猿詩

移栽荔支樹于旂山　黃澤

豫樂雲窩託此身遠移嘉樹作比鄰後來林下停驂者應念辛勤栽始人

種荔支　林偕春

爲愛春還種荔支新開將徑總相宜門前朱雀憐方蔭城上青雲護短籬作計設強雙樹少求村正赴十年期異時次第君謨譜應續吾園一種奇

詠荔支　楊慎

萍實楚江浮赤日桃花秦洞繁紅霞試將海物芳蕤數敢並江陽荔子誇雲液留香凝重錦氷丸映內捲輕紗美人釵股雙雙綴肯擲潘郎滿御車

十八娘　王三陽

艷誇國色樹生香誤說王家少文郎倘見楊妃

憐一笑紅塵何處到昭陽

涵虛閣覩摘荔支　黃克晦

荔樹陰陰繞水濱入門呼脫白綸巾林中仰面惟看鳥樹杪聞聲始覺人傍手柯條初散彩離枝香色正含新玉盤冰水龍珠滿虛閣高談可厭頻

荔支詞十首　張燮

花開密葉鬭芳叢結子紛披綠散紅每到長林豐草後朱霞滿地更隨風

朱鳥含嬌樹上頭女兒樹下亦風流墜來並蒂爭垂手連理何須向廣州

肌膚氷雪纈爲裳劈破分明咀玉漿留齒含滋擠內熱風前吸水喚郎嘗

何來作客道傍兒日送垂涎絳樹枝始信朱櫻全覺小况開香膩出琉璃

百鳥肥時夏正妍斜陽朱實蔽山前但教移植池邊好高映芙蕖兩樣鮮

扶荔宮前茂若何上林虛語側生多贏他千尺蒲桃錦南越當年報尉佗

大官欲越水晶盤置候年年夾道看上書不是唐臨武焦盡南珍泣未殘

長生殿上紫煙開妃子紅妝媚映杯小部新聲歡未了嶺南飛騎帶香來

陳紫猶開雜宋香龍牙鳳爪了垂牆只今傳後無多種嬿婉誰家十八娘

南天處處火山新韡韡離離飽殺人却笑孔璋曾拜賜僅從西坻識佳珍

林德芬餉荔支漫答二首

望氣流霞滿囿園引赤瓊當年妃子慣小部比新聲

扶荔漢時宮玉液真堪嚼君投一何奢佐我韓休藥

荔支　朱完

紅疑分海日味可軼天漿南國珍奇品堪圖寄遠方

荔支　費元祿

微華春蚤發結實向南離潤滴瓊漿液鮮團赤玉脂霞盤寧辨色露齒詎留滋熟在葡萄後空憐入貢遲

雪中徐興公過訪出荔支譜相示

大雪湖山卧病時苦寒君更涉來思三峰座背圍藤障一卷牀頭譜荔支驛使冰盤無下品佳人玉齒有華滋然燈不寐簷飈下料是思尋過訪詩

荔子綴實萬顆勻紅適了義上人告別盤

磡樹下口占送之　林晧

墮繫蘭橈別思多離支樹下共婆娑雁王縱使頻啖果誰似水壺擁絳羅

楊太眞荔支　楊宗玉

佳節當年荔子丹交南方物上供難但聞瑣甲朱紈麗莫領清漿白玉寒不是紅塵飛驛騎誰教絳實入長安色香雙美楊妃笑那念征夫道路殘

湯方伯惠荔支賦謝　郭子直

阜亭長日苦蒸炎望斷金莖露不霑忽捧筠籠來畫省驚看火樹映湘簾朱苞入手繁星爍瓊液流牙絳雪甜飽食直教三百顆滯留瘴海未須嫌

書舍中新種荔支二株戲作　黃克纘

買券曾書二十株入門驚見一枝無移根綠葉憐童稚結實成丹待老夫汲水但教晨夕繼經霜便覺歲時殊人生壽考知難料弄影婆娑且自娛

題張元震思荔閣　李永昌

君家閩海來白下十年遂爲流寓者忽憶故鄉鮮荔支以之名閣係曰思我每聞人說香色流涎一見不可得何時子歸我得遊飽食百顆樹彼顛

雷州上元竹枝詞　蔣德璟

荔支龍目盡冬花不似江南花信賒封處桃源春不老都拋百鳥作僊家

四月六日陽江啖蠟荔

四月春未歸蠟丹點客衣曉劈香猶噀經啣鳥作肥先聲庚嶺驟神品似閩稀幸逢漢武帝上苑壓春暉

夢中剝荔詩 有序

長至後一日夢荔實連蔕膚白如玉獻父兄共啖因舉荔譜曰蔡忠惠以七月二十四日得中元紅爲奇今更奇矣遂同賦支字

深冬剝荔肉凝脂恰似坡仙夢石芝共晒譜中人未見又驚歲晚樹能支天涯書到犬雞醉地

膠春回氣化奇以上夢中句一覺玉漿猶沁齒呼燈
照足枕間詩

憶荔支　鄭之玄

故園果子動相思旅鬢孤舟又一時翠袖抱霜
鮮顆顆紅裙掠雨滴枝枝開籠只怪生來艷壓
酒因愁啜去遲事事懷鄉猶自可不堪孤負荔
支期

詠荔支　張壬昌

才經暑雨盡垂丹坐愛林間翠幄寒細劈輕紅

何所似明珠光瀉水晶盤
剖開顆核是丁香消却沉痾沁齒涼笑殺曲江
空有賦閩中風味未曾嘗
謾道楊梅色可方煌煌似欲鬬驕陽縱令抄筆
崇龜在難寫生成味與香
萬紫中間小朶香採來誰可寄蘭房試從綠鬢
釵頭掛添得佳人一樣妝

食荔支　唐顯悅

翠葉丹囊拂曉空佳人垂手剝鮮紅指尖戲破
胭脂淚廲得楊妃入夢中

雨中望隔岸荔支　吳秉志

隔岸樓一水高出倚天紅雨過枝鮮艷雲埋香
結叢衡門松風吟竹屋鶴雛攻飽啖無如此邀
看與不窮

荔支

炎方佳果吐名園貢物新傳荔支先葉葉風翻
香氣動叢叢樹舞鶴窺存芙蓉顏色真珠骨錦
繡衣裳琥珀褌一騎紅塵曾發咲馬嵬山下美

幽冤

食荔支

纍纍枝頭玉液香錦包琥珀色硫黃何從仙種
來閩海肉食于人豈易嘗

畫荔支二首

輕紅艷出墨痕看香務雲中葉葉攢妃子望塵
爭發咲閩中貢物尚相安
誰爲移來幾顆丹燕支香染水晶寒閩山萬樹
爭成實不及幽人畫筆端

荔子篇 有序

錢行道

甲辰之夏余以訪舊入莆中適荔子初熟林丹山太守聞余善啖遂招集家園迭出奇品見餉得未曾有時鄭邦衡在座屬作長歌紀興率賦千言兼簡太守

昨朝初到莆田縣荔子枝頭紅欲遍分明寶樹列成行赤珠瑪瑙渾無算此時暫見神四馳此夜幾眠夢三噉樹下遲遲仰面行車中數數回頭看土人撞着咸笑奇太守聞之即開宴邀余

同過荔支園十里錦雲成一片居然身在蕋珠宮翻訝宸游勞帳殿肴槅尊罍雖盛陳徜徉未暇行酬勸簡時祝融方振威玆地清凉可無扇鑠石流金杳不知濃陰客樾真堪羨品類參差凡幾何園丁一一皆能辯陳紫藍紅與宋香各盛筠籠筵前獻侍兒金翦去繁枝侍女銀盤依近案瀉入名泉香頓浮勾連翠葉紅逾絢綠縠輕綃乍解餘玉肌溫潤無瑕玷恍似澄江夜月圓弄珠神女波心現試吞一顆水晶寒迸破瓊漿濺嬌面甘湛偏宜沁渴腸清揚不覺流香汗心目開明舞蹈輕髮毛光澤形神徙習習風生兩腋間便思冲舉凌霄漢須臾三百無孑遺睥睨林端猶未厭長鬚躡足虞過傷太守搖頭稱罕見九年前客吾安時曹二呼余共啖之金鍾勝畫紛紜至解帶披襟不自持曹云最妙須與化見我貪饕無乃詫三絕無過色味香何由此外高聲價今日親嘗太守家始知實語未爲誇豐肌細骨元無匹火棗交梨必讓伍寧惟肌骨

生成好更挹丰神天下少掌上輕盈未擘時香風已在眉間掃無論丰神世所稀且看芳藥兩重衣六銖那得輕於此薄霧丹霞滿座飛里有黃柑稱佛手論形肖過如船藕藕涉荒唐詎足憑柑雖洵美非其偶供出諸天未可知人間百果只如斯山珍海錯雖無限孰敢當先與並馳君不見櫻桃紅楊梅紫赤身露面殊足耻繡幕冰紈次第開假令同席應羞死又不見西施舌海燕窩未免微腥柰若何但只餘香留齒頰過

然清濁見差多記得題詩會城裏白璧明珠皆濫擬不遇名園最上乘幾希誤我一生矣非但吾今識面遲偷桃啫芰果能癡陸郎若見寧懷橘四皓聞風肯茹芝猛欲携歸種成圃天生性僻終懷土除非縮地與騰雲百計思之無一妥生不躬逢閩海邊紅塵一騎也徒然清芬艷質時時變遠嫁明妃真可憐復有酒藏兼蜜餞不消半刻蒐先斷何異名姝斃水中殘膏剩馥都成怨多少丹青畫折枝並將模毋當西施因思

任殺毛延壽本自難描絕代姿鬪遊今古人無數失此良緣總虛度縱使遭逢正爾時幾人住足楓亭路五月六月南風吹千樹萬樹俱纍纍大姑小姑攀入手笑擲稠人知爲誰道上紛紛徒販侶驪珠錯落盈筐筥柳栗横肩不讓人疾趍城市如風雨輕薄誰家馬上郎倒提長幹戲平康季倫八尺珊瑚樹輸與風流一段香鳳凰山下人如簇載酒尋芳歡不足邏妓齊簪茉莉花徵歌盡是鄉談曲宵肝無如郡邑侯也乘休

淤到林丘斜陽啼鳥頻催晚飛蓋亭雲不自由翩翩更有佳公子惡逐遊朋伴圖史但愛連枝紅錦繫不聞舉世黃金侈余亦山林結淨緣行厨經月罷炊烱奇聲太守休携具分付長鬚但采鮮蘇薺清若水翻書永於年無異飡霞容權爲辟穀仙不言施四體妙樂勝三禪郎將芳潘研成壘一賦莆中荔子篇

荔支十詠 有序　曾化龍

英雄邸世率爾遊戲其真自他非可踰也不得已而以功業著斯已淺矣又不得已而放情于歌舞最後回首神仙此其豪宕杳遠之致與夫牢騷慷慨之懷固未可一二爲俗人道也予嘗與念及此仰天欲絕一日披荔支譜循名思義恍然人世變態一盤托出爲作荔支十詠亦所謂千古有情癡耳

其一　狀元紅

毓種朱明入紫宸白衣何似絳衣新生來原有公卿骨金馬于今第一人

其二　大將軍

丹實纍纍彩色煌斬新旌幟入河陽等閑吞盡孫吳畧悔得龍韜獻聖皇

其三　天柱

凡冉居然踞上流丹心獨自爲君投鳳凰岡上擎天柱那許共工撞北周

其四　十八娘

弱骨堪憐暗度香曾從夢裏怯譚郎瑤姬空戀桃花洞不及王家十八娘

其五　宋家香

人外含情物外身幽芳獨結味天真願君莫怪韓郎竊宋玉當時已作鄰

其六　雙髻

縹緲雲鬟冷翠翹並頭枝上欲寬銷從來絕世姿難擬共說江東大小喬

其七　紅綉鞋

一騎紅塵感益深寸蓮相偎倚欄心馬嵬留得楊妃襪猶有芳寬致萬金

其八　七夕紅

鵲橋不似馬嵬傷誰見紅塵天上揚織女帷情憐夜短懶將玉顆贈牛郎

其九　水晶

色香香味幾能兼著月偏工解鬱炎紅粉朱衣成底事塵心已作玉壺冰

其十　延壽紅

益君齡算徙君餐似勝安期棗一般家在白雲鄉裏住武皇何處更求丹

荔支三首　區懷瑞

炎洲五月火雲多嬋着丹林醉碧波億擘瓊漿妃子笑欲翻新曲定如何

交梨火棗漫擬仙玉李綏桃恨莫傳若使荔丹能百顆不知一日即千年

夢啖荔支　洪寬

六月荔支香神遊返舊鄉分明星列彩髣髴火爭光手自連枝摘食仍帶露藏猶思携白下遺與故交嘗

茘支　盧龍雲

南國種偏奇青林朱實垂味分甘露液色染絳羅衣仙子霞爲佩佳人玉作肌可憐塵騎遠空解笑楊妃

啖茘吳園　何喬遠

日啖茘支三百強名園多品見殊常江鰩似未齊蘇軾菓譜還疑漏蔡襄懸樹丹砂應並艶開囊白玉轉多香林間却笑輸猿鳥歲歲枝頭恣竊嘗

憶茘支　黄居中

二十年餘別茘支婆娑樹下憶當時承來金掌流瓊液解去羅裳露玉肌寄遠難將惟按譜思鄉不見秪題詩關情更有江鰩柱莫笑饞貪老朶頤

京口櫻桃光福梅吳儂張價每相猜縱然有色堪爲耦共柰無香可作陪談到思甘涎欲咽圖間意匠筆難裁驪山奏罷長生曲空笑紅塵一騎來

己巳初夏道協自閩歸予過訪以新增茘譜見示同集黃澹然虞部陳茹連比部林道燕國博諸子　韓上桂

首夏炎風至逝思茘子丹安得軒轅術遠致集瑛盤閩輿壤連諳此味座中對說情如恹三百飽啖著眉山居人得此猶云未會稽有客獨不言叩之微笑憶鄉園汝茘得似楊梅好黒甜韻致宜爲昆彼此抗衡不肯下掀髯半日停杯斝惟有韓生性好遊兩地兼嘗曾滿把梅可儷分

茘可王同時色味兩相當並封上扶夫何忝盧橘蒲桃費品評合座啞然俱大悅瓊漿滿酌同蜺歛二果低昂且勿論暫從清濁杯中談優劣

茘支行　俞彥

嘗見茘支圖不見茘支樹茘支生閩海無事學閒去忽作幻化想想爲禁近吏上書嘗權要夕貶遠惡地地是楓亭驛官乃驛丞是驛丞既捧檄結束去受事中堂設公座三四皀衣隸亦有城旦髡殷實養馬戶驛丞大氣勢今與若等期

晨夕卯酉鏑呼名爾當趨擔薪復汲水騎馬先後隨意慢不時至折荆鞭笞之馬戶咸失色匍匐前致辭驛丞勿鞭笞家有好荔支一樹結千子正當子熟時驛丞乃微笑爾速齎持來一飽三百顆傲語舍中兒是我稽古力不爾安致之仕宦得如許勝作帝者師

咏荔支　舒頔胤

八閩土產生荔支廣南西蜀名熟知瀘戎價劣名漸滅宋香陳紫愈出奇實結丹垂炎夏長微

薰浮動絳紗囊金莖玉液芬僊掌誰鄉色味無生香高人藻薈入評論口饞伎癢詩思霈譜牒詞林繪形似譬如扇撲蝶搦痕楚江剖食開萍實劍獲奇珍差可述若同方物產江鄉當譜荔支同色筆

荔支詩三首

花王曾購牡丹譜果品書傳生荔支含芳結子無兼事絳膜晶丸此特奇六月冰瓤消溽暑千翻黛色映緗枝何人錯比江瑤柱或似哀家大谷梨

炎方丹實果為魁饞口津津渴望梅尤物臉餘妃子醉國香名擅狀元才漫夸絳雪鍾璚圃悔逐輕紅散馬塵十八娘行風味在獨憐消渴見無媒

誕生嘉種隸遐陬恰似明妃出姊州白玉香肌開絳幙綠沈翡翠護金甌木難火齊鍾靈迥盧橘朱櫻見尹愁欲擘輕紅無羽翰何時汗漫八閩遊

我家紅詞有序　蔡邦俊

荔支種出閩粵性喜溫熱故粵之熟先於閩而品第低昂自有定價閩佳種寔多取狀元紅為第一今人呼蔡宅紅取先忠惠公所居名也余宦居金陵自我不見於今三年矣公餘暇與道協鄧君啟信吳君閎忠惠公荔譜興懷踴躍遂詠我家紅詞以寄思云

陳紫藍紅種不同芳名譜出遂羣空祇因奪得宮袍錦一點丹姿萬綠叢

忽稱娘子絳紗籠又是將軍氣俠雄盧橘江橙
誰比似姓名各自遍西東
粤錦閩珍且漫訌而今始覺字名通無雙丹𠂉
歷江綠須識宮年譜諜功
譜誇四八品題崇幽性偏躭瀕海中爲羞妃子
來相咲不遣天香列上宮
慶曆人稱忠惠公香肌絳節一般同洛陽橋上
標三絕晴把枝頭射劍虹

益壽延年推葛洪仙人亦有傳其功寄詞鷰蝠
漫輕飽留與青山次第紅
社有餐荔約客歸病未赴及霍然而郭内
諸品盡矣呼奴過江覓之招集賦此
馬 欻
歸來懶向郭西行十八娘家空月明枕上珊瑚
頻入夢盤中琥珀漫尋盟盈盈一水紅雲隔灼
灼千枝絳雪橫此日文園消渴解漢庭不用乞
金莖
荔枝名偶成

瑇瑁陳家江家同香飄滿林昨夜風折來一種
葡萄穗插向綠珠雙髻紅
大小丁香栗玉釵妝成勝畫桂枝娃儂肴堦下
鷄引子蚶殼碰破紅繡鞵
摘樹頭荔支未熟戲作
絳紗新襯綠羅寬一種嬌香到碧闌寄語肌膚
如軟玉夜來風雨不勝寒
廟市狀元香偶見二人六文錢買一顆對
啖點頭而去

未向楓亭折一枝六文錢買解相思兩人莫道
嘗風味艷色鮮香總不知
客中夢荔支口占
醒來雙眼尚朦朧和色和香似夢中五度封題
無別語殷勤好護我家紅 一名馬家紅
五郎磯於中啖醃荔支皮殼青而褪紅
數別三山已十霜水晶鹽裏覓瓊漿衣紅娘子
迴千里蕭颯青衫見五郎
富口七月憶荔支

難將一騎望紅塵采采芙蓉步水濱園在怡山
紅擘盡新秋猶有勝江陳

憶荔支　　陳　籥

故園當夏日荔子正纍纍丹顆明如屬瓊瓤湛
若飴薦新呈祖禰分美及親知客裡鄉心渴能
無動遠思

詠荔支　　陳　鴻

摘來千顆映顏酡勾漏丹砂色不過隔歲嫦人
催送早清晨官府餽來多綠陰霜後欺松桂香

氣風前雜芰荷預覓水晶鹽一掬門飡三百學
東坡

詠眞珠荔支

樹頭垂異品疑自蚌胎瞻瑩見初還浦圓堪待
織簾掌中寒影動佛頂寶光添頓使閩人誤持
將積鏡奩

詠小陳紫　　鄭　紱

紫本陳家勝齊名肯易降品雖稱第二實自擅
無雙清馥應欺宋芳姿已壓江水盤時並薦霞

絲射雕窗

詠皺玉

隹品呈顏瑩誰云巧製成痕疑蹙細紋受露
溥明抵訝沽猶璞非關琢未瑩仙羣留不住掌
上襲時輕

題張行秘思荔閣　　韓上桂

浴佛之日夏將炎粵閩珍實垂高裙輕綃試抹
霞初吐綠衣深裹和酸甜此時居人已笑指饞
眼欲穿涎莫止楊梅味澀不足奇飽食無如丹

荔美江南有客滯風塵回首壺公歸夢頻案上
君謨餘舊譜展讀一過增吟呻走向江頭問韓
子子是嶺南差解事夏熟盧橘費品題鄉園佳
物胡絲徙兩人扼腕不勝愁何異薄鱸嘆早秋
箇中滋味眉山識日啖三百追風流

讀吳啓信荔譜作　　李吴滋

薄宦漳南百遍嘗齒牙俱帶荔枝香憑君股筍
三千牘傳我胸懷十八娘細向果叢標玉液如
從樹底挹瓊漿望梅那便能消渴讀罷翻令饞

吻狂

次比部李如穀見示荔支韵

吴師古

仙媛曾從海國嘗潘花猶鬬荔林香側生綠穀誰爲母遠嫁紅塵不問娘幸向佳篇傳郢雪何須芳實噴瑤漿當年供奉賡茲曲應教楊妃咲欲狂

爲昭妃譜曲妃手剖荔子言謝

陳衎

扶荔結層軒灼灼光陸離甘芳拂眉睫根幹亦菌奇我欲摘其子不忍傷其枝（荔樹蒂極牢凡摘者必連枝斫取故名荔枝）佳人樹下來咲語何委蛇紅顔與朱實晻映丹霞姿爲我置美酒令我塡新辭辭中意無限題曰長相思按節旣宛轉得句良淸夷雖非太始音聽若樂忘疲佳人顧之喜剖荔酬所知百句盡百枚佐以金屈卮夕陽照雕囱凉風吹羅帷生平長啖荔安得如斯時

送陳洪翔鄭孟麐還羅山啖荔支三首

二百能滄願不違綠珠雙髻待君歸潮來江上

張宗道

如奔騎一夜牛船到釣磯

羅山原是午橋莊翠竹紅泉夏日長高枕北窗登稼畢蓬頭先啖荔支香

百里江鄉向遠歸馬頭帆影去如飛曉來凌露青林下齒頰生香勝畫肥

久别荔支懷思四首

當年曾共醉薰風一别手和結恨同記得玉肌

新出浴綠羅衫襯繡鞋紅

曾拈勝果白楓亭懶說金鍾醋甕形習靜向山中觀後佛前惟供淨江瓶

金線累累繫别腸洞中紅間滿林香自從遣下釵頭顆無復重逢十八娘

麗質天生自不同當時只解說瀘戎華淸宫裏雖頻笑未識閩州一品紅

詠荔支

王運昌

荔品從來重圖譜爭夸張展卷一拔閱興劇神

飛揚幸昔刺長溪欣賞更親嘗嘉樹俯清淵綠
葉綴丹芳鶴過鶯頂墮龍躍疑頷光摘下薦筵
几滿座生焜煌斵成琥珀墜掇綴絳綃囊擘開
瑩氷玉齒頰流鮮香凉分沆瀣液甘賽醍醐漿
朱櫻秪膚潤聖僧蘋鴈行憶茲風味別酒醒沁
詩腸拙哉魏傖父耳食漫評章

咏吸江樓荔支　林銓

樓外初垂荔子丹新紅隱隱上欄杆枝頭不忍
輕攀摘留與拋書倦裏看

謝餉荔支

病渴相如思欲狂荔支持餉勝瓊漿玉尖觸出
胭脂血愛殺風流十八娘
新妝淡淡出簾櫳一見春生滿面風爲愛鳳凰
池上客故先相贈狀元紅

醉後同仲弟食荔支

不是荆花下依然兄弟宜因憐荔子熟況及酒
醒時殼擘丹砂碎漿流玉液奇噉殘箕踞坐相
對亦怡怡

過西禪寺訪別山上人時荔支初熟荷花
盛開賦此爲贈

大別山頭小別山山僧度衆到人間西禪錫卓
孤雲住北藏經翻片月閒菡萏半池香自遠荔
支千樹色堪攀余來問偈逢清界竟日留連不
忍還

余游漳南歲餘恨塵務經心時啖荔枝過
口不辨迨投閒南署始得縱閱荔枝譜
是譜廼　啓信吳先生集古綴今彙以
成編者也　啓信兄風流文釆翩翩王
舉且家學淵源有所著撰爛若披錦是
編特吉光片毛乃華林略就足高類苑
劉禹錫試茶歌云欲知花乳清冷味須
待眠雲跂石人予於荔譜亦云

李吳滋

炎方饒珍品暑月盛鮮荔果實雖細瑣亦須窮
根柢季重懺騷壇芳心並蘭蕙博古辨萍實物
理冥心契聽此產海濱離離絳囊紫璀露凝天

漿卿雲耀火齊侍郎賦三峽未若漳南麗摘瓊紀所聞品類研微細玉肌分名稱丹穀剖苗裔古來非無譜與衍難其儷余曾遊丹霞時從樹下慰一啖數十顆齒齶丹氛綴哀梨莫能匹快爽蘇積痗欲紀糟故實寔予才不逮覩君丹荔譜回井憶前噬非獨窮方物亦以資文藝憶昔開元時紅塵頻驛遞異物苦誅求通貢何年歲今皇躬節儉光祿鮮并脆優遊弄文筆名果詮凡例豹文窺一班木華如雹掣誦之口脂芬慱雅難乎繼

荔枝怨　周德

妾本深林隱暑月出徜徉無端薄倖子御妾何猖狂碎妾絳羅裳香汗溢瓊漿抱妾玉肌膚携入倒牙床妾心貞不鮮棄置在路傍誰憐妾薄命頻遭此無良

宋比玉見示荔酒篇賦答　　嚴佳明

餘溪道人性嗜酒小飲能傾三百斗如何世上曲蘖薄劣不可言十載垂涎不入口一朝友人來素書發緘恍惚香風吹讀之未竟仙味裂珊瑚的的垂流澌自疑自訝不可定醒兮夢兮豈易知忽然玉女捧甕出環堵無端變瓊璧羣仙聚飲無姓名但識劉伶與李白此中無暮亦無曉醉鄉天地皆不老江河一瀉洗餘酣日月烺烺胸臆掃霞光忽起海南天燦斕珠璣萬點圓願教盡化人間酒使我無時不醉眠

長樂陳園勝化荔殼紫如丹頂肉白如水晶實小類丁香較甘味差勝楓亭所得名友人封識數百顆見惠賦謝　袁文紹

方名不逐羣芳伍芳品楓亭第一譜此種味分陳紫家共株核奪丁香母凝膚絳雪齒教寒沁骨冰晶咽含乳共道琪園玉果尤薦盤灼灼丹華吐

憶荔詞有引　唐顯悅

白雪爲腸玉貯壺却宜丹實供氷厨如何竟付
仙遊夢醒索香山刺史圖
釵紅珠綠態逡巡鳳爪龍文記未眞何似一盤
俱捧出千風倚作寄書人
滿地清陰送影歸氷肌香玉紫綃衣爲嫌妃子
當年笑化作紅雲朶朶飛
曾記朦朧樹下人清餘風味自相親薦盤我欲
賡詩句嚼破天漿夢亦新

荔支　　蕭鴻靖

名株開遍景芳菲葉襯金盤入紫闈嶺海謾勞
人力奉咸陽應笑驛塵飛劈來白玉香猶在褪
盡紅衣色轉輝怙寵六宮俱冷落含嬌得似使
君稀

嘗新荔支　　王良臣

吳儂說到荔支鮮一顆直疑價十千此處此時
親味得絳羅襦裹水晶圓
濕熱蒸人不耐飧相如渴似欲消難天工有意
零甘露凍作氷漿沁齒寒

玉華洞荔支樹　　鄧維璉

手植自何年離離大如斗憑他輕騎催不入妃
子口

客有貽予荔支者予以贈濟源郎中有作

朱炎流火新荔熟表如丹霞裏如玉文采佳實
雙標奇甘踰天上仙醍醐異哉玉環傾城笑千
里飛騎嶺海促素質趾入妃子口芳滋願果道
人腹予昔驅車八閩遊陳紫方紅爛錦簇歸來
空取書譜看何期此物今寓目邨貽數顆共君
嘗助君藻思千萬斛

咏荔支　　吳師古

佳果南天吐麗華名留蔡譜豈空誇重重霞皺
圓珠蕋隱隱氷肌罩絳紗閩種高傳低蜀種陳
家紫勝綠江家當年買得楊妃笑一騎紅塵驛
路賒

其二

離離高幹拂千尋萬顆如葩綴綠陰月映火星
排密樹風摧紫電撒空林堆盤香細芝蘭和入

口槳寒水玉侵見說長安人少識徒歆小部荔支音

詠荔支　徐中恆

寂寞當春影獨斜朱明忽染滿林霞騷人品遍花顏色此物風流不在花

洛陽爭以牡丹誇容易嬌姿齊曉風還笑短莖開傍地可能高結倚天紅

日映珊瑚掛翠微石家錦帳是耶非纍疑白鶴朝經過個個偷將頂上飛

奇恨天縱少齊名忒謂楊梅是弟兄謾說色香終不似個中肌肉耗冰清

吾閩異種羨扶桑兼有蘭生建水香撩眼花魂勞鼻孔何如清胃飽瓊漿

粧點園林五月春秋風如妬錦紋裀那知別有乾時色經歲堆盤一樣新

賦得荔枝　鄧慶宋

纍纍朱實滿林香佳品眞稱百果王鶴啄却疑枝入頂龍來翻訝頷生光丹成元不須仙粒色潤何勞浸佛桑補髓還童消病渴匠咻呼伴泛觴漿

纍纍新熟照林中十八娘誇玉質豐白皙由來絳作裏朱顏原映錦成叢不愁內熱惟拚飽更愛中甜有背同妙手終難圖勝品故園思殺一枝紅

荔支曲

斜陽影裏出風閣買得冰團較火光月下踉蹌千百擔微風習習逦來香

女兒十五綠窗中不肯停針繡上說在明春當出閣朝來先送荔支紅

今年果熟勝前年擬飽冰盤顆顆鮮因是金花催稅急半青摘下換銅錢

街頭大暑麗紅霞分送南家與北家總計滿盤眞土賤重勞使女汗如麻

閩中荔支通譜卷十四

閩中荔支通譜卷十五

溫陵黃居中明立訂
綏城吳師古啓信校

殺青甫畢適比玉自閩至見而歎曰此吾志也今子已先得驪珠吾無事矣遂出其所著八篇以附卷後與端明與公成鼎足之國俾余不佞爲一家之言因其出遲故前序不及

戊辰新秋鄧慶寀識

明宋比玉荔支譜

福業第一

荔支之於果僊也佛也實無一物得擬者江瑤柱河豚腴既非其倫寒蕭陶楊家果不堪作奴矣歐陽永叔比之牡丹亦覩場之見耳譬於月以爲鈎爲鏡爲珪皆第二月非月體也蔡君謨亦云剝之凝如水精食之消如絳雪其味之至不可得而狀也夫不可得而狀遐深於荔支者矣荔支之在天下以閩四郡爲最四郡以吾興爲最興又以楓亭爲最此人所知者然不盡然黑葉之入釀未可以粵産輕之背城外若東埔若霞墩實有可鄙視楓亭者人不辨耳余生于莆既幸與此果遇且天賦啖量每啖日能一二千顆值熟時自初盛至中晚腹中無慮藏十餘萬而喜別品喜檢譜始以泉漫繼以欒解磁盆筠籠一物不具則寧不啖知交中啖量差與予敵者獨有郭聖胎方次道二人次道不能枯碧聖胎客秣陵五六歲歲不一歸歸又不必與熟時值也豈能消受清福也乎彼不知者又無論

矣蘇子瞻曰日啖荔支三百顆不妨長作嶺南人又曰我生涉世本爲口南來萬里真良圖語雖激亦有味乎言也況余每歲婆娑樹下有十餘萬在腹中又何嫌蠖屈海陬也哉既私喜于荔癖獨擅果然之餘不能自祕自蔡譜及徐氏譜外別著食譜三百餘條未遑詮次適道協以其新刻見示因以清福黑業共六十七事俾之以廣同好亦玉照堂梅品遺意也宋珏題

食荔清福三十三事

開花雨時　結實風時　次第熟
雨初過　裛露摘　護持無傷摘
同好至　晚凉　新月
浴罷　簪茉莉　拈重碧
微醉　科頭箕踞　佳人剝
乳泉浸　蜜漿解　臨流
對鶴　樓頭　聯騎出觀
名品嘗遍　檢譜　辨核
貯白磁盆　懸青筠籠　着白苧

掛帳中　殼堆苔上　膜浮水面
色香味全　隔竹鬬香　土人忽送

食荔黑業三十四事

暴雨　妬風　偷兒先嘗
鳥嘴啄　蜂蟻　蛀蔕
烈日中摘　斷林　剝漬糖蜜
無清泉　點茶　不喜食者在
數核　啖不得飽　溪水浸
腥鹹解　魚肉側　殼上有景迹
醉飽後　市販爭價　說貴賤
惡咏　攫　搏
懷藏　主人慳鄙　忌熱勸莫餐
色香稍變　白曬　焙乾
不識品核　無釀法　松蕾出
樹杪如晨星

荔社第二

生閩海者未必皆見此果得見此果熟時得噉噉又得飽又得遍嘗名品以飽此直探鮫人之

宫入齊奴之室恣取其徑寸晶珠盈丈珊瑚以歸不容易也此吳越好事一聞生荔支者以耳爲目復以耳爲口涎垂至踵思褰裳濡足而無從也然世之好奇客竟未有越千里百里爲荔支而至者乃土人耳目所慣恬不知寶晶珠珊瑚視與甘梀甜李無異余故有清福黑業之論矣里中同好既稀食量亦罕每欲招數友結爲一社如蓮社梅社之類亦復參差不果暮春方次道見過余預及之次道喜曰吾去夏客雲

問苦憶此物今當不輕放過遂於六月六日先集林謙伯受伯之崔園約日一舉至荔謝而止約言凡五則余爲盟主焉夫以希奇靈異之物而能珍惜之保護之緒以同趣集以嘉晨暮以濃陰浴以冷泉披以快風照以涼月和以重碧解以寒漿徵以往牒紀以新詞雖跡涸塵壤而景界仙都身坐火城而神遊冰谷寧獨吳越好事遙想不得即白傅勞紫綃於南賓蘇翁薦虬珠于嶺表亦第無佛稱尊不能與我輩作敵明矣

社以火山盡日修以松蕾出日止每日一人直之日以三千顆爲率多者益善

直社者先期報帖社無定所古剎名園各適其勝方舟連騎隨湊其宜多在郊坰尤爲幽寂

社以辰而集迨酉而散午具蔬粥一餐晚佐清漿數筭勿爲豐侈腥膻以黷雅集

散時各拈一題一韻次社彙呈如不成者罰出荔支三千顆集時專以飲啖爲事不復以吟咏關心隨意携茶鐺奕具枕簟香爐談笑而已敗意者悉遜應嚴好事者闌入勿拒

衍蔡第三

梁蕭惠開云南方之珍惟荔支矣其味絕美楊梅盧橘自可投諸藩溷故東坡詩云南村諸楊北村盧直與荔支爲先驅君謨謂一木之實生于海瀕巖險之遠性畏高寒不堪移植曾不得班于盧橘江橙小發光彩此譜所由作也

浪齋便錄曰唐世進荔支貢自南方楊妃外傳

以貢自海南杜詩亦云南海及炎方惟張君房以爲忠州東坡以爲涪州未得其真近閱涪州圖經及詢土人云涪州有妃子園荔支蓋妃嗜生荔支以驛騎傳遞故君謨譜曰天寶中妃子尤愛嗜涪州歲命驛致又曰洛陽取於嶺南長安來於巴蜀此實錄也後人不須置喙矣

晚香堂抄云楊貴妃生日帝命許雲封等小部張樂長生殿因奏新曲未有名會南方進荔支因名曰荔支香故杜子美病橘詩云憶昔南海

使奔騰獻荔支百馬死山谷到今耆舊悲又解悶詩云先帝貴妃今寂寞荔支還復入長安則明皇時進荔支非嶺表明矣蔡君謨云生荔支中國未之見也九齡居易雖見新實亦未遇夫眞荔支然則東坡所云永元荔支來交州天寶歲貢取之涪皆非生荔支也張君房脞說亦以爲忠州何耶豈未讀君謨譜乎

歐陽修啓上君謨端明侍郎遂爾大甖不審氣體何似承已對謝應已漸治裝無由詣前日劇

瞻企荔支圖已令崔慤傳寫自是一段佳事碑文好者前已倒篋今又于東退簏中得此數十本勒李駁送上因出過門爲幸不宜修頓首

又一帖與七哥制幹云熱甚不審尊體起居何如園中荔子新熟分奉四百枚今歲風亭熟皆晩佽有佳品官特獻耳五月廿四日襄啓

浪齋便錄曰蔡君謨守泉日書荔支譜于安靜堂有鄭熊者亦記廣中荔支凡二十二種以附蔡譜之末曰玉英子曰焦核曰沉香曰丁香曰紅羅曰透骨曰牂牁曰僧耆頭曰木母子曰蒺藜曰大將軍曰小將軍曰大蠟曰小蠟曰松子曰蛇皮曰青荔支曰銀荔支曰不意子曰火山曰野山曰五月荔支

際宋第四

林虙齋云宋香乃宋故家喬木也蔡譜品題此居其最靈根一株生香不斷數百年之風味猶存今宋君對此樹而植斯堂堂成求扁于余因題之曰品中第一景定壬戌之秋竹溪林希逸書

輒醉老人云至正癸卯燕會于宋氏之庭庭有古荔樹擅名宋香者世傳舊屬王氏黃巢亂兵欲斧薪之王媼擁樹號泣願與俱死賊憫之斫樹一斧而止荔子迄今核有斧痕蔡端明亦譜其略時之相去五百餘年樹益向榮根本蟠踞層陰蔽虧參政公移席其下慷慨懷古酹以巵酒俾予摹寫詠歌之以紀良集八十翁張師夔書于輒醉齋

林崇壁云莆中名産稱荔支爲殊品而荔支之
尤者惟陳紫宋香爲特勝蔡公譜槩謂陳紫種
出宋氏則宋香較之陳紫又其尤也樹距作譜
時已三百祺迄今又不知幾代洪武間相繼奪
于戎衛之官宋子孫不克復者凡二十餘載迨
永樂初年始返業于宋宋君文用者驟復而喜
也又戚然懼其復失也一日持蔡端明墨跡及
張氏師夔所作畫圖來徵記于余永樂乙酉嘉
平月林環書

錢氏閩遊志曰宋香陳紫所從出核有斧痕余
驗之實然樹在宋氏宗祠後至正戊戌六月宋
介夫遺百顆與盧希韓并搨蔡公詩墨一紙盧
和蔡韻有多情故舊偏憐我一種甘香更可人
宋祖芳名傳不滅蔡公妙跡玩猶新之句亦刻
於石永樂以後樹漸枯死今其世孫宋比玉烏
山屋傍尚有一樹大數十圍樹腹已空可坐四
五人相傳是其孫枝云
朱季和詩曰蔡公譜張老圖宋香品第世絕殊
亭亭嘉植榮且敷巢兵欲斧炊行厨王媪抱樹
死與俱尤物幸耳留根株宋氏老人八十餘得
之即此營世居五百餘祺枝葉舒清陰如幄垂
庭除薰風時來蘭麝如赤日照耀珊瑚珠桃核
籠出玉雪膚斧痕着核留真模異香奇味天下
無有孫文用美且都撫之愛護如瓊琚故家喬
木多摧枯雲仍世守應無虞
林希哲詩曰吾莆名果鮮荔支君謨有譜世所
知陳紫方紅同爲貴宋香品彙尤珍奇六月炎

敲日正長纍纍綠葉垂絳囊薰風微度疎林晩
比隣猶覺聞清香核上儼若斤斧痕茲事奇怪
難評論云是當年巢寇亂欲伐其枝投爨焚皤
皤老媪以身庇天然幻出斯靈異至今又歷數
百年後人培植當留意

荔酒第五

嶺南好事作荔支醞頭取荔支肉榨之入酥酪
辛辣以合醬又作簽肉以荔支肉作椰子花與
酥酪同炒土人大嗜之此荔支一厄也即蔡譜

中紅鹽蜜煎白曬亦失荔支之性惟順昌雪花
火酒以荔支投之浹旬而出濃艷幽沈如西施
醉倚玉牀太眞溫泉出浴用泥頭封固其酒至
隔歲開之滿座作新荔支香矣
南海人以果葉入釀與粵西寄生酒并重于江
南蔡譜各製俱備而不知釀法何也豈公嗜茶
而不喜飲耶新安程隱士孟陽曾于殷司馬坐
中嘗之因作荔支酒歌曰君不見杜陵諸侯老
賓客左劈輕紅右拈碧至今浣花詩句中春酒

荔支色相射誰將巧意相和溲便釀荔支作春
酒重碧輕紅兩有無萬里瑩然落吾手風流司
馬霜鬢鬚玉盤珍羞十萬鋪天輸尤物慰好事
遙從庾嶺飛百壺飲中余考最下戶一勺分潤
詩腸枯銀罌乍發香氣飽玉杯映色淸若無北
客浪傳酒如乳吳儂已墮涎成珠主人貪奇樂
更殊金屏笑出如花姝白將軍骨比妍麗羅襦
玉膚不用摹韶顏若并化爲酒玉山共倒誰當
扶君不見坡仙流離南海啖百顆一官爲口誇

良圖何如三絕眼前是果爲醽醁人與醐但恨
古人不見爾君我不樂何爲乎荔酒之妙如此
而當時蔡公不及余因取而補之
余與吳楚友人嘗荔支酒戲作一詩紀之我有
一尊酒已是隔年藏泥頭雖未開逓屋生幽香
日夕遲所歡緘固不忍嘗夫君自遠來下馬坐
我牀遠行應渴飢得無思瓊漿感此開泥頭盥
手稱一觴君問此何酒是名十八娘暑月辨色
起褰露提筠筐梢頭掇繁星樹底數聲囊初卸

紫羅襦後脫絳紗裳薌澤吳蘭涎膚理等雪霜
浴之以醽醁肌骨日淸凉一酌祛世慮再酌浣
仙腸三酌風滿腋吹君將翱翔願君且勿翔爲
君歌短章妾本水晶毬今成琥珀光無由覲上
國老死守炎方茗艼不成曲惆悵情內傷
又荔酒初熟紀事傳釀璚漿法叮嚀授老妻色
純精種火味辣愼封泥缸面收莂漉甕頭驗舊
題世間何物比應與芥茶齊
又與周六郎嘗荔支酒詩一首釀得荔支酒泥

頭爲汝開香風繞屋散舉色撲罌不擬茗春初介方花雪後梅一斟三賛歎坐看玉山頹

紀異第六

秣陵武進士孫稚明其父在日家巨富養鶴數十隻中一隻飛去七日不歸及歸口啣鮮荔支一穗共七枚廻翔而下視之皆如新摘孫召賓客子孫玩賞累日以示識者皆云此東粤荔支非閩種也然事亦奇異矣稚明天啓二年爲太湖總練親與予言時稚明巳八九歲亦啖一枚

云

余既刻蔡公別紀偶於殘帙中檢得二則一曰客揮犀曰嶺南無雪閩中無雪建劍汀郡四州有之故北人嘲曰南人不識雪向道似楊花然南方楊柳實無花是南人非止不識雪兼不識楊花也元庚寅季冬二十二日余時在長樂雨雪數寸遍山皆白土人莫不相顧驚嘆是日召友人吳迒正同賞時南軒梅一株盛開迒正笑曰如此景致亦恐北人所未識是歲荔支樹皆凍死遍山連野彌望盡成枯林至彼年春始於舊根漸抽芽蘗又數年始復茂盛譜云荔支木堅理難老至今有三百歲者生結不息今去君謨歿五十年矣是三百五十年閩未有此寒亦異事也

荔奴第七

側生見重于世詩賦歌咏連篇累牘獨旁挺寠寠何也豈以色香頓殊味亦遠遜遂爾見輕耶然圓若驪珠赤若金丸肉似玻璃核如黜漆補

精益髓蠲渴扶飢美顏色潤肌膚種種功効不可枚舉至于寄遠廣販坐賈行商利反倍于荔子則龍目何可貶也至若耳食之夫以荔熱傷人龍目大補反欲昂此輕彼則姆學夫人不覺膝自屈矣

荔支淨盡龍目叢生時則玉露流晨金風扇晩緩剝飽餐亦非人世所有嘗梅花已殘忽有桃杏牡丹初謝重見芍藥幽蘭乍萎仍生蕙草皆不可無一不能有二者也謂之曰奴其義如媵

其功如殿然亦惟寶圓虎目毿毬等品方堪作
奴耳
丙寅秋日歸故園噉龍眼有極佳者因隨意作
一詩紀之以示姪孫廷翼諸人今記其一平昔
輕旁挺不堪荔作奴今知奴有等賢蠢亦多途
方回及陶侃自比常奴殊外裏黃金飾中懷白
玉膚傍破皆走盤顆顆夜光珠更憐核似漆湛
湛小兒矑龍目與虎目比喻何其愚但恨荔熟
時主在奴不俱安得共盤欵牀頭拔刀夫際此

淸秋候晶晶空滿孟尼父思伯玉使乎復使乎

雜紀第八

余刻荔支食譜成即治越裝三月十五日也親
朋相送北郭指荔子丹爲歸期與妻孥別亦曰
牆東一樹留以待我若東埔陳紫二樹余每歲
得飽噉者則陳六郎書至謂子未歸吾東西樹
不摘也無端留滯柘浦至六月既望舟始泊姑
蔑城下先一日爲寶陀大士現辰莆俗家有荔
樹者屆辰盡摘供養即在村落亦必滿擔入城
雖霞墩楓亭東埔諸名品未盡熟然供養之餘
因而飽噉者蓋多至廿日外諸名種次第堪摘
過此則松蕾出千樹如晨星矣是一年得噉荔
子者自五月晦前後迄七月初旬僅可四十日
耳無端客姑蔑復十餘日翹首故園數樹如白
榆之在天上每與同行翁君譚及輒夜分不能
寐翁曰休矣如此說食還能飽否明日傳其語
於孫不伐不伐新都人問荔支之狀何若余曰
難言也子不讀君謨譜乎亦曰殼薄而平瓤厚

而瑩剖之凝如水精食之消如絳雪又曰暑雨
初霽晚日照曜綠葉絳囊鮮明掩映數里之間
焜如星火非名畫之可得而精思之可述然居
易嘗爲之圖君謨亦令崔慤寫生無已吾亦貌
陳紫宋香以示君於是舟中無事東坡所謂指
如懸搥者每畫一枚孫生拍掌大叱以爲奇翁
亦從旁歎賛云咄咄逼眞余笑謂翁如此飢看
亦復飽人耶於是且笑且畫共得四十五枚色
澤膚理與生無別但不能香味耳因憶壬寅夏

日客建州僧舍亦不得歸啖荔支偶見新安程孟陽墨寫荔支間以素馨數朶一面書及司馬坐上飲荔支酒歌謌雖不類而歆奇古有韻堪爲荔酒傳神且能以素馨相掩映此其人豈尋常也哉予憐其意口占一歌附方求仲往令七年矣不知此扇已達孟陽及孟陽見歌以爲何如也今既寫圖并錄雜詩于左庶幾歸見親朋妻孥藉以解嘲或張之東埔樹下與六郎快讀一過不至移文相誚爾萬曆戊申六月十九日

太末舟中記

壬寅夏寄答程孟陽荔酒歌新都有客忒好奇篝燈噀墨貌離支傳神已誤毛延壽效顰僅得東家施余家荔樹列成圍江綠藍紅俱不數端明學士擅題評獨取宋香冠衆譜此時祝融日夕炊大珠小珠壓地垂皺縠殷紅聚丹粟凝脂瑩潔含蜜脾色香與味頃刻變俟晨裛露摘特偏輕將指甲劈珊瑚霞膜冰膚次第見飲剖未剖最可憐欲嚼不嚼先流涎𤩹漿下咽寒沁齒臟神疏瀹體通儒女兒滿頭簪茉莉皓腕纖尖鳥爪利乳泉擎浸水晶盤一啖百顆朱顏醉去年數騎楓亭宿渴飲飢飡歎不足今年有家苦不歸畫餅望梅捫空腹忽覩是圖愴我神對君何異新都人人生不得飽啖此腰纏百萬猶然貧君不見江瑤柱河豚腴腥臊那堪與作奴又不見褰莆荷楊家果土人護短但稱可靈物由來無與比程君程君莫輕擬如船之藕棗如瓜依稀氣韻或相似客窓走筆寄君知勿笑吾言

太支離明朝買船下水去猶及山園晚熟時

庚戌夏東埔食荔支寄孟陽四首筠籠倒出小晶珠得似凝龍九館無新月過橋還一望晚風笑解紫羅襦四年纔許兩經過人面樹身奈老何箕踞松陰餐六百就中啖量較誰多主人買酒夜相留坐臥中林得自由縱使來年枝不歇恐人重上溆溪舟共銷清福古來難誰似今朝量腹飡轉憶嘐城人萬里何緣緘寄一丸丹

辛亥食楓亭荔支懷孟陽樹樹經春苦歇枝斷

林一飽更無時從園千顆喚還徙檝驛百籃來
太奇刺繡漫敎勤線脚余婦能以紗縷爲之咄咄逼眞書圖空
復費胭脂小友周旬及門人鄭堯年皆善寫生臨風欲寄愁難到
愛殺筠籠葉亂垂
壬子東埔食荔支題壁八首入林恍獲眞珠船
倒掛筠籠望若仙未暇細論香色味重期飽喫
在明年輕紅淺紫錯交加猛勞雄餐與太奢似
帶石奴鍊如意等閒滿地淬朱霞龍牙蚶殼淚
傳名陳紫由來舊有聲呼取猍中金不律坐君
樹下細題評洩誇綠核是神奇粹𦸗潛消那許
知最愛向人衫袖落蘭湯浴起晚涼時新泉曉
汲浸磁盤東樹西枝取次餐褪下紫襦休掃却
留堆苔砌飽餘看裊將清露啜千餘百斛瓊漿
可得如最惜安仁今不見何當亂擲滿香車生
憎蜂雀嘴先嘗惹得林間撲鼻香風雨夜來休
更惡枝頭恐墜綠羅囊留餐花實作仙人再世
逢君悟宿因鼓腹出門長嘯別罡風吹㐀月如
銀

五月廿一夜湖橋食荔支同周六郞賦白苧袍
寬袖百枚笑抛細核水萍開最憐膜似迸花瓣
片片迎船風蕩來蔡譜云膜似桃花紅不如蓮
花瓣之逼眞也
丙寅歸故園啖陳紫雜詩十一首滯客鍾陵春
復春客囊羞澁妬錢神而今始信錢難料勞紫
餐香老此身巳典清狂巳責顛秖餘幽興未頹
然臥餐陳紫三千顆甘與荔支作謫仙樹身不
知幾多年綠葉紅香尚宛然此日枝頭輕採摘
當時牆外遞余錢庋阡越陌費相求繫雨牽風
一葉舟難得主人開口笑東西兩樹爲君留勞
破霞綃片片鮮况當新月晚花前園丁背地爲
余說此樹今年勝去年連朝販子似嬌兒勾引
饕翁貪且癡但願飽餐樹下死嬴他身後有傳
奇已知客路行如夢夢歸何事更躊躇癡兒不
信荔支晚只說歸來食有魚縱敎浼熟巳非時
因閏留香天所私不是此生仙分滿衝炎下水
也應遲宋香遺種似釵頭偏旯殘紅樹尾留從

此飽餐三十夏我生於世諒無求除紫根苗出
宋家青藍冰水味能長三千客路千年別猶及
繁枝次第嘗連朝親舊鬪分甘渇飲醍醐到晚
酣寄語吳儂休見憶仙人鼓腹卧茅菴

閩中茘支通譜卷十五

閩中茘支通譜卷十六

溫陵黄居中明立訂
綏城吳師古啓信校

子別鄉國十年夢寐輕紅不能飽啖流寓秣陵見蔡徐二譜而續之戊辰秋日偶以展墓過家枝頭茘子寥落若晨星矣又得華亭曹介人小譜能爲此果左袒乃附此玉譜後耳目末周非敢殿也鄧慶寀識

明曹介人茘支譜

閩中果實推茘支爲第一卽巴蜀所產能挾一騎紅塵博妃子笑者亦未得與之雁行自蔡君謨學士著譜聲價頓起時遐邇遷種植蕃衍品格變幻月盛日新閩人士爭哆口而艷談之卽永嘉之柑洞庭之楊梅宣州之栗燕地之蘋婆果似俱爲茘支壓倒晉等曾不敢與爲伍余驟聞其說竊竊致疑其然豈其然乎遂于今歲暮春之初馳入閩中詢閩人士不佞素惡其虛聲者此來將爲茘支定品題閩人士之言曰閩人

郡延建汀邵地屬高寒時降霜霰不堪樹藝漳
不及泉泉不及福興君請自試之余遂捿遲於
二郡問泛蒲觴渡鵲橋踰兩月矣饕飱稍歇無
非咀嚼此果津津乎其有味不敢妄肆譏彈而
品遂定一日閩人士造余邸而問曰聞君日啖
三百顆曾與荔支評月旦乎余笑曰今迺知閩
人之譽言非誇也綠葉蓬蓬團圓如蓋扶疏揷
天赫曦若避吾愛其樹纍纍丹實槎頭掛星晴
光掩映照耀林藪吾愛其色絳囊乍剖蠙珠初

薦瓊漿玉液絕勝醍醐吾愛其味㬥帶露華寒
凝絳雪薰風暗度疑對檀郎吾愛其香幸白長
慶之敘事傳神張曲江之賦語如畫此果已蒙
九錫産類實非八閩唯端明蔡學士與化軍人
也生長於扶荔之鄉聞見既真覈最不爽一經
品題遂爾增價但今據譜牒中所載三十二品
而索之陳紫江綠渺矣即彼稱中駟十亦不得
二三豈其名號之鼎新抑或今昔之異宜余如
未及大嚼而漫曰其佳其佳幾於耳食恐寓內

爭嘲吳人迺爲閩人左袒致枌家果便覺無色
余滋赧矣遂偕舉會嘗試其風味者二十餘種
列於左自稱荔支小乘云萬曆壬子秋華亭曹
蕃介人譔

狀元紅　顆極大味清甘福州産爲上乘方伯
邑園亭中有一株摘數百顆相贈且曰不敢
獨享此名也余謂檢蔡譜當稱方家紅

星毬紅　扁者如橘圓者如雞卵核如丁香間
亦有無核者食之甘脆有韻神品也出靈岫

里

磨盤　皮粗厚味甘大如雞卵近蒂處甚平七
月熟

玳瑁紅　殼上有黑點疎密如玳瑁故名見蔡
譜

桂林　皮粗厚大如雞卵味甘

中冠　體圓核小皮光味清成熟時香聞樹下
惟鳳岡環水內者肉裹其核過半他皮肉薄
核露便當少讓

金鐘　形如鐘皮稍粗厚色如辰砂味甘大類

桂林

勝畫　皮厚刺尖味甘肉豐七月熟出長樂縣六都者佳余留省士紳陸續見貽可五千顆日啖不能盡暴日乾之風味大勝於火焙

綠珠　一名綠羅袍味最清熟時實與葉色無辨惟鳳岡有之異品也鳳岡村附郭種類最繁不下數百萬株大者十圍高二十丈名曰天柱五代時民間所植也至今猶存

紅繡鞋　實小而尖形如角黍核如丁香味絕甘美傳即十八娘遺種蔡譜謂閩王王氏有女第十八好啖此品因而得名其塚今在福州城東報國寺旁

白蜜　皮粉紅甘如蜜

狀元香　舊名延壽紅皮薄肉厚核小味香莆陽產爲第一宋元豐間狀元徐鐸所植楓亭薛奕文武兩魁也與鐸結秦晉因得傳其種而楓亭地消汙邪宜荔遂擅名瀰山被野所產最盛楓亭驛荔支遂甲天下

霞墩　以地名即陳紫種也狀巨味甘林謙伯園在霞墩中有荔數百株主人邀酌樹下啖飽而歸

星垂　殼紅實如鴨卵荔支之最大者俗呼秤錘

雙髻　狀絕小每穗必並頭雙蒂故名

火山　五月初先熟肉薄味酸品最下驟食之能損絳囊生聲價

勝江萍　殼光味甘以後四種迺山谷之佳品也

滿林香　色微黃味甘甫及樹下芬芳迎鼻

牛膽　顆絕大出水西桐坑

中秋綠　殼色綠味微酸最晚熟因其時遂名中秋

大將軍　後四種泉州品也

丁香核

綠衣郎

椰鐘

虎皮班　後四種漳州品也

中冠

金鐘

黑葉

余足不入泉漳口亦不及啖泉漳品然大鄰荔支所産泉已不如福與漳又遠不如泉側生一泒幾墜箕裘姑論二郡之負名高者爲狗尾續侯他日驗焉

閩中荔支通譜卷十六終

荔支通譜十六卷 編修汪如藻家藏本

明鄧慶采撰慶采字道協福州人是書以諸家荔支譜輯爲一篇故曰通譜凡蔡襄譜一卷徐𤊹譜七卷慶采所自爲譜六卷附宋珏譜一卷曹蕃譜一卷蔡譜尙已徐譜所收如十八娘別傳之類鄧譜所收如鮑山荔支夢之類皆近傳奇宋譜福業諸說不脫明人小品習氣曹譜差簡質猶有古格

荔譜

（清）陳定國 撰

《荔譜》，（清）陳定國撰。陳定國，字紫岩，清福建省福州府長樂縣（今屬福州市）人。

福建長樂的氣候適宜荔枝生長，荔枝樹特別高大，最高可達四十餘丈，荔枝果實也是粒大飽滿，每隔數年即有一大熟，一棵樹可採摘四五千斤荔枝，令人稱奇。作者有感於此，便撰成該譜。

該譜的成書年代没有明文，但書中提到『遷海』之後荔園連遭破壞的情景，又提到『今歲癸亥復大熟』，故可推知這裏説的『癸亥』應是清康熙二十二年（一六八三）。那一年臺灣鄭氏政權被消滅，濱海地區『海禁』解除。作者返回家園，看到荔園遭到破壞的情景，頗有今昔之感。書的内容主要是『六辨』：辨種、辨名、辨地、辨時、辨核、辨運。

有《昭代叢書·庚集埤編》（卷四十八）等版本。今據國家圖書館藏《昭代叢書》本影印。

（何彦超　惠富平）

荔譜　　粵編卷第四十八

長樂陳定國紫巖著

荔支世推閩中第一古人譜之詳矣惟是荔支王百果勝畫王荔支明王麟洲顧道行諸先生雖嘗言之未有專譜余勝畫鄉人也念其品最高名最晚著以立秋前後三日熟處朱夏素秋之交爲火金生尅之會大火煆煉眞金鎔化故朱顏的皪玉液流澌味甘香遠非諸荔所敢同故特爲之譜譜曰勝畫出長樂六都家植園圃庭除閒土人仰資爲田三溪古縣各

處雖亦間植必以六都爲最六都又以前唐李厝後爲最或移植郡城恒變爲山支其有隱君子不出山之意與樹高凡荔有至四十丈者蓋相傳爲千餘年物云熟時火樹插天綠雲蔭地紅縐紫綃與赤日爭光玉膚瓊漿其清霜比潔皮薄肌豐潤肩短身圓徑三寸許一可敵中冠三四嘗閒歲或四五歲一大熟熟則一枝垂垂數百實真如北方葡萄連綴可愛一樹或摘至四五千斤余當炎暑輒作妄想何時移一株於西園橋畔影入横塘水底則霞朶朶可摘又何

假十斛明珠哉明盛時六都滿萬株鄉村各千百株會城河口余家諸名園往往爭植鬬鮮遷海後諸鄉之山童矣名園屯甲眞薪桂矣亦荔支一大厄運也近六都三溪亦僅有存者今歲癸亥復大熟當兵火摧殘之後屬旱魃蒸鬱之時筠籠燋眼冰雪沁心邀朋共劈爲條六辨并係以詩謂譜荔也可謂史荔也亦可

一辨種

舊譜載勝畫皮厚刺尖此未睹其熟者耳或山支之

託名勝畫者也又有以勝畫卽泉郡野種者鄧道協
已辨不贅余獨慨夫名之所在甚則忌之惡之交或
假之誣之而世之噉名客往往不得其眞而浮慕之
或肆詆之也故首爲之辨

一辨名

縣誌載勝畫亦名勝化以其高出興化上也余謂勝
畫寫其貌勝化定其品均係紀實堪並存云至於雞
引子以實之大小相間自蜜綠珠以皮白綠則皆勝
畫之分名而品俱最上

一辨地

吳航山水蘊厚發奇鍾爲人散爲草木六都尤地靈所萃子猛虎出林祖墳風水家豔稱故勝畫寶員不特甲閩中且誇天下

一辨時

閩荔支以小暑熟勝畫以立秋早數日皮厚汁酸遲數日蒂落味淡歲澇算早歲旱算遲其或過時而色香味之不改者又其根器之厚培養之力非可必得

一辨核

荔以穛核爲難勝畫有無核者劈旁生小實恍如雀腦蛟珠晶瑩透亮宜焙乾蜜浸世人尤罕見也

一辨蓮

牡丹王花以洛陽係天下盛衰勝畫王果損熟亦應關氣運長邑遷移獨慘界外徧遭砍伐界內亦無氣色近海界盡復勝畫適亦大熟余竊爲桑梓志喜焉

附錄六條

鄧道協通譜辨蜀都賦云旁挺龍目側生荔支側生對旁挺言非荔支郎名側生且荔子本正生爲果王

若一立賤字榮辱所關余謂王辨眞假耳眞王側生何妨按荔花於五陽熟於朱夏生長炎方種種以火德王余欲陞龍目作后香橼橄欖作臣妾如芍藥之后牡丹豈以旁挺嫌哉余幼聞外祖黃坤五太史公曰樹皆圓獨荔支扁側多辦亦側生一證也

舊譜載荔支爲閩越王審知自蜀中移植世疑閩品最上不宜自蜀移不知天地文明之氣後來居上漢唐宋來世家巨族之南遷者衣冠文物未必不盛於曩處荔支得南方正氣何獨不然

荔名不一亦如蘭菊族類繁多如十八娘大將軍狀元紅陳紫江綠等以人名金鐘牛心蚶殼龍牙等以形火山山丹虎皮玳瑁琉黃等以色法石白延壽紅等以地綠核丁香等以核水荔蜜荔等以味滿林香百步香等以香雙髻釵頭以生質之異中元紅中秋紅以時他尚不可勝紀大抵如人支派蕃分子姓紛出各擅其才各逞其秀惟勝畫之名為良驥稱德如馬氏之季常荀氏之慈明也

東坡詩云荔實周天兩歲星謂種經廿餘年方實先

宮保培所公以布政家居日年已六旬猶手栽勝畫鄉人亦有白香山愁君得喫是何年之誚後以宮保歸田優游林下年八十六尚得手劈亦一佳話

松柏長青荔支亦經冬不彫木性最壽人多評品荔支荔支實閱人多矣今樹多千餘年其閱世滄桑閱人興廢不知凡幾以余耳目勝畫頻歲易主為之愴然

從來名花碩果鬼神每呵護之風雨又或妒忌之按諸荔花清明輒為梅雨漬落不能實勝畫熟早秋常

苦風災得免風雨矣又苦遭俗子村婦饕餮狼藉唐突西子罔知愛惜其得爲俎豆享嘉賓也良非容易

譜不能詳載歌以詩

海日蒸紅曉露存離離朱實照山村天開圖畫垂名勝不居人間筆墨痕

欲摘繁星叩帝閽香肌誰返玉環魂山林還有眞仙品何用浮名説狀元

火珠萬樹夜生光未許君謨便徧嘗山鳥驚飛知已散荔支亦自隱吳航用陳烈事

【中國古農書集粹】

割棄山川草木愁荔支久已付東流筠籠快賭爭相

餉半是王家血淚留用黃巢兵過王嬙泣樹事

附 瓊珠小傳

瓊珠字寶員其先擾龍氏聚族川蜀漢時有從閩越王來閩者支派繁衍遂以龍爲姓望甲天下其本支之處蜀與徙海南者皆逡巡不敢齒厥後遊吳航六都三溪間樂其山水遂居焉母青陰氏夢吞燕卵而生珠珠生而眼碧肌香纍纍若若家鄰滄海扶桑飽飫日月精華之氣故長而膚潤比玉容麗耀金每當

秋風晨至白露宵泫笑著杏黃衫子裼以蚤戶水綃明眸善睞光采射人秋波含情秀色可餐遠近津津稱爲飛瓊下降當是時南離王聲名震寰宇後宮雖其選方廣採淑女無可亞者聞珠賢備禮冊爲后珠與王生同年差後一月性堅貞操鮮潔又種宜子槩屬母儀南離王氣岸棱棱珠輒以圓通佐之王英華太露珠獨以澹泊濟之王兄弟戚屬或有寒酸氣珠每以甘美解之入宮有見妒者珠目不斜視色無旁假端莊嫺雅機警如滚盤無少窒礙令人不忍指摘

人至輒飲以瓊漿能益人智慧故得王歡倡隨不少離斯男則百奕葉彌茂眞如鮫人泣淚驪龍吐頷顆顆夜光佳兒佳婦皆珠啓之獨怪張華博物採風間浪載爲奴蔡君謨爲珠里人不急爲表章殊失珠之品格也龍眼別名燕卵亞荔益智鮫淚驪珠

野史氏曰珠與南離眞伉儷哉何風韻之相契也余嘗憩吳航樹下晨露初晞親解黃襦窺玉體細骨豐肌知出凡品上因憶東坡贊賞當矣乃過奬廉州何哉豈其未覩南離併未過眞珠也古來凡品冒盛名

奇姿委沈淪類如是也

秘什叢書　月身卷第四十八　十　藏版

荔譜跋

甲集載陳定九荔譜視前人蔡徐宋鄧諸譜爲較詳
兹則專譜勝畫一種感慨今昔俯仰流連遥情逸致
彷彿遇之洵足爲佳果寫生也庚午仲冬震澤楊復
吉識

孫貞起允升校字

荔枝譜

（清）陳　鼎　撰

《荔枝譜》，（清）陳鼎撰。陳鼎，字定九，清康熙年間生，江蘇省常州府江陰縣周莊鎮陳家倉（現周西村）人。少年時曾隨其叔父遠赴雲南，長期生活於雲貴高原，考察西南少數民族地區的風俗民情，對雲南、貴州一帶的地理、歷史情況很有研究，後返回周莊定居。主要著作有《滇黔土司婚禮記》《黔遊記》《東林列傳》《留溪外傳》《荔枝譜》《竹譜》等。

該書根據産地，分别記載了産於福建、四川、廣東、廣西等地的荔枝共四十三種。心齋居士爲此書所作的跋文稱『定九足迹遍天下，不特多嘗異味，亦且多睹諸物，勞雙足之力以博口耳之歡，誠善自娱樂者矣』。自古以來記載荔枝的專著比較豐富，但其中大多數是記載福建所産的荔枝。陳氏一生到過的地方比較多，見聞極廣，所記載的荔枝也遠遠超過福建的範圍，因此，該書可以作爲先前各類荔枝譜的補充。

該譜曾被收入《昭代叢書·甲集》（卷四十八），另有《粟香室叢書》《農學叢書》等版本。《粟香室叢書》本有清光緒十九年（一八九三）金武祥《重刻荔枝譜序》和《附錄》，《附錄》主要是轉述吴應逵《嶺南荔枝譜》的相關内容，並對陳譜進行補正，也有一些金武祥本人的見解。今據南京圖書館藏《昭代叢書》本影印。

（何彦超　惠富平）

昭代叢書甲集卷四十八

歙縣張潮山來輯
吳江沈楙悳翠嶺校

荔枝譜

江陰陳鼎定九著

福建

福州荔枝種類甚多絕品則十八娘狀元紅將軍紫皆皮薄核小肉厚甘如瓊漿啖數百顆不饜雖多食亦不傷脾槮鹽少許入腎家能令人精神充溢肌膚

潤澤熟時錦綴枝頭遠望如曉霞射目不覺涎之垂也

玉帶束佳人明萬厤初產螺女江南甘果山中上下俱紅中一道白如雪若帶狀又名美人腰帶紅啖十顆輒酩酊如中酒又名醍醐荔及神廟崩此荔數百本俱槁嗟乎明代至萬厤朝可謂極盛矣至治之世天不愛瑞地不愛寶山川草木皆有休禎此醍醐荔所由生及其衰也宜乎醍醐荔之竭也

長生棗產泉州紫帽山下長三寸圍五寸上下鋭如

棗狀皮色黑紫肉如黄金味甘香每株止結八十一枚初主人怪之不敢食有道士從終南來見之曰此神仙長生棗也食之可辟穀令家人各食三枚皆七日不飢每歲實如前數主人惡其獲息寡盡伐之易植他荔此種遂絶惜哉

探花紅產興化烏石山其實繁碩其味甘滑與羣荔不同殆與十八娘狀元紅將軍紫爲匹者矣烏石素產佳荔以宋家香爲上然其種元時卽絶今惟此種爲上

保和枝產泉郡北陳巖山蓮花峰共十本實大色黃甘美異常啖之可消胸膈煩悶調逆氣導營衛其核燒灰酒下可已痢止腹痛後爲海寇砍伐殆盡

太極圖產泉郡壺公山山貿粱覓如圭上有盤陀石法流泉濯纓洺洺旁太極圖產焉形圓而扁半紅半綠如太極圖狀味甘性温多啖不熱舊止三株今已無矣

蓮花幢產南安縣梅花山下及蒂半寸許色青如華蓋狀上則赤如丹砂味甘肉厚土名法幢數百本中

止有一二株不下十八娘也

赤命符產同安文圃山皮色如夜光珠中有委曲綠文如符篆狀而味大殊衆荔國初一荔上有文曰

清受命三字未幾監國唐王敗亡而入閩大定豈非天哉

秋露紅產德化鳳翥山僧舍止一株高三四丈碧葉扶疎可愛至秋分方熟味甘而核小但實不大而色不豔以是不知名

休明荔產安溪縣文廟中止二株本大如拱其來久

矣平年不實如遇邑中士子登科第則實繁碩甘香
可匹狀元紅也甲子秋在會城晤安溪令問其樹答
曰今夏爲雷火所薄二樹槁矣嗟乎材之美者亦爲
造物所忌耶
漳州荔種極盛而漳浦爲最紫微山中産相袍紫馬
上嬌味甘而色麗實大而核小啖百顆則腑臟清虛
滓穢蕩盡兩腋風生飄然欲仙矣或曰荔性大熱惟
此二種性極温故多啖鼻不衄
虎毛荔産丹霞嶼中其色五彩陸離可觀土人呼爲

【中國古農書集粹】

落得看以其味澀而酸不堪咀嚼止落得看也嗟乎文人無行者類此荔矣

同春果產康仙祠中止一株長數丈大數圍枝皆下覆葉大如掌而色翠與衆荔殊其實味苦澀酸辣不可口采以浸酒能已風去癘治癩如神葉亦然後爲劫火所滅

萬年枝產鎭海衞陳氏園中又名海角春洪武初生止有一株青花朱實黃肉白漿黑核備五行之色焉其味如蜜其香如柑啖一枚口馥三日陳氏寶之非

佳客不得啖也每歲熟二百七十餘枚明亡其樹亦死陳氏亦寥落嗚呼是荔又與有明爲興滅者矣

海底月產漳郡西湖綠蘿菴中止一樹其實圓而扁色如渥丹核如赤小豆味甘皮薄每歲實不足數十顆爲比邱所寶以是人罕得嘗

翰墨香產銅山黃石齋先生花圃中圃爲先生大父所築中有赤石一塊長數丈大數圍其足如斗風來則搖動如鈴名曰風動石每夫人夢石墜而誕先生故長號曰石齋先生誕之年風動石旁不植而生荔

一株十歲而生實三百六十五枚味甘滑色潤澤其臭如墨故名時先生巳通易學矣每歲實如前數及先生鄉薦擢南宮入翰林俱倍之先生死樹亦枯

匏瓜荔產漳郡城北君子亭旁亭爲朱文公所建歷朝好事當道俱修葺以爲游觀地荔味苦澀不可啖然實碩大圓潔色澤可觀熟時芬香觸鼻差足愛人嗟乎朱子生當宋季不能見用如匏瓜繫而不食豈其所建亭旁產荔亦然耶吾於是而感慨繫之矣或曰此荔曝乾甘香蘊藉可與宋家香埒

四川

荔枝成都亦有之不實者多有一種海棠秋碩大甘美不下閩廣之佳者立秋後方熟或曰自獻賊亂後荔種已絶惜哉

馬蹄金產敘州府山中上小下大如馬足皮如金色味甚佳核小肉厚爲敘郡冠

玉真子產重慶府涪州唐時最盛有妃子園荔下百株爲楊貴妃所嗜因名玉真子馬上七日夜至京師即此荔也故唐詩有一騎紅塵妃子笑無人知是荔

枝來之句此種久絶今有班家娘者其味當可與玉真子匹

並頭歡産眘州山中開並蔕花結並頭果一囊雙核色紫味甘皮香乃川中絶品也峨眘洪雅夾江犍爲榮州俱有但樹不盛果亦希有

瀘州多瘴癘三四月感之必死然産荔一種號紫玉環味甘肉厚香美特出曝乾啖一枚可除瘴癘卽早行大霧中嵐氣不得侵也

夜半香産黎州土司中止有一樹相傳至明末已五

百歲矣成熟時毎至午夜香發如清秋丹桂可聞十里但味不甘而微酸爲不佳耳

廣東

廣州荔亦最盛以掛緑爲第一品實碩大味甘香核細如菀豆其殼上赤如丹砂下緑如澄波故名掛緑與十八娘並驅未知孰得上駟也

玉露霜產新會厓門山白殼丹肉不摘經冬不落其味甘酸啖之止嗽降肺火療怯病

明月珠產南海番禺山中在掛緑之次其色如火味

同掛綠而皮厚少遜然不過數株俱產大姓家遊客
不惟不得食并且不得見也
妃子笑產佛山色如琥珀有光大如鷺卵其甘如蜜
其臭如蘭皮薄而肉厚核小如豆漿滑如乳啖之能
除口氣使齒牙香經宿宜乎妃子見之而笑也止一
株亂離以來亦爲劫灰矣悲哉
萬里碧產東莞戴家園皮色碧如中秋雨後天與葉
色不同味甘香肉潤滑成熟皮色不變
驪項珠產順德龍巖山中圓大而色如血每成熟時

一葉數果不見葉但見朱實垂垂望之如錦覆枝頭燦爛奪目味甘香

珊瑚樹產清遠山中蔡家止一樹高數丈每至熟時葉俱脫望之如數仞珊瑚但實小然漿甚多每二枚可滓一甌味甘而香滑

牟尼光產潮州大浦山中爲潮郡第一品大如雞卵每一顆可清漿一甌其味如乳飲之功同參苓

瓊瑤彈小如彈丸而無核味甘如蜜有梅花香皮薄如紙亦香甜不澀可並啖也出程鄉山中

若草春產惠來山中皮香如橘肉亦如之味甘而厚

已上三種皆爲潮陽最然不可多得也

琥珀光又名火齊出雷州海康林氏宅內實大如柑

味甘性最熱食不過五枚過五則鼻衄如注

水晶毬止一樹在潮陽平湖書院中白花白殼白肉

白核而漿如血味甘而香沁肺腑亦異種也

公孫產東莞每蒂一大一小土人呼爲公領孫皮薄

核小肉厚甘香可並狀元紅也

廣西

粵西荔種亦多雖無粵東之盛然亦有絶品如中秋月一種味甘皮薄肉滑不下東粵掛綠牟尼光也

黃袍子產廣西東蘭州有四五株散于各山中俱爲豪家所有黃花黃殼白肉紫漿青核故曰黃袍子味甘性溫啖之快脾每啖十枚可倍加餐

墨荔產平樂萬山中皮肉核俱黑如墨味臭而苦辣不可啖或曰出賀縣山中或曰荔浦修仁二邑山中多有人皆棄之以其味惡也或曰味臭而且有毒悞食之令人心腐腸爛而死嗟乎墨荔者墨吏也

右荔四十三種除墨荔可爲戒不可食外餘皆奇品也他如猫兒眼夜光珠獅子鼻皆平平無奇及不可治病者約百餘種悉不入譜

昭代叢書 甲集 卷四十八 九 藏板

荔枝譜跋

余向以未食鮮荔枝爲虛生此口既而又思之此非我口之罪乃我足之罪耳使我親歷閩蜀甌越諸地安知不與陳子定九同其飽餐耶定九足跡徧天下不特多嘗異味亦且多睹異物勞雙足之力以博口耳之歡誠善自娛樂者矣心齋居士題

農政全書

卷四十八

斗

藏板

荔枝譜序

天之于物也生于春夏而成于秋冬月令同則所生之物宜無不同然而此之所有或爲彼之所無彼之所饒恒爲此之所乏則何也葢物之生也天主其半地主其半得天分多者往往得地分多者固莫不相似得地分多者往往互相殊絶艮以土壤有剛柔燥濕之差山川有靈蠢清濁之異又何怪乎物産之不齊哉譬之于人同爲一父之子智愚賢不肖判若天淵亦以稟之母性者有不同耳予于植物之中嘗以荔枝爲果中尤物

非見而知之也亦衹聞而知之所恨天各一方不能親嘗異味吾友陳子定九忽以荔譜索序讀其所記不禁朶頤何陳子與予其口之幸與不幸一至此乎

聖天子宰制萬邦守臣畢獻方物年來取荔枝樹馳送京師計日而達斯以知百靈效順即一物之微亦欲自靖于廟堂之上猗歟休哉何道之隆也然則人亦顧所樹立者何如耳果能如荔枝之超軼羣品安知不有人焉推轂于京師耶雖然荔有佳有劣吾願讀是編者寧爲翰墨香愼毋爲墨荔也心齋張潮譔

荔枝話

（清）林嗣環 撰

《荔枝話》，（清）林嗣環撰。林嗣環（一六〇七—？），字鐵崖，號起八，福建省泉州府晉江縣（今福建省泉州市安溪縣）人。從小聰慧過人，清順治六年（一六四九）中進士，後於廣東、山西等處任職。博學善文，著有《鐵崖文集》《海漁編》《嶺南紀略》《荔枝話》《口技》等。

該書是記述荔枝的科技小品文，其中記載了『火山』『早紅』『桂林』『進貢子』『狀元紅』等知名荔枝品種，並描述了各自的特性。文字雖然不多，但所包含的資訊卻十分豐富：如記述賈人預購荔枝，常請鄉老爲互人（中間人）估產的情况，以及採摘時爲防止採摘者偷吃，特規定慣手（採摘者）要『歌勿輟』，謂之『唱荔枝』的習俗等，都是很有價值的歷史資料。

該書有《檀几叢書》本，爲清康熙三十四年（一六九五）新安張氏霞舉堂綫裝刻印本。今據《檀几叢書》本影印。

（何彦超　惠富平）

檀几叢書卷五十

武林　王晫　丹麓輯
天都　張潮　山來校

荔枝話

晉江林嗣環鐵厓著

閩南植荔枝龍眼家。多不自採。吳越賈人。春即入貲評樹下。吳越人曰斷。閩人曰贌。有贌花者。贌孕者。贌青者。樹主與贌者。各倩慣估鄉老爲互人。互人遶樹指示曰。某樹得乾幾許。某少差。某較勝。雖以見時多寡爲言。而後日之風雨之肥瘠。互人皆意而得之。他日摘焙與所估不甚遠。估時兩家貽互人。樹家嫌多。賈家嫌少。

泉郡佳荔頗多。其知名者曰火山。曰丞紅。熟最先。曰桂林。一名野種。又名柳鍾。系出粵東。顏身而銳肩。又紙額微減。曰進貢子。其瓤不澁。出阪田傅會元家。曰狀元紅。排錦田爲上。楓亭次之。若筆香蘇餅。則山荔之總名也。熟最後。親顏凝。啖時已與龍眼同爲冰盤次。余各贈以詩。

火山初過剛見遮繞

【中國古農書集粹】

市連闤闠早紅。最喜佳無矜岸氣。冲然散朗謝家
風。　桂林移到珂山郊。洪白鹽紅久已無。食罷莫
嫌滂澤累。也堪懸作大秦珠。　紅繻半解味饜飫。
白皙單衣夢亦芬。漿凝紙簡淵不溼。祇令人憶傳
柑勲。　狀元昔見亦如常。只此甘和壓衆香。舊賜
緋袍今黯淡。楓亭驛裏枉誇嘗。　松栢帶[illegible]熟棱
遲入秋風味小稱。奇衣冠樸古書談。澀年少叢中
恐不容。
可惜漢和帝唐貴妃口中未曾喫一好荔也。善喫荔

者就彼園林摘其朝露所云的天漿是矣若十里一置五里一候束縛馳驅何異函韓王田横之首遠致雒陽乎白樂天荔枝圖可稱肖似然妃子生於戎都之灌縣自傳官于重慶之忠州一生耳目但知巴峽有荔謂之未見荔可也荔枝名產雖廣東不載況西川哉

三山荔名勝畫者佳漳郡荔名黑葉者佳又丁香蜜丸二種小而無核即吾閩亦不多遇大約如周昉美人豐肉微骨佳麗處都在溫柔鄉也　桃花㬇

茂窃真離舊許燒隣英介。看墻外度錢風欲咽樹

頭擶筥露初乾僧蘇下第金微收李彥炊烟玉液

寒狂語總輸前代想巳經人北綠中單

荔熟時賃慣手登採恐其竊啖與之約曰歌勿輟

則必給値樹叢扶疎人坐綠陰中高低斷續嚶嚶

必巳遠聽之頗足娛耳土人謂之唱荔枝

荔樹有百年者四五百年者圍不圓滿類作雞骨形

雖閱之雪霜皮𢹂作鐵石色或間歲一實卽實亦

只半生或分四方歲一方實土人謂之揪枝　小

車推滿擺長衢覓得園林火齊無胥養匝年機有
待道禁全盛理非殊含風自拍雞頭實出水紅妍
鵲卵珠奇術頗思殷七七藥施根斷話仙姝
有名陳家紫者疑即蔡譜中所云小陳紫乎泉郡七
縣有之不一二邑邑不一二家家不一二株買者
頻趁虛趁集閩喧滿外以弔価度錢桔槔下上每
日只卯辰二刻為期俏後便如大府朝參罷樓鼓
不可擊矣　物有超羣者風傳宋後丹蜀山輸照
耀閩海鯨波瀾獨樹千枝讓丰容四座看不因晋

碩果天子性甘爽。夙昔安平近，金錢無處通。然仍號海上，挑豈到城中。是物關時運，於人豈德充。陳家名藉甚，珍重荷橋東。

閩閩關以上無荔。延建人有終身未啖荔者，汀亦止止永定有一二株。漸向南則漸多。即地同，南樹較茂；樹同，南枝亦較茂。南不嫁實，亦倍他枝。若粵荔氣色香味皆遜閩南，涪州又遜粵州。余舊屬重慶太守言之。

我生孔為荔，多可千百。儆服食皆天賜，沆瀣吞常醉。多謝絳襮子，登我父母利，杜詩寫

来工蔡譜收雖備食多亦覺煩法用鹽滚治一匀
隨中消本無渣滓槩嗟彼殊方人懸想空夢寐或
以荊葡方又將楊梅譬二物信足珍君言何易視
荔葉經冬不落有蟲如荔核冬伏葉下荔始挺花蟲
亦生子一生十二粒數應一歲閏則增其一土人
名曰石背言背堅如石也荔之蟊賊刺如猶虎荔
香時石背慨滿滿則金枝脫蒂除禳無術雨多則
尤盛泉司堂前荔半熟將延客命酒囑吏誰伺之
勿他鼠雀吏辨燧曰今歲石背多泉公曰十倍多

王姐遊目。吏愈答愈不明。至掐頭灑泣。滿堂皆笑。
梁公詢病人、始得其解。相與一噱。

[illegible]卷五十　王[illegible]

嶺南荔支譜

（清）吳應逵 撰

《嶺南荔支譜》，（清）吴應逵撰。吴應逵，字鴻來，號雁山，廣東省肇慶府鶴山縣（今廣東省肇慶市鶴山縣）人，清乾隆六十年（一七九五）舉人。該書成於清道光六年（一八二六），書前有吴氏自序，後面還有當時兩位南海名士譚瑩和伍崇曜分别作的跋。自序説：『長夏苦熱，避暑荔枝灣上，良朋既集，各徵事實，因纂輯成編。事屬閩、蜀者，概從闕如。』可見該書是從友人那裏採集資料，加上相關文獻資料以及作者自己的認識編纂而成的，意在彌補廣東荔枝譜散佚的缺憾。

全書六卷，分别爲：『總論』『種植』『節候』『品類』『雜事上』和『雜事下』。卷一『總論』，討論荔枝之名的由來，描述荔枝的生態，叙述荔枝的歷史，説明荔枝的吃法，選録前人稱讚荔枝的文辭。卷二『種植』，叙述荔枝的特性、荔枝栽培方法、蟲害的防治、廣東的主要産地。卷三『節候』記叙荔枝花開、果熟的時令及天氣對荔枝收成的影響。卷四『品類』記録廣東荔枝的八十五個品種（其中有閩荔三種，係作者誤記）。現有的廣東名荔如掛緑、糯米糍、桂味、妃子笑等，書中均有詳細的介紹。卷五、卷六『雜事』，主要輯録有關的典故和傳説以及荔枝保鮮、加工方法。

荔枝見於記載，以嶺南所産爲早，但自宋代蔡襄以下爲荔枝作譜者，多數是福建人，所記也都是閩地所産。祇有宋代無名氏的《增城荔枝譜》和《廣群芳譜》所引的鄭熊《廣中荔枝譜》以粤省所産爲對象，而這兩種書均已失傳。該書恰恰彌補了這一缺憾，全書徵引廣博，所用材料較多，如《客惠紀聞》《吴録》《興寧縣志》《廣群芳譜》《廣中荔枝譜》《潮州府志》《廣志》《廣州記》等，原書有的已經失傳，故該書保存了一些稀見史料。所以，吴譜與清代陳鼎所作的《荔枝譜》（記閩、川、粤三省荔枝品種四十三種），都成爲極可貴的補充文獻。

該書有《嶺南叢書》本以及據以排印的《叢書集成》本。二〇一一年廣東人民出版社的《歷代嶺南筆記八種》收入該書，版本亦源自《嶺南叢書》。今據清道光三十年（一八五〇）南海伍氏粤雅堂刻《嶺南叢書》本影印。

（惠富平）

嶺南荔支譜卷

道光三十年春二月南海伍氏開雕

序

荔支作譜始於君謨後有繼者要皆閩人自誇鄉土未爲定論嶺南舊有增江荔支譜著錄文獻通考其書不傳長夏苦熱避暑荔支灣上良朋旣集各徵事實因纂緝成編事屬閩蜀者概從闕如曰總論曰種植曰節候曰品類曰禨事俾後之採風者得以觀覽焉補其未備尙俟諸博雅君子道光丙戌鶴山吳應逵自識

嶺南荔支譜卷之一

嶺南遺書

鶴山　吳應逵　鴻來撰

總論

荔支樹高五六丈餘大如桂樹綠葉蓬蓬然冬夏榮茂青華朱實實大如雞子核黃黑似熟蓮實白如肪甘而多汁至日將中翕然俱赤則可食也一樹下子百斛（嵇含南方草木狀）

荔支冬青夏至子始赤六七月方可食甘酸宜人其細核者謂之焦核荔支之最珍也（竺法眞登羅山疏）

荔支精者核如雞舌香甘美多汁（顧微廣州記）

荔支爲異多汁味甘絶口又小酸所以成其味可飽食不可使厭生時大如雞子其膚光澤四月始熟也（異物志）

荔支壺橘南珍之上（太平御覽引廣志）

荔支樹生山中葉綠色實正赤肉肥肌正白味美（劉淵林吳都賦注）

伊尹言丹山之南有鳳丸沃民所食鳳丸必荔支也所謂仙人之美祿非邪（廣語）

南海郡多荔支荔支爲名者以其結實時枝條弱而蔕牢不可摘取以刀斧劙取其枝故名（朱應扶南記）

荔字從艹從刕不從劦刕音離割也劦音協同力也荔字固當從刕本草謂荔支木堅子熟時須刀割乃下今瓊州人當荔支熟率以刀連枝斫取使明歲嫩枝復生其實益美故漢時皆以爲離支言離其樹之支子離其枝枝復離其支也（廣語）

南海郡出荔支焉每至季夏其實乃熟狀甚瓌詭味特甘滋百果之中無一可比余往在西掖嘗盛稱之諸公莫之知而固未之信唯舍人彭城劉侯弱年累遷經於南海一聞斯談倍復嘉歎以爲甘美之極也又謂龍眼凡果而與荔支齊名魏文帝方引蒲桃及龍眼相比是時二方不通傳聞之大謬也夫物以不知爲輕味以無比而疑遠不可驗終焉永屈況士有未効之用而身在無譽之間苟無深知與彼亦何以異也（張九齡荔支賦序）

荔支之於天下唯閩越南粵巴蜀有之漢初南粵王尉佗以之備方物於是始通中國司馬相如賦上林云荅遝離

支蓋夸言之無有是也魏文帝有西域蒲桃之比世譏其謬論豈當時南北斷隔所擬出於傳聞耶夫以一木之實生於海瀕巖險之遠而能名徹上京外被夷狄重於當世是亦有足貴者其於果品卓然第一然性畏高寒不堪移植而又道里遼絶曾不得班於盧橘江橙之右少發光采此所以爲之嘆惜而不可不述也（蔡襄荔支譜論）

漢武帝破南越移荔支種於長安爲扶荔宮迨永元間五里一堠十里一置亦取諸交州不聞取諸閩蜀也唐天寶間貴妃嗜荔取之涪州經子午谷路近而捷特以南海荔支勝蜀每歲飛騎以進亦不取諸閩也宋都汴梁後鄙臨安去閩益近而陳紫宋香其名乃顯然則閩蜀之荔皆於

粵爲後起耳崔弼白雲山志

世之品荔支者不一或謂閩爲上蜀次之粵又次之或謂粵次於閩蜀最下以予論之粵中所產挂綠斯其最矣福州佳者尚未敵嶺南之黑葉而蔡君謨譜乃云廣南州郡所出精好者僅比東閩之下等是亦鄉曲之論也朱彝尊曝書亭集

向在京師見圖書集成所列君謨譜外有閩人所撰一卷云閩粵荔支實相仿在閩佳者在粵亦佳但熟有先後種有高下過客未能遍嘗漫分軒輊耳同一美種樹老尤勝蔡譜上品今多無有則樹老不存之故今吾粵四月所熟名玉荷包尚非佳品至六月之黑葉及新興香荔增城挂

綠則人人皆知其美同種中又自有高下或種植得法或閱歲數百結實皆殊絕意閩中未是過也温汝适攜雪齋詩鈔注

荔支食之有益於人列仙傳有稱食其華實爲荔支仙者本草亦列其功葛洪云蠲渴補髓或以其性熱人有甘啗千顆未嘗爲疾卽少覺熱以蜜漿解之蔡襄荔支譜

物類相感志云食荔支多則醉以殼浸水飲之卽解此卽食物不消還以本物消之之意也本草綱目

摘荔支時宿之井中沃以寒泉火氣既去金液斯絕以正陽精蕊而配以正陰津液水火既濟斯爲神仙之食火則寒之水則熱之此食荔支之法廣語

荔支多食飲鹽一杯卽解或以青鹽調白火酒飲或飲荔支酒過醉則以荔支殼浸水飲又荔支多露有過食者昧爽就樹閒先吸其露次噉其香使氤氳若醉五內淸涼則可以消肺氣滋眞陰卻老還童作荔支之仙

此深於食荔支者傳置雖速色香味之存者無幾君謨謂生荔支中國未之見林鐵厓謂和帝貴妃口中未嘗喫一好荔非苛論也

諺曰饑食荔支飽食黃皮黃皮果狀如金彈其漿酸甘可消食順氣除暑熱荔支饜飫以黃皮解之俱同上

東坡云柳花著水萬浮萍荔實周天一歲星蓋栽荔支必十二年而結子故其木堅而不蠹爲用器百年不敝華於冬而實於夏可以鹽蒸可以蜜漬可以浸酒可以火焙爲

乾捆載致遠崔弼白雲山志

近用傅接之法則四年可以結實不必俟十年也蓋人巧可奪天工耳

南海東莞多水枝增城多山枝每歲估人鬻者水枝七之山枝三四之載以栲箱束以黃白藤與諸瑰貨向臺關而北臘嶺而西北者舟船弗絕也然率以荔支龍眼爲正貨挾諸瑰貨必挾荔支龍眼正爲表而奇爲裏奇者曰細貨所謂深藏若虛也廣人多衣食荔支龍眼其爲栲箱者打包者各數百家舟子車夫皆以荔支龍眼贍口廣語

紅鹽火焙曬煎諸法色香味俱失非荔支之眞槪不采錄

梁蕭惠開云南方之珍惟荔支楊梅盧橘亦可投諸藩溷故坡詩云南村諸楊北村盧特與荔子爲先驅也能改齋漫錄李直方嘗第果實名以綠李爲首楞梨爲副櫻桃爲三柑子爲四蒲桃爲五或薦荔支曰當舉之首李肇國史補僕嘗問荔支何所似或曰似龍眼坐客皆笑其陋荔支實無所似也僕曰荔支似江瑤柱應者皆憮然東坡雜記荔支之於果仙也佛也實無一物得擬者江瑤柱河豚魚既非其倫塞蒲桃楊家果不堪作奴矣歐陽永叔比之牡丹亦觀場之見耳譬於月以爲鉤爲鏡爲珪皆第二月非月體也蔡君謨亦云其味之至不可得而狀也夫不可得而狀乃深於荔支者矣宋珏荔支譜序

夫以希奇靈異之物而能珍惜之畱護之結以同趣集以嘉辰幕以濃陰浴以冷泉披以快風照以涼月和以重碧解以寒漿徵以往牒紀以新詞雖跡溷塵壤而景界仙都身坐火城而神遊冰谷宋珏荔社約

綠葉蓬蓬團團如蓋扶疎插天赫曦若避吾愛其樹纍纍丹實槎頭掛星晴光掩映照耀林藪吾愛其色絳囊乍剖蠙珠初薦瓊漿玉液絕勝醍醐吾愛其味溼帶露華寒凝絳雪薰風暗度疑對檀郎吾愛其香曹蕃荔支譜序

長柯密葉敷蔭席地日變之而翠陰成月變之而金影碎風雪變之不疎不凋荔之陰蓋與徂之松建之榕吳楚之豫章同德而比義者也北人不及知南人有之而不必盡知也周宣荔支說

余生於閩既幸與此果遇且天賦啖量能日噉一二千顆值熟時自初盛至中晚腹中無慮藏十餘萬而喜別品喜檢譜始以泉浸繼以漿解磁盆筠籠一物不具則寧不噉宋珏荔支譜序

此荔支第一知己也人有詑東坡日啖三百爲囈語者聞此更舌撟不能下矣馮魚山先生嗜荔量亦過人嘉慶己丑夏偕同人遊荔支灣唯先生與予所啖最多先生贈楹帖云熟讀白華爲孝子飽餐丹荔即神仙

嶺南荔支譜卷之一

譚瑩玉生覆校

鶴山　吳應逵　鴻來撰

種植

荔支根浮須加糞土培之性不耐寒最難培植纔經繁霜枝葉枯死至春二三月再發新葉初種時冬月覆蓋之以護霜雪（王象晉羣芳譜）

荔畏西風難度梅嶺（梁無技南樵初集詩註）

荔支近水則生尤喜潮汐湍激之地（王臨亨粵劒編）

荔支以增城沙貝所產爲最土黃潤多沙潮味不到故荔支絕美自挂綠以下數十種色香味迴異他縣（廣語）

廣州凡磯圍堤岸皆種荔支龍眼或有棄稻田以種者田

每畝荔支可二十餘本龍眼倍之以淤泥爲壅高二尺許使潦水不及以芻草蓋覆使烈日不及而龍眼之幹欲其皮中之水上升以稻稈束之欲其實多而大以鹽瘞之生蟲則以鐵線濡藥刺之否則樹盡蠹凡龍眼用接荔支用博博之法當花發時以其枝削去青皮寸許傅之以土子結後枝卽生根乃落之爲栽接之法以核漏出萌芽長至三四月爲栽乃以龍眼之枝屈而接之其栽之枝葉盡脫乃以樹上之枝葉爲栽之枝葉其法與閩中異閩之龍眼樹三接者爲頂圓核種十五年始實實少不可食則鋸木之半以大實之幼枝接之至四五年又鋸其半接如前如此者三數次其實滿溢倍於常種若一二接卽止形小味薄不足尙也三接者曰鍼樹未接者曰野巷廣之龍眼大率野巷多故不及閩廣荔支種之四年卽實龍眼必至五年

龍眼必經博接乃子花頭十汰七八子乃甜大荔支花頭不可汰語曰荔支惜花龍眼惜子又曰荔支十花一子龍眼一花十子荔支又貴以沃土厚培使根深不拔膏澤上行沙水下滲然後枝條鬱茂實不裏刺上廣下尖樽肩壺腹而成嘉種語曰荔支宜肥龍眼宜确又荔支屬火宜使向陽龍眼屬水宜向陰荔支之陽子甜龍眼之陰子甜語曰當日荔支背日龍眼（俱同上）

荔支入土種者氣薄不蕃雖蕃不結實閒有成樹者經十

餘歲稍稍結顆內酸澀無味鄉人於清明前後十日內將枝梢刮去外皮一節上加膩土用棕裹之至秋露枝上生根以細齒鋸從根處截下植之他所勿令動搖三歲結子纍然矣（徐㶿荔支譜）

接枝之法取種不佳者截去元樹枝莖以利刃微啓小隙將別枝削鍼插固隙中皮肉相向用樹皮封繫寬緊得所斟酌裹之凡接枝必待時暄蓋欲藉陽和之氣一經接博二氣交通則轉惡爲美也若近海魚鹽之處斥滷土鹹其味微酸不佳縱奪接之終不能以彼易此也（同上）

荔子原無用核種者皆用好枝刮去外皮以土包裹待生白根如毛再用土覆一過以臘月鋸下至春遂生新葉也

木栽時皆去枝葉獨荔樹要留宿葉承露若葉去露槁則無生機余嘗六七月鋸荔支蔃新根方生無不存活最怕日晒必求稍陰涼處時時灌水方易生葉蔃字之義果木非核種者稱蔃蓋福州方言也（鄧慶寀荔支譜）

荔支核小如丁香土人亦能爲之取荔支木去其宗根仍火燔令焦復種之以大石抵其根但令旁根得生其核乃小種之不復牙（夢溪筆談）

余聞之種樹者云此法多不活卽活亦不盡驗開元遺事載明皇以藥傅荔支核便如小丁香亦偶然耳大約種類各別如香荔及糯米餈全是節核大造火山則無一節核者非人事之所能爲也

有蟲名石貝喜食荔支花蕊荔支多虛花花十子乃一又以石背之爲賊場師必務去之石背閩中尤多冬伏荔支葉下荔始花蟲亦生子一生十二粒數應一歲閏則增其一荔花時石背輒溺溺則全枝脫蔕雨時尤盛其背堅如石故曰石背廣中荔花所苦多雨耳石背無甚害事有黃蟲者狀類蠪蠭春社後江岸地中乘日暮而出食百樹葉色轉翠蓋葉之所化而嗜荔支之葉予詩云葉化黃蟲還食葉花生石背更餐花（廣語）

荔支龍眼俱忌飛鼪及石背蟲二物一到果熟時不三日無孑遺矣（崔弼白雲山志）

梟司堂前荔半熟將延客命酒囑吏謹伺之勿飽鼠雀吏蹙蹙曰今歲石背多梟公曰十倍多正堪游目吏愈答愈不明至搖頭灑泣滿堂匿笑梟公詢旁人始得其解相與一噱（林嗣環荔支譜）

有間歲生者謂之歇枝有仍歲生者半生半歇也春雨之際旁生新葉其色紅白六七月時色已變綠此明年開花者也今年實者明年歇枝也最忌麝香或遇之花實盡落園家有名樹旁値四柱小樓夜棲其上以警盜者又破竹五七尺搖之答答然以逼蝙蝠之屬（蔡襄荔支譜）

每一年多則一年少閩中謂之歇枝廣中謂之養樹歲歲豐盈則樹易衰養之而後經久不壞子且繁大蓋樹自養非人養也（廣語）

荔支未熟人未採則百禽不敢近纔採之則烏鳥蝙蝠之類無不傷殘（南海藥譜）

種桃李者亦然理實不可解

舟自南海之平浿三山而東一帶多龍眼樹又東爲番禺之李村大石一帶多荔支樹龍眼葉綠荔支葉黑蔽虧百里無一雜樹參其中地土所宜爭以爲業稱曰龍荔之民（廣語）

順德有水鄉曰陳村居人多以種龍眼爲業荔支柑橙諸果居其三四他處欲種花木及荔支龍眼橄欖之屬率就陳村買秧又必使其人手種博接其樹乃生且茂其法甚祕故廣州場師以陳村人爲最（同上）

種孩兒拳者率以酒澆之相傳味甚酸有挑酒者至樹下而覆逾年種遂變古香齋襍記

高州西荔支村兼種橘柑爲業其樹連亘數畝繫竹索引大蟻往來出入藉以除蠹蟻卽于葉間營巢窠多至什伯結如斗大吳震方嶺南襍記

樹間有蟻則蟲不爲害故園丁買之龔芝麓峽山寺詩注

嶺南荔支譜卷之二

譚瑩玉生覆校

嶺南荔支譜卷之三

嶺南遺書

鶴山　吳應逵　鴻來撰

節候

清明宜種荔支龍眼廣語

荔支以臘而萼以春而華夏至而翕然子赤生于木而成於火也皮紅肉白而核復純丹火包其外復孕其中也肉白爲金金爲内外火所鍊故味醇和而甘其液乃金水之精甘又屬土備五行之粹美而以火爲主者也粵以火德王凡花多朱色皆火花實多朱實皆火實太陽烈氣之所結火實之屬凡百種而荔支爲長火爲母荔支則火之長子也同上

水枝先熟自夏至後熟者皆山枝亦曰火山崔弼荔支詞註

荔支其甜曰上糖酸曰上水三月熟者曰三月青四月熟者曰犀角子七夕曰七夕紅而大熟于小至以蟬鳴爲候應此時熟者曰金釵子或謂卽黑葉也次曰進奉曰大造曰塘堡是皆水枝之貴者也廣語

自挂綠至狀元紅皆火山之屬也火山善變滋味百出隨其土爲高下然遲熟熟必在水枝之後

粵東荔支社日犀角子先熟郭夢菊詩云未摘龍牙開笑口先嘗犀角沁詩脾龍牙亦荔支名又三月熟者曰三月青四月熟者曰四月紅予詩三月青蓮四月紅離支早熟讓南中蓋以先年十月作花故早熟也又粵中荔支先闔

一月而熟

維陽獨以牡丹爲花歲二月十五日牡丹盛開曰花朝古詩牡丹開日是花朝廣州以荔枝龍眼爲果歲夏至日買人以板箱載荔支而北曰果箱荔支大熟曰果日俱同上

五月荔支丹瓠臙廣東月令

南廣荔支熟時百鳥肥廣志

粵謡鵶蟬叫荔支熟黎簡五百四峯堂詩注

凡天晴暴雨忽作日不避雨雨不避日點大而疎是曰白撞雨亦曰過雲諺曰下白雨娶龍女或日色微黃且日且雨是曰黃雨白雨宜禾黃雨不宜禾孑詩炎天白雨早禾宜更爲園村熟荔支廣語

荔支歲初而蕾二月而花發發時多雹則花落實小多雨則花腐少雨則花液相膠而不實估計者視其花以知其實多少則判之是曰買焙其人名曰焙家龍眼亦然

東粵問園亭之美則舉荔支以對近水則種水枝近山則種山枝有荔支之家是謂大室當熟時東家誇三月之青西家矜四月之紅各以其先熟及美種爲尚主人餉客聽客自摘或一客而分一株或一株而分十客各以其量之大小受荔支之補益莫不枕席丹膚沐浴瓊液既飽復含未饑先擘或辟穀者經旬或卻葷者連日其有開荔社之家則人人競赴以食多者爲勝勝稱荔支狀頭少者有罰罰飲荔支酒數大白俱同上

粵俗兒童有賭蔗賭柑賭荔之戲蔗以刀自尾至首破之不偏一黍又一破直至蔗首者爲勝柑以核多爲勝荔以粉與墨各塗之入瓦甖中共摸之以得白者爲勝和凝詞云椒戶閑時競學樗蒱賭荔支可知此戲古已有之但其法不傳耳

嶺南荔支譜卷之三

譚瑩玉山覆校

鶴山　吳應逵　鴻來撰

品類

三月紅出香山相傳宋端宗幸馬侍郎南寶宅時值三月荔支尚青帝甚羨之曰惜未熟不能啖也越日盡紅至今三月上市故名嶺海樓雜記

白花洲在香山縣港外其地皆漁人佃人所居多種玉荷包其熟在三月紅之後黑葉之前時各荔未熟飛鼠每夜來聚食必以罟網其樹方不殘毀學海堂集詩注

犀角子熟于玉荷包之後本豐而末銳似犀角之倒垂其核亦然宛然一小犀角也雖萬顆無稍異者古香齋襍記

崙孩胡昻曾自佛山遺荔支皮綠而液甘核甚細曰白蠟子昨陳元周量子孝程衎祖二子遺犀角子核差大肉差薄較不及也南海荔支以挂綠爲第一無從致之王士正北歸志

水枝以黑葉爲上黑葉又以番禺古壩所產爲上順德之三貴次之荔支葉青綠此獨黑故曰黑葉廣語

陳村荔支實大核小其味甘香名曰金釵子昔人解金釵而得其種卽俗呼黑葉者也葉春及順德縣志

興化十八娘增城黑葉皆核小肉滿如水晶而香成都所無也方以智通雅

黑葉蒂間有側生子以夏至熟得時令之正故多食不病其餘各種雖佳品多食喉間終有火氣也崔弼白雲山志

荔支產于瓊山者曰進奉子核小而肉厚味甚嘉土人摘食必以淡鹽湯浸一宿則脂不黏手海槎餘錄

徐𤊹荔支譜云進貢子其熟最先實如黑葉味甘林鐵崖荔支話云進貢子其瓤不溼蓋卽進奉子也奉與貢聲近實似黑葉但粒子大而疎肉稍鬆味亦畧淡熟在黑葉之後云最先者誤也到處有之不獨瓊山新會而產瓊山者爲最佳凡日爔焙乾者俱用進奉蓋黑葉肉厚難乾久之易壞進奉則不然故昔之入貢者皆此種其得名以此

荔支出新會者名進奉絕佳有以小甕載販陽江者到卽競報徐文長詩注

塘壆最香稍遜黑葉而爽脃可口高要縣志

凝冰子以日照之內外洞徹微核在中半明半滅廣語

水浮子重而不沈以置水中隨波下上

又有如素馨香者如露花如丁香者丁香有大小之分與小華山綠羅衣交几環三種皆美絕是皆火山之屬湛文簡公昔從楓亭懷核以歸所謂尚書懷者也俱同上

增城自白岡沙一帶二十餘里無非荔支謂之尚書懷崔弼荔支詞注

尚書懷可植盆盎中結實高要縣志

大丁香殼厚色紫味微澀廣東通志

露頭花草名最香婦女採以晒油爲膏沐之飾荔支一種

香似之故名露花學海堂集詩注

廣州有無核枇杷南海有無核荔支莊綽雞肋編

山荔之美者多無核近蒂一點檀暈微作核痕又作雙實實皆寬膊尖腰一種大如拇指長而不圓狀若玉蘭之蕾味香以脆觸其殼卽爆開成兩亦無核卽有亦甚微小名馬口鈴出番禺平山廣語

一種大如龍眼亦無核絶香名曰香荔出新興同上

香荔支兩粵所無唯新興有之或無核或有核而絶小他處蒔之則變新興縣志

荔支多不及閩而較早一月唯新興者過之美於閩之狀元紅官其地者亦不可多得尚逆在藩時荔將熟差官封

守之熟則索夫進送故多伐去之吳震方嶺南雜記

新興荔有絶小者核亦小如丁香可稱明璫之目溫汝适攜雪齋詩鈔注

白香山謂荔支朶似蒲桃新興荔纖小勻圓尤爲酷似同上

香荔實小而長卽龍牙荔也新會有數株云自新興移種而肉比黑葉較脆實亦較大唯新魁滘蘚家園兩株都會村黎家園兩株耳何殿春曉香草堂雜記

新興香荔六祖法堂一株最佳云是其手植枯而復榮者數矣今其孫枝尚存每年必生數百枚學海堂集詩注

上人言自兌貢後荔支結實香味迥不如昔亦一奇也

廣州荔以挂綠爲第一品實大味甘香核細如豌豆其殼上赤如丹砂下綠如澄波故名陳鼎荔支譜

挂綠者紅中有綠或在於肩或在於腹綠十之四紅十之六以陽精深固至秋而熟生祇數十百株易地卽變爽脆如梨漿液不見去殼懷之三日不變廣語

挂綠出增城沙貝荔支中第一品也蒂旁一邊突起稍高謂之龍頭一邊突起稍低謂之鳳尾熟時紅紫相間一綠線直貫到底故名其接樹成實者香味或同龍頭鳳尾亦同而綠線則無矣官買者于二三月持百金散布於有荔之家俟六月中或收十斤收五斤不問其前數也若親友餽遺則以小錫盒載十枚八枚以他火山副之要求多亦

不可得也崔弼珍帚編詩注

挂綠玉欄金井如夜光無價非可以金錢得之廣語

荔支紫綠二種幾於分道馳舊傳挂綠謂中界綠線茲所見乃綠多紫少又見一種遠看如丹荔近觀有細點如點苔間有小核色香味皆殊絶宜郡志謂增城挂綠在諸品之上也溫汝适攜雪齋詩鈔

綠蘿卽指挂綠也廣語及崔溫二條言挂綠最確無有上紅下綠者定九雖嘗至粵實未得見挂綠特豔其名而爲此臆説耳嶺右人説端硯得之耳聞加以臆造其可笑大率類此

凡摘挂綠者必唱歌蓋防其偸啖也他荔則不然林

嗣環有唱荔支之說正挂綠事也
新會種甜橙之苦亦與挂綠同近只有大眼水橙亦甜橙之別種特其實稍大味亦頗淡識者以此辨之
五羊荔支上上者爲綠蘿 楊萬里詩注
松口有鷓鴣斑雋紅纖綠丁香結諸種丁香結尤擅三絕 學海堂集詩注
石華言松口種荔者十家而五丁香結將熟時滿路皆香陳一盤於廳事則入戶者先知之特以僻在一隅又不能致遠客過或非其時卽值其時矣或竟不得見故不甚著名耳
水晶丸俗名糯米餈出於番禺鹿步司之北村肉厚而韌香液與挂綠絕似而實較大核則小如赤豆耳 崔弼珍帚編詩注
水晶丸實大核小味甘食之令人暢然意滿家石華擬之鰣魚無骨宮保阮雲臺先生曰此嶺南第一品也自此人以一品荔稱之
桂味殼有刺香似犀角番禺蘿岡洞牛首山最盛 崔弼珍帚編詩注
蘿岡洞後枕牛首峯鍾氏世居其地田狹山多種果爲業梅荔爲獨盛夏時荔火流丹全洞皆赤有火山田巖桂味數種而桂味尤勝 番禺縣志
蘿岡洞有蘿坑寺寺前後種荔殆數萬計土人言種最善變有忽酸而忽甜者不可名狀也桂味摘下五

六日色不變實畧小於水晶丸故覺稍遜水晶丸肥體豐豔桂味則如淡掃蛾眉要皆絕世佳人也
近始得見桂味殼厚而粗味乃獨絕始信得名非偶 溫汝适攜雪齋詩鈔
黑葉佳者多樵核此亦核小肉豐瑩若明瑞佳品也 俱同上
桂味與挂綠同時然挂綠以名著多贋不如桂味之眞也
苧麻子惟增城沙村有之崔清獻祠前一株最佳每實重可一兩 崔弼珍帚編詩注
苧麻結子狀如小荷包此種闊膊扁身亦如之故名香胞次於桂味其品稍遜者味微酸核亦畧大也當與新興香荔及黑葉相伯仲餘則如晉楚之視邾莒矣
嘉應松口鄉與閩之汀漳接境故其種有陳家紫 學海堂集詩注
珊瑚墜產嘉應州鳳尾閣五月熟以香色勝
順德有鳳山故謂之鳳城有宋荔一樹土人名曰尷尬以其熟在黑葉之後火山之前故名 俱同上
尷尬荔得水而浮蓋水浮子種也
南方果之美者有荔支梧州火山者夏初先熟而味少劣其高潘者最佳五六月方熟有無核類雞卵大者其肪瑩白不減水晶乃奇實也 段公路北戶錄
五月後遲熟而小者名火山 黃佐廣東通志

嶺表錄異一條與北戸錄同皆云火山四月熟不知
荔支將盡而後有火山其熟最遲泰泉粵人故知之
獨眞也又廣語凡山枝俱可謂之火山其實火山自
有一種味酸肉薄與大造皆荔之下品也

早熟有大小將軍有孩兒拳稍遲爲紅繡鞋綠羅袍不能多得 新興縣志

紅繡鞋實小而尖形如角黍核如丁香味極甘美 徐𤊹荔支譜

將軍荔最大核亦大然肉多不覺出惠州者佳 廣東通志

花嶺頭亦遲熟名曰夜光疑即明月光也 學海堂集詩注

公孫産東莞每蔕一大一小土人呼爲公領孫皮薄核小肉厚 陳鼎荔支譜

公領孫每一大者有十餘小者環之其色紅綠各半味亦美 廣語

丫髻形最小生皆並蔕故得是名多無核雖有亦小 同上

鳳卵身微長與白玉罌玉盤龍皆美種 崔弼珍帚編詩注

驪珠産惠州豐湖 同上

狀元紅最多亦最賤下品也 廣東通志

荔支南中之珍果也梧州江前有火山上有荔支四月先熟 原注以其地熱故曰火也 核大而味酸其高新州與南海産者最佳五六月方熟形若小雞子近蔕稍平皮殼微紅肉瑩寒至又有焦核者性熱液甘食之過度即蜜漿制之 劉恂嶺表錄異

磨盤皮粗厚味甘大如雞子近蔕處甚平七月熟 月令粹編引荔支譜

勝畫皮厚刺尖味甘肉豐大似桂林七月熟出長樂縣六都者最佳他種不及 同上

桂林一名野種又名椰鍾出粵東㼌身而聳肩 林嗣環荔支譜

石中棘表其脰肩肩然神漿雋穎夐爾逸羣別格甄奇不緣貌勝者桂林也 謝杰荔支名記

熟于七夕者曰七夕紅 學海堂集詩注

中秋綠色綠味微酸至中秋始熟 廣東通志

譚世祥以種樹人得名産端溪峽下 譚敬昭聽雲樓詩注

案譚世祥蓋即以種樹人姓名名之種與常殊出水
坑村比黑葉荔差小每顆近蔕綴小荔如半菽殼有

黑殼內衣淡紅色肉白微黃作玫瑰花香止一株生
石臺曰石臺譚世祥鄉人接其枝僅有生者味稍遜
水坑又有荔曰周紹玉狀類火山荔味頗擬譚世祥
近核尖則肉白而澀亦作玫瑰花香而稍有蜜氣相
傳紹玉宦于閩移種歸植見高要新志

一種名黎仲思思讀去聲出順德亦以人得名 高要縣志

案綀要堂集黎仲賜荔支名土人得種于黎而嘉其
稱

有蠔荔支黃色味稍劣於紅者 劉恂嶺表錄異

蠔荔肉豐核小佳種也惟花邑有之 花峯樵唱

曰焦核小曰春花曰胡偈此三種爲美豔卵大而酸以爲

酸和廣志

玉露霜產新會厓門山白殼冊肉不摘經冬不落其味甘酸啖之止嗽降肺火療怯病陳鼎荔支譜

明月珠產南海番禺山中在挂綠之次其色如火味同挂綠而皮厚少遜然不過數株俱產大姓家遊客不惟不得食并且不得見也

妃子笑產佛山色如琥珀皮光大如鷄卵其甘如蜜其臭如蘭皮薄而肉厚核小如豆漿滑如乳啖之能除口氣使齒牙香經宿宜乎妃子之破顏也止一株亂離以來亦爲劫灰矣

萬里碧產東莞戴家園皮色碧如中秋雨後天與葉色不

同味甘香肉潤滑成熟皮色不變

驪頂珠產順德龍巖山中圓大而色如血每成熟時一葉數果不見葉但見朱實垂垂望之如錦覆枝頭燦爛奪目味甘香

珊瑚樹產清遠山中蔡家止一樹高數丈每至熟時葉俱脫望之如數仞珊瑚但實小然漿甚多每二枚可滓一甌味甘而香滑

牟尼光產潮州大埔山中爲潮郡第一品大如雞卵每一顆可清漿一甌其味如乳飲之功同參苓

瓊瑤彈小如彈丸而無核味甘如蜜有梅花香皮薄如紙亦香甜不澀可並啖也出程鄉山中

花草春產惠來山中皮香如橘肉亦如之味甘而厚已上三種皆爲潮陽最然不可多得也

琥珀光又名火齊出雷州海康梅氏宅內實大如柑味甘性最熱食不過五枚過五則鼻衄如注

水晶球止一樹在潮陽平湖書院中白花白殼白肉白核而漿如血味甘而香沁肺腑亦異種也俱同上

鄭熊廣中荔支譜　玉英子　燋核　沈香　丁香　紅羅　透骨　牂牁　僧耆頭　水母子　蒺藜　大將軍　小將軍　大蠟　小蠟　松子　蛇皮　青荔支　銀荔支　不意子　火山　野山　五色荔支廣羣芳譜

惠州荔支味酸樹亦甚少至東莞漸多漸佳五羊黑葉諸

品遂鬬產伯仲矣客惠紀聞

蒼梧多荔支生山中人家亦種之吳錄

興寧荔枝味亞於南海仲振履興寧縣志

嶺南荔支譜卷之四　　譚瑩玉生覆校

嶺南荔支譜卷之五

鶴山　吳應逵　鴻來撰

禨事上

南越王佗獻高帝鮫魚荔支帝報以蒲萄錦四匹西京雜記

元鼎六年破南越起扶荔宮以植所得奇草異木荔支自交趾移植百株無一生者連年猶移植不息偶一株稍茂終無華實帝亦珍惜之一旦萎死守吏坐誅者十人遂不復蒔矣其實則歲貢焉三輔黃圖

丹鉛總錄曰漢武帝破南越建扶荔宮以荔支得名也此荔騈生若十八娘之類曰扶荔者亦若扶竹扶桑云思謂升庵何從知之此老說典每穿鑿傅會卽

此可發一粲

永元十五年嶺南舊貢生龍眼荔支十里一置五里一堠晝夜傳送唐羌上書曰伏見交趾七郡獻生荔支龍眼等觸犯死亡之害此二物升殿未必延年益壽帝下詔敕大官勿復受獻謝承後漢書

廣州南海郡中都督府土貢荔支唐書地理志

帝幸驪山楊貴妃生日命小部張樂長生殿因奏新曲未有名會南方進荔支因名曰荔支香唐書禮樂志

貴妃欲得生荔支歲命嶺南馳驛致之比至長安色味不變通鑑

唐鮑防襄州人天寶末舉進士時明皇詔馬遞進南海荔支七日七夜達京師防作雜感詩云五月荔支初破顏朝離象郡夕函關雁飛不到桂陽嶺馬走皆從林邑山是知貴妃所食荔支實出南海已見劉昫唐書並防詩蔡君謨謂愛嗜涪州荔支歲命驛致羅景綸以爲一騎紅塵乃瀘戎之產恐誤矣徐氏筆精

浪齋便錄曰唐世進荔支貢自南方楊妃外傳云貢自南海杜詩亦云南海及炎方惟張君房以爲忠州東坡以爲涪州未得其眞近閱涪州圖經及詢土人云涪州有妃子園荔支故君謨譜曰天寶中妃子尤愛嗜涪州歲命驛致又曰洛陽取于嶺南長安來于巴蜀此實錄後人不復置喙矣徐𤊹荔支譜

阮福曰攷新舊唐書地理志東西川土貢無荔支而獨著其名於嶺南又唐書禮樂志載南方進荔支事若是蜀產當曰西方然則開元所貢者爲嶺南所產無疑矣又杜子美詩曰憶昔南海使奔騰進荔支又云炎方每續朱櫻獻皆是嶺南貢荔支子美親見其事更爲確實

又曰昔人有七日至長安之說殆妄也白居易荔支圖序云其實離本枝一日而色變二日而香變四五日外色香味盡去矣此果三日後色香俱變豈有七晝夜汗馬之上而尚可食者況自廣州至關中數千里卽飛騎置堠亦不能七日卽至也當如漢武移植

扶荔宮故事以連根之荔栽於器中由楚南至楚北
襄陽丹河運至商州秦嶺不通舟楫之處而果正熟
乃摘取過嶺飛騎至華清宮則一日可達耳
愚意閩與蜀俱有貢特貴妃嗜南海佳種故驛遞尤
速耳燈影記云天寶中正月十五夜元宗于常春殿
撒閩江紅錦荔支令宮人拾之則閩亦有貢但非鮮
荔爾
羅浮先生軒轅集年過數百而顏色不老宣宗召入內庭
因語京師無豆蔻荔支花俄頃進二花皆連枝葉各數百
鮮明芳潔如纔折下 蘇鶚杜陽雜編
劉崇龜爲淸海軍節度使親友或干以財率不荅但畫荔

支圖與之 唐書本傳
荔支洲在番禺縣南漢劉氏創昌華苑於其上 海錄碎事引圖經
荔支灣在郡城西五里僞南漢昌華故苑 廣語
甘泉苑在城北其橋曰流花鋹與女侍中盧瓊仙黃瓊芝
李蟾妃女巫樊胡子及波斯女爲紅雲宴于此 同上
劉鋹每年設紅雲宴正荔支熟時 陶穀淸異錄
陵山南漢劉氏之墓也在廣州郡城東北二十里漫山皆
荔支樹 方信孺南海百詠
海山樓建于嘉祐中今在市舶亭前唐子西有登樓懷古
詩宋時經畧安撫于五月五日閱水軍教習于其上嘗新
荔 同上

藏荔支法就樹摘完好者留蒂寸許蠟封之乃翦去蒂復
以蠟封翦口以蠶水滿浸經數月味色不變 廣語
惠州太守東堂祠故相陳文惠公堂下有公手植荔支郡
人謂之將軍樹今歲大熟嘗啖之餘下逮吏卒其高不可
致者縱猨取之 蘇軾食荔支詩序

嶺南荔支譜卷之五　　譚瑩玉生覆校

嶺南荔支譜卷之六　　嶺南遺書

鶴山　吳應逵　鴻來撰

襍事下

蘇長公在海外有詩云日啖荔支三百顆不妨長作嶺南人至一歲荔支不熟遂有空寓嶺表之語遐方珍果爲昔賢所愛嗜如此（梧潯雜佩）

熙寧四年三月四日遊白水山佛迹巖沐浴于湯泉晞髮于懸瀑之下浩歌而歸肩輿却行以與客言不覺至水北荔支浦上晚日葱曨竹陰蕭然時荔子纍纍如芡實矣父老指以告曰及是可食公能攜酒來遊乎欣然許之（蘇軾和陶歸園田居詩序）

坡亭在鶴山縣坡山鄉石螺岡前逼大江東坡謫儋州過此流連旬日鄉人企之爲築此亭離亭半里東坡嘗於此摘荔食之美以指掐其核後所生荔支有指甲痕（肇慶府志）

東坡荔支詩云雲山得伴松檜老常疑此句似泛後見習閩廣者云福州至於海南凡宰上木松檜之外雜植荔支取其枝葉陰覆所以有此語（梁溪漫志）

白樂天荔支圖序殼似紅繒膜如紫綃瓤肉瑩白如冰雪東坡海山仙人絳羅襦紅紗中單白玉膚二語蓋本於此（馮應榴蘇詩合註）

宋端宗幸沙涌處士馬南寶家荔支方熟帝手摘一枝後經摘處風味獨殊人以爲異（廣語）

余在南中五年每食荔支幾與飯相半（鄭熊番禺雜編）

治平中長沙趙珙作廣東提刑韶州公宇西軒有荔支數本中夏時荔支方熟珙將召刺史賞燕一夕荔支皆空皮核滿地珙深訝之乃開西軒見壁上有詩曰吾儕今日會嘉賓滿酌洪鍾酒數巡遍地狼藉不知曉荔支又是一番新荔支皆積其下二廣人傳異之（青瑣高議）

崔倅仕廣州家有乳嫗善爲小伎嬉戲一日抱嬰兒戲門前見有持福荔過前兒欲之不得嫗曰我別有計乃取小盒子置几上旋發視之則滿盒皆荔崔倅聞而駭異欲窮其術嫗笑曰此乃神術官人試觀之拉詣其家酒坊時酒坊用大釜煮酒嫗跳入其中遂不見矣（夷堅志）

鬼蝴蝶一名鬼車大如扇四翅好飛荔支上（范成大桂海虞衡志）

荔字亦用欐字衞洪七間云蒲萄龍目椰子荔支作此字（段公路北戶錄注）

宋荔在南海縣九江鄉張姓祖于南宋時自珠璣巷始遷于此手植此荔老幹已枯今孫枝亦合抱矣子孫歲歲培護結實如故（九江鄉志）

蔡譜云荔支木堅理難老今有三百年者枝葉繁茂生結不息林鐵厓云荔樹有百年者四五百年者圍不圓滿類作雞骨形皮輒作鐵石色此亦近五百餘年矣

林陵武進士孫稚明其父在日家巨富養鶴數十隻中一

隻飛去七日不歸及歸口銜鮮荔支一穗共七枚迴翔而下視之皆如新摘孫召賓客子孫玩賞累日以示識者皆云此東粵荔支非閩種也然事亦奇異矣稚明爲太湖總練親與予言時稚明已八九歲亦啖一枚云浪齋便錄

明萬歷末順德縣有吳章者儒家子也素好神仙之術復耽音律學業遂廢生計亦疎鄉人以其善書能解事推爲里老夏五月吳自鄉輸糧於縣逆旅主人園荔初熟簇盤供客吳以啖賸數枚納之衣囊將歸貽其婦薄暮步出郭外行十餘里涼月皎然隱隱聞笙簫聲往前跡之仰見祥雲一隊首列旌幢中擁翠輿從者數十人或駕青牛或乘白鹿鶴鸞繽紛霞袍縹緲手中各執樂器所奏之樂絕不與人間相類吳奔追諦聽足若離地而趨走甚速未幾天色向曉從者顧謂吳曰子來已遠得無迷於歸路乎吳因詢坐綵輿者爲誰從者曰我泰山主碧霞元君巡遊南極炎海天妃設凝冰果會留讌三日今始回宮耳轉瞬間祥雲四散吳從空墜地乃山東布政司署內適閽人啓扉驚以爲盜執送藩伯坐廳事鞫吳曰章本順德民人途遇仙樂隨之而行不知何以至此藩伯詫其妖妄按檢衣囊一無所有唯鮮荔數枚尙存剖之甘芳如新摘於樹者始信其言遂檄還粵東吳自後頗厭烹飪之物舉體輕逸壽至九十八歲說鈴

舊時採貢以蠟封其枝或蜜漬之而近代奸宄之徒連株以進南人苦之廣州志

又法在樹時并荔葉翦之置新瓦罋中泥柊葉封其口倒沈井中有佳宴非時出之色如新可支一日崔弼白雲山志

鄉人常選鮮紅者於竹林中擇巨竹鑿開一竅置荔子節中仍以竹籜裹泥固封其隙藉竹生氣滋潤可藏至冬春色香不變徐勃荔支譜

唐李文孺往昌樂瀧家奴藏荔子于盎中文孺初不知也盛夏溽暑香出盎外流漿汎豔因以麴和秔飯投之三日成酒芳烈過于椒桂人多效之因作荔酒歌黃佐廣東通志引異史

荔支酒土人齋持釀具就樹下以荔支煏酒一宿而成廣語

荔支燒唐時最珍白樂天云荔支新熟雞冠色燒酒初開琥珀春然以陳者爲貴同上

某所作荔支湯擘生荔支肉別貯其自然汁以水解白沙蜜漸入和合令味相得卽并荔支肉上火煑減半以瓷合貯之計客數人一勺又令入湯小半盞煎沸用紗囊盛龍腦先撲熱盞乃注湯黃庭堅再答王補之

荔支止于韶州至南雄則無潮州府志

潮州府志大荔細荔大荔荔支細荔荔龍眼也廣志

大顛禪師隱潮陽之靈山出入猛虎相隨手植荔支千餘株以一銅壺灌之皆遍檀萃楚庭稗珠錄

荔支自徑尺至于合抱葉密如冬青木性堅重其根工人多取爲阮咸槽彈棊局廣州記

粵土名花珍果是處繁膴而老樹之產于幽崖邃谷者蟠根屈曲好事家置爲几案清玩然工巧天成無若高明謝氏之荔根屏者色紫高五尺許橫斜二尺鐵幹離奇新枝挺出宛如畫梅滿幅其疎花散布枝間含苞拆蕊細大不一復有寒雀三四或纛或棲各具生態最上一枝倒垂尤極天矯粵觚

惠半農先生視學嶺南諸生敏博者多在幕府嘗手寫羅履先天尺所試荔支賦竹枝詞以傳之其歘拔寒畯如此檀萃楚庭稗珠錄

東莞峽山西多居人荔支林蓊鬱蔽日有高樓二十餘座下販酥醪花果之屬者交錯水上偁水市焉廣語

金山在縣治北宋祥符間知軍州事王漢如闢其勝竹木蒽蒨荔支尤繁潮州府志

壬子仲冬余至郡見其近逼庫廩伏莽爲虞始命攘剔之然不意其爲勝境初得一徑從石門東上幾半里得地如砥方廣三十步左右有樹惟荔支爲多乃立亭曰荔支亭王漢金城山記

過聆羊峽登峽山寺寺前有東江亭西偏有小圃荔子紅綠相間王士正北歸志

荔支山在蘿岡果村鄉前山舊多荔以故得名番禺縣志

望遠亭在南雄州治章郇公所作公爲郡守種荔子一株王象之輿地紀勝

荔支莊去封川城十里

黃佐廣東通志曰荔支莊在封川縣靈州宋知州田開詩海上荔支莊卽其地

荔支圃在惠州豐湖

荔支亭在潮州郡治後金山俱同上

郡城荔支以唐吏部家園一株爲上海陽縣志

增城縣搜山有荔樹高八丈相去五丈而連理寰宇記

廣州信安縣有連理荔支樹同上

黃楊山在香山縣西南七十里幽深峻極其陽有烽堠又十里曰荔支山多荔支大清一統志

方壺洲在增城縣城南碧水縈洄荔支蓊鬱廣州府志

荔支山在縣西南一百四十里其陽有林子後嶺烽堠其山舊名羅冲村明黃副使錀之祖母崔命僮僕沿山遍植荔支大抱凌霄因名前爲牛牯麓山下有石高丈餘廣五尺餘石根棱棱儼成小字筆意如生香山縣志

荔支浦在越塘磐石里柳溪迴抱石臺錯列里人多觴詠于此鶴山縣志

高明縣治東南六七里有村曰禾倉頭有龍眼樹而荔支實者已二十年可異也觚賸

嶺南荔支譜卷之六

譚瑩玉生覆校

身未歷於瀘戎足未抵於泉興而必欲砭蔡鋮徐步王踵張雖屬土風之操終慙鄉曲之見然自尉佗備物配鮫魚以作貢漢武移植等扶桑而署名五堠十置代憶永元林邑桂陽事證天寶荔支之稱於中土嶺南其最古矣乎後賢狀南方之草木志桂海之虞衡未聞詳考何況專書增江紀於馬氏而僅志其名廣中譜自鄭熊而已湮其說其他零金屑玉編瑠截貝類不足以導揚閎議蒐羅令品斯亦吾鄉之闕典好事之深憂也雁山詞丈坡老詩才曲紅賦手結論園之社停揀樹之航爰採舊文撰成斯譜其分門也當其紀事也詳彙此五編都爲一集文賦之繁詩歌之侈蓋闕如焉登閩志而悉芟繪已圖而已薙殆洪離之

別傳而粵嶠之奇書已夫陶穀清異錄譏其不逮李肇國史補誇其尤勝徐氏筆精糾君謨景綸之誤浪齋便錄證長安洛陽之異誠齋詩註稱最上其綠蘿客惠紀聞謂漸佳惟黑葉類皆貴耳賤目悅甘忌辛掄揚標榜迄無定論然譜牒既詳品第斯析憶往事於六載賦新詞之百篇爲日蓋寡著書不多捃拾靡精網羅豈遍今覩是書殆將覆瓿權衡卽審敢沿秀水之談軒輊所存又覩陳留之序謂阮賜卿公子

丙戌六月南海譚瑩跋

右嶺南荔支譜六卷　國朝吳應逵鴻來撰按吳丈號雁山乾隆乙卯舉人著有雁山文集譜荔軒筆記久已刊行而是譜幾至淪亡茲從其從姪鶴岑明經假得重編次讎校以付梓焉嶺南荔支甲天下顧增江荔支譜見文獻通考鄭熊廣中荔支譜見廣羣芳譜均不存近人亦無爲之者則是譜殆嶺南應有之作自序稱事屬閩蜀者概從闕如則所采均嶺南事也亦頗詳贍內卷六坡亭在鶴山縣坡山一條據肇慶府志殆卽采自孝廉詩集自註者又荔園見文苑英華有唐曹松南海陪鄭司空游荔園詩阮賜卿公子謂卽廣州荔支灣劉漢昌華苑因故址爲之原無確證是譜獨遺之或孝廉微旨也不然賜卿嶺南荔支詞

序論嶺南貢荔支事已采二條入卷五案語中不應獨遺其註也又觚賸續編奇嗜一條稱粵中荔支必俟五六月紅熟方以甘鮮擅名非其候則攢眉蹙口不可下咽李孝廉字倩爲獨嗜純青者蘸以香山鹽蝦醬一啖百枚嘗謂人間至味無踰於是又五山志林荔瑞一條稱何經濟年八十夫妻偕老一子年過半百未有孫順治十五年戊戌正月屋旁荔支忽開花結實紅麗如春燈相輝映嗣後連產六孫云云則又或以其無關典要而遺之不然南華非僻書豈孝廉未及流覽者庚戌夏至令節南海伍崇曜謹跋

龍眼譜

（清）趙古農　撰

《龍眼譜》，（清）趙古農撰。趙古農，原名鳳宜，字聖伊，又字巢阿，清代嘉慶、道光年間廣東省廣州府番禺縣韋水鄉人。以教書爲生，手不釋卷，勤於著述，涉獵廣泛。撰有《抱影吟草》、《闕疑殆齋錄》六卷、《骨董二編》四卷、《玉尺樓賦選》、《煙經》二卷、《龍眼譜》、《檳榔譜》等。

該書是中國古代唯一的龍眼專著，内容充實而詳盡。趙氏的家鄉韋水一帶是龍眼之鄉，自序稱：『少目之所見，耳之所聞，日習其間，因悉其種植之法，名號之詳，食味之美。』該書系統記載了珠江三角洲的龍眼産區分佈以及龍眼的品種名稱、栽植技術、管理方法以及加工手段等。該書還能反映出鴉片戰争前龍眼的商品化程度。例如書中記載龍眼花開時節估花買焙的『焙家』，以及初秋時節熱鬧的『龍眼市』。該書也有一定的局限性，如對清代以前龍眼的名稱、功用雖然有所記述，但關於生産方面的記載較簡略。

該書的版本有清代道光九年（一八二九）羊城廠廣山房綫裝刻印本。今據南京農業大學圖書館藏抄清道光九年本影印。

（何彦超　惠富平）

道光九年己丑春刊

龍眼譜

厂广山房藏板

龍眼譜序

貴筑高廷瑤青書撰

予既序荔經與檳榔譜畢。珍復之趙子又以龍眼譜屬予為序。噫。予筑人也。惡識龍眼之所以生邪。即欲序之。惡乎序之哉。雖然予嘗聞之矣。昔蔡中郎為荔支作譜。而龍眼獨闕如。是千古一大憾事。況又目之為荔奴。不知始自何代。尤為千古不可解之恨。予亦不無同慨。其不允。因此知物之有幸有不幸如此。今巢阿繼中郎後而譜龍眼。龍眼藉是而傳。然則物固以人傳邪。夫造物之生物不少。顧食者不知其味。遂使棄之如道旁之苦李者何限。若龍眼則補脾益智。功尤勝於側生。乃中郎則略此而著彼。不為之等類齊觀。吾恐中郎之失不更甚於太冲邪。東坡之詩曰異出同父祖。斯言近之。百世下人知有龍眼者。東坡而外予定以巢阿為龍眼知己矣。於是呼書。　時

道光五年。歲在乙酉。仲冬朔越長至後一日書於五羊郡齋敬慎堂

一

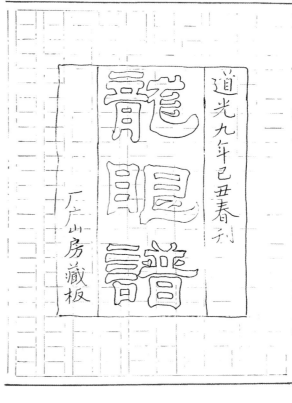

吾粵龍眼之盛。不下於閩。而廣州一郡。郡之南番順三邑。尤其善於樹藝。而多獲者也。是故鄉之人。家有龍眼百數十株。得其歲入。則仰事俯畜之計。應酬問餽之需。悉於是乎賴。其視江陵千樹橘。渭濱千畝竹。何多讓耶。以故栽培之法。莫不各殫其心思材力。以冀厚報。亦猶匹夫匹婦之鞠育顧復其兒女。歷久無倦心也。抑吾聞謝傅有言。子弟亦何預人事。而正欲使其佳。東騎答曰。譬如芝蘭玉樹。欲使其生於庭階耳。夫芝蘭玉樹。尚春華而無秋實。猶以佳子弟擬之。況龍眼則春華秋實。並美兼收。抑何不若窮檐蔀屋之佳子弟哉。宜夫鄉曲父老愛惜之不置也。巢阿子曾少居於鄉。鄉之植龍眼以萬計。日耳濡目染於其事亦備矣。茲作此譜。非衒奇也。蓋謂斯亦治生之術之一助。如范少伯之養魚。邵東平之種瓜。陶徵士之種秫。夫復何愧。世有林泉高蹈之徒。解組歸田之老。苟得此譜而熟覽之。則將善其事。獲其利。既無飢寒困苦之憂。且增林泉逸致之樂。當未嘗不歎巢阿此書之有用也。

道光五年龍集乙酉六月九日愚弟淡人方仰周拜題於韋水之踏破瓮齋

二

龍眼譜自序

粵中佳果荔支與龍眼齊名。古人品題荔支。不下十數家。至有為其作譜者。相傳蔡氏君謨譜荔支為尤著。獨龍眼則闕然無聞。雖亦間附於荔支譜內。未免詳於此而略於彼。予甚惜焉。以予生長於粵。且為童子時。恒釣游於韋水之鄉。韋水故多龍眼。沿岸而種。傍水而栽。迤邐周迴數百步中無雜樹。陰森茂密。結子離離。鄉人以是為業。予少日之所見耳之所聞。日習其間。因悉其種植之法。名號之詳。食味之美。有謂其次於荔支。謂其可敵荔支。又謂其利反倍於荔支。不可不為譜傳之。而代彼一洩其荔奴之誚者。用著於篇。

時道光五年歲在乙酉春三月穀旦賁隅趙古農巢阿自序於抱影吟軒。

三

龍眼譜題詞

姚祖恩養重 錢塘

人多嗜荔支，我獨龍眼取。坡公有成言，異出同父祖。當其子離離，望若龍目吐。乃其性益脾，心血且為補。廣南千萬株，種植無曠土。伊爾利倍三，緣作龍眼譜。

王衍梅笠舫 武林

荔支譜後中郎死，千秋龍目失歐美。前雖（隨）荔入漢宮，荔奴誰與雪兹恥。我來羊石獲見之，始識離離益智子。側生旁挺堪比肩，乃知蒲萄不相似。阿誰刱作斯譜傳，佳果傳來自天水。試從枝頭望全彈，炯炯元精動食指。

楊汝潞秋舫 武林

南中佳果勝蒲萄，瑚祖風來慰老饕。吏按譜尋多美種，何如十葉慣還高。

繆良蓮仙 仁和

從古聲聞喚荔奴，棠阿卻為洗名汙。也應珍重傳斯譜，不羨鮫人泣下珠。

秦致中子和 白門

炎方佳果味平和，葉密枝繁結實多。漫說夫人奴婢學，荔支相較竟如何。

不教魚目混相觀，的皪渾如珠走盤。合喚珠孃纖手剝，堆來顆顆水晶丸。

四

離枝旁挺原同祖，何物狂傖屈作奴。玉液秋來甘可咽，多君智慧破人愚。

蔣田稻鄉 嘉興

浪傳圓眼似龍眼（睛），紛綴灣頭照水明。萬樹齊看精炯炯，早應潭底毒龍驚。

薛璋東園 雉皋

參差旁挺五雲端，翠籠猶露曉露溥。怪道先生好龍目，圓光渾訝賽金丸。

朱鵬南溟 湘潭

我聞粵產側生果，夏綴灣頭望如火。又聞益智子離離，熟近秋風枝磊砢。今來羊石當高秋，驚看龍目垂顆顆。卻怪中郎譜荔支，如何龍目無許可。不道棠阿譜龍目，千秋識璧持贈我。

吳履謙太極老人 西蜀

龍眼當秋熟，芬香上指尖。剝來渾不厭，甜。

劉彬華樸石 番禺

荔是驪珠爾龍目，旁挺原同側生族。青睛炯炯光照人，我欲擬之徐孝穆。誰歟博物天水翁，作譜獨見爬羅功。由來佳果珍吾土，未必閩中勝粵中。

張岳崧翰山 定安

生長南方識荔奴，品題何故遽相汙。由來美種才多掩，自有佳名

五

世所呼。觀我朶頤饕餮甚。可人風骨色香殊。一從京國思鄉土。遠道垂涎得啖無。

劉華東三山 番禺

離支譜自蔡中郎。龍眼何因譜亦詳。此是巢阿游戲筆。可曾美種得先嘗。

黄延彪炳禺 南海

荔奴誰唤此汙名。旁挺由來配側生。底事中郎曾譜荔。不編佳果入公評。

鄧淳樸庵 東莞

吾粤多荔支。結子看離離。如何龍眼樹。不與荔爭奇。有譜斯爲美。

六

歐美堪補脾。竊同荔相較。功用或過之。當年譜荔者。中郎知未知。

楊麟仁石 番禺

江北爭馳譽。佳名錫果乾。不知生顆顆。空羨此丸丸。外著黄金色。中藏白玉團。譜成誇粤產。旁挺漫譏彈。

謝嘉猷坡山 番禺

聞君譜龍眼。龍眼實粤產。珍異廣搜羅。物理得精簡。旁挺本太沖。未免增愧赧。阿誰呼荔奴。名似出僞撰。爲展斯譜看。龍目定裂睅。

黎蘭因心香 嘉應

龍眼數江鄉。番南順德強。樹多惟近水。果熟漸含霜。似泣鮫人淚。如餐瑞露漿。譜成頻徙倚。白雨過坳塘。

方穎康清曹 番禺

離支風昔李齊名。堪笑爲奴妾品評。今日憑君操鄺筆。芳園依舊二難并。

潘定瀾柳塘 長寧

點睛破壁命名奇。妒煞芳林後荔支。奴婢千頭猶勝橘。扶衰杞菊也相宜。

香推龍腦眼尤妍。結實纍珠盛暑天。松雪揮毫愛圓潤。將軍大樹說齊年。

鄧休仁山 東莞

荔支龍眼竝南方。物理均應仔細詳。訂譜如何留缺陷。不無人議

七

蔡中郎。

李汝梅雪菴 岡州

龍目爭傳十葉珍。秋來顆顆綴圓勻。老農生長番禺地。作譜應詳過俗人。

黄景星烜南 岡州

旁挺均爲嶺海珍。品評應與側生鄰。中郎譜後誰堪續。始信巢阿是解人。

莊心亨嘉之 番禺

荔支雖占嶺南紅。龍眼那知大有功。理氣養心惟藉爾。補天手段更無窮。

姚熊光曉谷 四會

為甚呼龍目。溪頭萬樹懸。疑從鮫室取。狀極水晶圓。父祖原同荔。虬珠可結緣。真堪傳不朽。斯譜訂精研。

張岳崑仙山 定安

羣龍昨夜出龍宮。飛上鸞頭嚇煞儂。忽訝元精光炯炯。萬千龍眼射波中。

黎成華篤園 南海

荔入中郎譜。千秋尚宛然。如何旁挺出。不與側生傳。佳果均同味。嘉名足比肩。只今驚獲見。巢甫著新篇。

李素濬人 瑞州

八

生長天南龍眼鄉。巢阿作譜細端詳。補脾益智多馳譽。時到秋來顆顆黃。

馮景華韶石 賁隅

品題旁挺著新篇。生長南方七月天。老我頻年多益智。胸中留得智珠圓。

馮昕華曉巖 賁隅

新譜翻成亞荔支。名龍眼搜將龍眼記依稀。點睛賴有巢阿筆。風雨還看破壁飛。

馮晴華柳橋 賁隅

可堪龍目未分明。破壁還須待點睛。不是巢阿遊戲筆。荔奴誰為洗汙名。

謝光熊星垣 賁隅

龍眼秋來正上糖。纍纍實結綴江鄉。箇中滋味誰參透。博物淹通數趙郎。

程倬桂香輪 廣寧

龍眼生來照眼明。卻從何處點龍睛。欲教破壁能飛去。須仗巢阿譜已成。

陶克昌綬之 賁隅

荔支與龍目。二物本同族。胡為呼作奴。晚熟。

張婉婉麗春 順德

女兒幼小不出閨。安知龍眼花正齊。離離結子宛在目。千枝沿岸着雨低。焚香檢讀龍眼譜。有如龍目爭映觀。誰云實味與荔殊。應知異出同父祖。小樓倦繡倚曲欄。黃金顆顆如彈丸。摘來思欲抵媽鵲。尚想枝頭仔細看。

九

王鼠姑妙香 順德

旁挺何因據所云。蜀都龍目未前聞。廣南番順由來試。作賦應閒及左芬。

道人李亦仙 羅浮

龍眼即龍目。後於荔支熟。何得呼荔奴。纍纍珠一斛。

老頭陀去塵 海幢

水晶丸綴顆顆圓。時與荔熟相後先。及秋摘取薦瑚俎。作疑星隕泡露鮮。頭陀打坐飢腹轉。欲咲未得將垂涎。老僧作此龍眼供。與佛有因還有緣。是誰作譜精且覈。我聞檀越巢阿編。他年若再稽譜系。定以此譜偕流傳。

洪玉璠如虹札　貢隅

接讀手教。屬作荔經并檳榔龍眼兩譜題詞。敬聞命矣。但弟久業歧黃。幾不知詩為何物。足下肯容藏拙否。無已。弟亦惟知方書內煙草一名相思草。可治風寒濕痺滯氣停痰山嵐瘴氣。其入口頃刻而周一身。令人通體俱快也。若檳榔則破滯散邪攻堅去脹消食行痰。見說嶺南多瘴。以檳榔代茶。其功有四。故亦名飢飽子。云至龍眼。則益脾長智。保血養心。故歸脾湯用之。行血歸脾。所以名益智子也。三者皆有功於人。予之所知惟此而已。草草錄之。以應　台命。或即以是塞責可乎。如虹頓首。

十

龍眼譜

貢隅　趙古農　巢阿著

龍眼自尉佗和荔枝獻漢高帝始有名。（見西京雜記）一名益智。（見廣雅）一名比目。（見吳氏小草）一名圓眼。一名蜜脾。一名燕卵。一名繡水團。一名川彈子。一名亞荔枝。一名荔枝奴。（見果譜）一名虎眼。（見彙苑）一名海珠叢。（見清異錄）一名鮫淚。一名木彈。（見本草）結實其繁。剖之色瑩白如水晶丸。核映於外。味亦甘美。但風韵微遜荔枝。而性畏寒。立秋後方可採摘。甘平無毒。安志健脾。補虛開胃。裨益聰明。故食品以荔枝為貴。而資益則龍眼為良。蓋荔枝性熱。而龍眼平和也。

昔左太沖之賦蜀都也。曰旁挺龍目。側生荔枝。龍目者即龍眼也。然則惟閩越間有之。賦蜀都而責土物之貢。不自知其失者。此所以來後人之議歟。（近時人有自蜀來者。或問有此二果否。彼云間亦有樹。苦不結實也。）魏史文帝詔曰。南方有龍眼荔枝。果之珍異者。詔令歲貢焉。先是漢永元間。唐羌上書曾止與荔枝同獻。至魏不能復弛其禁。則珍異之足為累乎。

嵇含南方草木狀云。龍眼樹如荔枝。而枝葉較小。殼青黃色。形圓如彈丸。核如木梡子而不堅。肉白而帶漿。其甘如蜜。一朵五六十花作穗。顆粒類葡萄。然潤南方之果而珍異者也。北人未經見。有終其身而不知味者矣。

果譜載荔枝以林禽為兄。石榴為弟。龍眼為奴。蓋緣荔枝先熟。而

十一

中國農業遺產研究室藏

龍眼䜌之。恒熟於初秋之候云。況又因其色與香味皆不及荔枝。故以奴呼之。然未免唐突龍眼。稱謂有所不甘。然則以之相比較。其應在伯仲之間乎。

龍眼以順德之陳村、北滘為上。番禺韋涌次之。南海之平洲、三山而東一帶亦多（龍眼樹然始）種者。必經博接乃子。春末夏初開細白花時。須拗其花頭。通其頂。疎其氣。名曰省花。結子乃甜。且大而多。諺云：荔枝、龍眼。十花一子。皆言其花繁而果稀也。又曰：龍眼屬木。宜向陰。熟於秋。秋屬金。得金之氣。金以黃為純。故其色黃。肉白而核黑。水在金中也。水在金中。故其性寒。所謂龍眼獨從陰處長者。此其所以為陰。而得金水之精也。

十二

龍眼初着花時。春夏之交。最忌夜雨。太多則花頭十落其七。名曰滑枝。枝一滑而能實結者鮮矣。

予嘗舟過水村。凡鄉落間基圍上。多種龍眼。一望無盡。每歲尤須倩工澆糞挑泥敷之。培作一墪。所謂沃其根而枝葉自茂。結實多而且大也。然更以近人氣者為易長。故村邊樹。人多愬其下者。果愈美云。

（種龍眼法有二。）曰挨口。曰露核。挨口者。園丁取鮮泥曬乾。碎之。加糞。以成熟之龍眼核埋鮮泥中。俟其發芽。經兩年間。樹長七、八尺。榦如箭竿。自初葉至杪葉層層不脫。乃為好樹仔。然後將樹仔連根鏊起。用禾稈包固之。使泥不脫裂。移至大樹旁。盡將其葉撒去。其杪選大樹壯枝。略省其葉。祇留其巔葉一兩片。將老枝削去一邊。附以樹仔之秃杪。二者相合無縫。札以繩草。使合為一。用他葉包裹。不漏風。不沾水。不使日曬。數日一澆。樹仔之生氣接矣。一月後。兩枝粘連。遂用快刀割斷大樹老枝之根本。而樹仔已借杪生矣。隨將樹仔移栽他處。再用禾稈密纏其身。防烈日曬。狂風侵。不快大也。是謂挨口。若露核者。非有意於露核而不挨也。或偶遺忘挨。或挨而不成。然是時樹仔已大。故姑任其生長耳。顧挨口之樹。其果繁。露核之樹。其果少。且肉薄殼厚。味亦淡。不及挨口樹之佳也。

龍眼多食益智。故名益智。聞閩中熟時兒童食之則肥。廣中兒童多食患瘕。故以焙乾者為貴。其黃皮者。子大。皮黃而薄。滑無點。青而有點者。子在大小之間。皆甚甜。又最大者。名孤圓。次金字、山字、南字。小者為蜜糖埕。遲者又喚秋風子。外此更有十葉、青皮、花殼之號。凡結子每一年多。則一年少。謂之養樹。歲歲豐腴。則樹易衰。養之而後經年不壞。子且繁大。此果性之善於自養也。予曾記前人有詠益智詩曰：採摘日盈筐。香生比目房。食之能益智。本草有

接次頁

十三

仙方。殆即謂此歟。

粵之龍眼。當以十葉為第一。十葉之名俗訛作石硤。石與十音類。硤與葉音似。其實此種則名十葉。蓋凡龍眼葉。或七片、八片一椏不等。而此則一椏十葉。故因以是别其種也。又凡龍眼莖幹。其皮膚皆泡起如鱗。惟十葉皮泡起細如薯皮。核色如金漆。他種核則如黑漆耳。其肉白而脆。其味香而甜。剝去其殻。以紙裹之。行數里而紙不濕。此真十葉也。曬子令乾。則肉縐如縐紗。經火焙則不縐。味且減矣。章涌一帶皆有此種。而平洲所種尤多云。

蜜糖埕者品亦佳。而果略小。甘甜如蜜。猶以果置糖中濡染久取出而吮之。其味彌永。故名。粵中此種不可多得。應與十葉相比。

十四

秋風子者。意及秋而始熟者也。秋風一到。果方上糖。凡種俱先。惟此遲出。故因時而名之。然詢之土人。實無此種名目也。

青皮。皮作青黃色。而青色居多。故名青皮。肉似薄而味頗香。此種處處有之。亦自可啖。

花殻。殻帶花紋。肉味亦與青皮等。今城市所售者每多此種。

孤圓。形質最大。肉雖厚而味覺淡。不甚見佳。然人見者無不愛之。及一剝而漿液流出。徒有其表。無所取焉。

閩中龍眼固佳。而品尤見稱者為桂圓。賈客嘗以乾者來販於粵。形之大與粵之孤圓同。然同而不同。孤圓何能比其萬一。蓋其色黃。其肉厚。味清而香。如桂之馥。粵中十葉堪與比肩。惜乎鮮者遠莫致之。而佳處應可想其味也。

世言龍眼閩勝於粵固矣。然其所以勝者。人未必知。今就粵論。何地無美種邪。况閩亦何嘗處處皆美。第以其性言之。粵為離。位屬火性。猶帶熱。不及桂圓平和。故入補劑者。必以桂圓為尚耳。非謂其品為遠勝也。

昔東坡先生居嶺南。日食荔枝三百顆。未聞及於龍眼。然亦嘗評之云。荔子如食蝤蛑大蠏。斫雪流膏。一噉可飽。龍眼如食彭越石蠏。嚼嚙久之。了無所得。然酒闌口爽。饜飽之餘。則咂啄之味。石蠏有時勝蝤蛑也。立論最為平允。且足為荔奴解嘲也。

坡公又嘗於廉州謂龍眼質味殊絶。可敵荔枝。作詩稱之曰。龍眼與荔枝。異出同父祖。端如柑與橘。未易相可否。異哉西海濱。琪樹羅元圃。纍纍似桃李。一一流膏乳。坐疑星殞空。又恐珠還浦。圖經未嘗說。玉食遠莫數。獨使皺皮生。弄色映琱俎。蠻方非汝辱。幸免妃子汙。坡公之詩是固然矣。然新語所載。謂龍眼廉州者尤美。則未必然。蓋坡公亦偶於廉州食之云然。假其得平洲十葉食之。又不知作何品評也。抑當時平洲之種尚未出。或出而坡公未經見。烏得以廉州尤美許之。是未細審耳。

十五

潮州府志有大荔、細荔之目。大荔者荔枝也。細荔者則龍眼也。以龍眼本荔枝之族。特具體而微耳。故曰細荔。此說不免附會。蓋荔自荔。龍眼自龍眼。皆為地土所宜。何得二而一之。毋亦泥於坡詩所云異出同父祖一説邪。

宋劉彥沖子翬有咏龍眼詩云。幽姿傍挺綠婆娑。啄咂雖微奈美何。香劇蜜脾知韵勝。價輕魚目為生多。左思賦咏名初出。玉局揄揚論豈頗。地極海南秋更暑。登盤猶足洗沉疴。是作細意熨貼。可謂工於賦物也。

明王象晋嘗輯羣芳譜一書。其咏龍眼又有云。來從炎徼登瑚俎。滿案芳馨總莫逾。崖蜜縱甘終帶酢。江瑤雖美未全瑜。騷人賦就芳名遠。漢帝移來貝葉敷。較烈側生應不忝。何言喚作荔枝奴。其二曰。何緣喚作荔枝奴。艷冶豐滋百果無。琬液醇和羞沆瀣。金丸的皪賽璣珠。好將姑射仙人產。供作瑤池王母需。應供荔丹稱伯仲。況兼益智策勲殊。二作亦堪與彥沖相敵。均為龍眼知己。一洗荔奴之汚。

焙龍眼作果乾法。擇空屋一所。在僻地處。下以浮炭引火。上用老糠蓋之。緩其火勢而炙之。兩旁用竹笪鋪於土炕之上。每笪盛果三四百觔。密圍四壁。不令通氣。火悠悠然。焙至兩日一夜。反覆挑撥之。果乾而後止。又恐其過焙。傷火則肉焦而苦。不堪食。是在老手精於焙者。然究不若生曬之果為尤美也。

龍眼生曬比火焙者更佳。以其無火氣。食之尤見效於補心潤肺溫中也。但須風日晴美。長空無雲。先曬十日八日不等。令其肉乾後用微火一焙。令其核無生氣。則久藏不潮。且不減味。而十葉肉厚。尤難透入。況其種復難得。大抵曬焙二者均多以青皮花殼取其易乾水也。

龍眼當開花時。估計者視其花。已知其實之多少。因而判之。是曰買焙。其人名曰焙家。及初秋成熟之日。焙家又酌於村口水陸當衝處。結一大篷廠。四路遣人採買。或候賣果者船泊埠頭。以番蚨易之。謂之龍眼市。隨買隨焙。焙乾以板箱縛束。載以過嶺。又曰果箱。販此果者。家每多致饒富云。

果箱之外。又有一種剝皮(肉)成泥。捶合作餅包固。以便攜帶者。更有將肉捶爛。盡去其渣滓。復熬作膏。入罐以出者。此養心葆血歸脾湯用之而入藥者也。販此者。利亦加倍。但作餅、熬膏。此果均於焙時多傷火氣。不堪用者。粵賈每藉以欺外省人。食之有損無益。是又不可不知也。

近時順德黃虛舟（丹書）先生為諸生時。歲考經古。作龍目賦。甚為提學李雨村見賞。載入觀海集中。其詞曰。緊夫瘴海氤氲。粵山盤礴。產奇木之繽紛。細佳果之參錯。春華秋實。恒同歲計之供。雨裹風披。早幸靈根之託。成陰而綠雨頻過。（清香襲人）綴予而異香時作。不須博物之志。名訪張華。但覓種樹之方。書鈔郭橐。即如龍目。肖象堪誇。戎號荔奴。嘉名誰訝。步出江村之外。掩映如雲。望斷鄗屋之邊。溟濛如霧。（字字貼切）若論花相天然。月旦玉盤盂。佇待榮成。共解品題羊酪。乳吴搜南食。未入昌黎之詩。誤播芳聲。曾憶太沖之賦。則見翳乎岡。

連廣隰。嘗（當）晨露之易晞。際午煙之初襲。千頭累墜。（無韵不工）恍如丹荔堆盤。萬顆勻圓。還似櫻桃滿筐。黄比支郎之眼。看來眸豈惟雙圓。分漢女之珠。量去斛真盈十斛。乃向閑園而偃仰。攜美酒以流連。與秋瓜而並剝。儷夏果而常鮮。青眼相看。結芳緣於此日。旁挺可賦。訊舊植以何年。王孫（巧絶天衣）之金彈未拋。猶堪射鴨。驪頷之奇珠可得。不用探淵。彼夫棗下纂纂。櫨梨鬱鬱。不同類而芳。不並時而實。作伴應熱。龍涎。先驅豈僅盧橘。中庭兒女。飣將七夕之筵。滿座賓朋。香發五更之室。論（文亦如大珠小珠落玉盤）大小如落盤珠。甘中邊如噉石蜜。更投我以何如信可口而莫不盍異味。久說乎北客。而佳色早標於南離。供官課而特選。卜有年而早知。冉冉向陽。早慮狂蠭集樹。纍纍著雨。時防巨螘（易）沿枝。昔日東坡至斯云與離支同祖。（時人入賦首比末有幾欲改之竟無以）後來竹垞嗜此。竟將昌歇比其夫。是以溯嘉種之由來。辨美名之所出。擲去雲中白塔。疑含利之騰先。攫來洞裏黄龍。訝雙睛之欲失。匪龍荔之同稱。詎魚目之可比。因人而重。未減傾城之妹。體物未工。聊試雕蟲之筆。

六

猶憶予少時。塾師命予作荔枝奴詩一首。予時心快快。然竊不宜以奴稱之。作詩曰。緣何傳喚荔枝奴。同祖曾經紀大蘇。美種已馳江北愛。賤名偏被嶺南呼。爭誇龍目形惟肖。雅許瓊漿味特殊。應語詩人稱伯仲。側生旁挺亦齊驅。附記於此。

有客生談粵中佳果。荔枝而外。厥惟龍眼。因為客賦之曰。有果之美者。纍纍兮其狀。實結離離。名錫以龍目。祖同於荔枝。稽五嶺之所產。誇十葉而何奇。溯先秋而吐蘂。及當秋而綴枝。蓋金精所凝聚。故玉液之如飴。試行村外。還望溪邊。千頭累墜。萬顆勻圓。綠成陰而過雨。黄作色而蔽天。防沿枝之巨螘。聽詠樹之孤蟬。既小慲而盈手。因輕嚼而可口。味實甘而分膏。香始散而乍剖。噉中邊如石蜜之甜。落大小如盤珠之走。此泣於鮫者曾幾何。而探自驪者亦其偶爾。於時涼雨初收。涼風乍起。感七夕而瑤席陳焉。屆中元而芳緣結矣。愛花殼之鮮新。羡青皮之甘美。或取之而覩其肖形。或嘗之而動夫食指。則疇不以王孫之金彈為稱。吾更謂漢女之明珠可比。夫何作賦見稱乎旁挺。失詞猶並乎側生。汙茲美種。作此迂評。第秋中而實落。入夏杪而質成。擬之議之。未免屈以荔枝奴之號。惡乎宜乎。盍亦與以秋風子之名。矧難混夫魚目。自堪訝夫龍睛。然則問解渴於梅子兮。何如啖此。而若浥仙露於金莖也。

十九

龍眼譜跋

琉不肖，不能讀父書。猶憶少時，日尋棗栗與阿兄相嬉戲於母前，母恒以果乾啖我。當其幼，啖不知味，但覺食焉不厭，竟忘其為吾粤佳果也。及長始悉果乾者即龍眼肉也。而龍眼中尤以十葉為最。然究不可多得，鮮有出於外省者。秋熟後向家園摘取嚼之，北人罕知其味美若此也。　家大人復於著檳榔譜畢，又連譜及龍眼。以為蔡中郎嘗譜荔支，而遺厥龍眼，因繼中郎而續成之。茲付剞劂，命同校刊，謹贅筆焉。季男光琉敬跋。

二十

水蜜桃譜

（清）褚　華　撰

《水蜜桃譜》，（清）褚華撰。褚華，字文洲，江蘇省松江府上海縣人。他對農事頗有心得，著有《木棉譜》《水蜜桃譜》等書，對研究上海地區的物産以及農業科技狀況頗有價值。該書是褚華於清嘉慶十八年（一八一三）所作的一部專譜，千餘字。《清史稿·藝文志·譜録類》著録。

水蜜桃是上海的特産，在明代就已經非常著名。本書詳述桃樹栽培、接换以及除蟲的方法，同時也討論了水蜜桃的特點。對於水蜜桃種植，書中提出『用枝上自熟桃，連肉埋糞池中，尖頭朝上，止須覆土尺餘，太深則不出。爆芽長時，宜帶土移栽别地，然後接换，如不接换，則結實小而味稍劣。』關於接换，褚華提出『樹生二、三年可接，多在春分前、秋分後。』關於除蟲，『以多年油篝燈掛之，其蟲自落；若實中生蟲，則以煮豬首淡汁，俟冷澆樹，可以避蛀』。除以上幾點外，書中對水蜜桃園的抗旱、排水等均有所提及。

該書有兩個版本，其一爲清嘉慶間刻本，其二爲清光緒間《農學叢書》本，《上海掌故叢書》中也有收録。今據清嘉慶間刻本影印。

（何彦超　惠富平）

水蜜桃譜

癸未六月

高邕題耑

序

余至青村之次月蓋滬城卸篆之第四月也吾園主人光祿李君以園桃見餉且郵書一冊曰此亡友褚文學所輯水蜜桃譜也君其序之余惟柰出華陽榴產頓遜細棗以嶗嵻擅奇文杏以蓬萊名種莫不疏陸璣狀嵇含第七發之林備三都之賦是以橘錄詳於產直荔賦序於九齡子建作都蔗之詩孝威有林檎之歌若其求

種度索稾精玉衡晉則華林選植唐則康居入
貢秣陵以桃葉名江伊闕以桃林爲塞蕡如之
盛紀載備矣水蜜一種志乘未詳然冀北有肅
甯之產山左有肥城之沃僕車轍所至甘芳用
饗江南之美滬城爲最文學剖晰種類體驗生
植著述之暇作爲斯譜簡而有法質而不俚類
槖駝種樹之書有楊泉物理之論美哉其虞衡
方物流亞歟光祿珍此祕文將付剞劂庶幾西

京雜記並珍漢苑之縹梨北夢瑣言非止趙家
之糯棗云爾
嘉慶十八年歲次癸酉秋八月錢唐陳文述序
於青村官舍之池西小榭

水蜜桃譜

上海褚華著

仁和高達校

水蜜桃前明時出顧氏名世露香園中以甘而多汁故名水蜜其種不知所自來或云自燕或云自汴然橘踰淮而化枳梅渡河而成杏非土腴水活豈能爲遷地之良乎則謂桃爲邑產也亦無不可

露香園自顧氏衰後爲演火器所俗謂之九畝地園之水石猶有存者而夭夭蓁蓁實無一株矣今桃之最佳者產黃泥牆李氏吾園次者產右營遊擊署北與露香接壤下者產西門城濠及諸處散種者

花千葉者不結實水蜜桃花雖單瓣其豔過於常桃也春時花彌望不絕傾城士女咸往遊賞艷粧豔服者相繼於道人比之鄧尉梅盤

山杏幼聞先君子云每清明在二月其花開於節前先花後葉在三月其花開於節後花葉並放驗之信然

種法用枝上自熟桃連肉埋糞地中尖頭向上止須覆土尺餘太深則不出爆芽長時宜帶土移栽別地然後接換如不接換則結實小而味稍劣邑謂之直脚水蜜桃

樹生二三年可接多在春分前秋分後離樹根

一二尺許鋸去以快刀修光使不沁水又向靠皮帶膜處從上切下一寸餘却以水蜜桃東南北枝兩邊削作馬耳狀者在口中噙熱揷下用紙封固外塗以泥再加箬葉護之待其活後乃去箬葉之縛聽其所封之泥與紙漸漸自脫

樹既活其根又生嫩枝急宜截去否則接枝無力而不能暢達如任其自生則所結實還爲

本質而接枝悴矣古法云當以兩枝接一本活後乃擇其弱者翦去一枝今種桃者或不盡然

凡果木結實時宜乎澆灌獨水蜜桃結實時灌之其實即落雖遇大旱之年經月不雨亦不灌水枝葉憔悴或有用薄河泥壅蓋根下可異者經赤日之後旋遇傾盆大雨則不妨性所獨也

種桃之家有樹連數十畝苟遇滛雨其根易爛故卑濕者中多爲溝以瀉水諺云種李宜稀種桃宜蜜蜜之云者謂成行列而枝不相礙非交柯接葉之謂也

結實熟時至早須交立秋節遲則處暑遲早不過二十日後卽自落不能至白露者或前或後者均非水蜜桃也

桃皮甚緊數年以後樹旣壯盛則膏脹易枯須

以刀劃破流出便能久活或云桃根托地較他果獨淺故年遠輒枯法以初生時將樹砍去次年俟發芽時又砍砍至三次則根入地深而耐久矣倘以此根接水蜜當更佳耳

桃狀白毛圓底者佳若高低不整卽不內蛀其核必分開味亦稍減

桃色微黃如建蘭花其尖畧有紅暈香亦類之味則與名相稱惟枝上熟者色香味俱好若

採以餉遠乃用半生者以桃葉厚鋪小竹籠中貯之約其地之遠近爲桃之生熟到時或不致爛壞然色香俱減

桃性雖喜乾惡濕獨臨流者實大而味美俗謂之映水桃色香味倍足

樹有花多其實必小花少其實必多凡果皆然不獨桃也若本已老而結實漸小者其甜倍於新接所生此惟種桃之家知之買者以大

爲貴而已然大者斤不過三枚

桃至甚熟時可以剝皮食之食時香氣逆鼻甘漿濺手其消暑解渴過於瓜李蓋性至純粹食之無復瀉作痛病也他處人或云桃既熟可以銀管嗡其汁至盡或云蒸熟始然其說皆謬

桃有紅暈散布如小圈一綫者名鵞毛管俗謂聞雷震則生此斑皆甚重之其實每樹祇一

二見點綴其上稍可助嬌非其種使之然也其或有紅色如霞氣漫布者味不甚美又有純黃白色者品出其上而俗謂非眞水蜜桃其因風雨驟過從枝上墮下者生食亦甜或以絮裹藏器中而後熟謂之窟桃如以窟罨物而釀成之也若桃既熟從枝上采得則謂之樹頭熟非生與窟熟可比

桃有雨後塵汙者始以水洗淨否則止以細布

拭之卽可入口豪侈者或以無餡饅頭乘熱揩去其毛每食用兩器並置席間或誤食饅頭傳爲笑柄然亦失以賤雪貴之義矣

食之吐出核上凹凸處皆光如刻畫淨如洗剔者毛桃也水蜜桃其肉粘核不脫卽含咀太苛亦有紅絲縷縷絕似苔之垂水涯然食桃者以此爲辨

凡有蛀蟲累累枝上以多年油籫燈挂之其蟲

自落若實中生蟲則以煮猪首淡汁俟冷澆樹可以辟蛀近日種桃家不行此法梅雨後枝葉生蟲倩傭捉取頗辛苦交小暑方止實中之蟲聽其自然俗云十桃九蛀皮有黑斑一點即有蟲盤踞皮內蓋蟲由肉生非自外入

桃樹枝柔條弱實繁日重用竹扶持以免風雨飄摇亦種桃家珍愛之道

桃性耐肥上半年澆灌宜在正月凡桃六月亦可惟水蜜桃尚未落實須至采後也餘則自七月至十二月皆可澆灌或有乍經移植接換當俟其惟定乃糞或遲或速或多或少斟酌盡善是在抱甕者

桃接本不過十年故有老梅而無老桃種桃家歲必代接每樹必有一二年實盛者俗謂之當家樹過此結實漸少本亦蛀凋矣今種之

不斷者全在接本

水蜜桃譜

橘錄

（宋）韓彦直 撰

《橘錄》，（宋）韓彦直撰。韓彦直，字子溫，延安府膚施縣（今延安）人。南宋紹興十八年（一一四八）進士，南宋抗金名將韓世忠長子。據本書自序，淳熙四年（一一七七）作者到盛産柑橘的溫州爲官，因聞説『橘之美不減荔子，荔子今有譜，得與牡丹、芍藥花譜並行，而獨未有譜橘者，子愛橘甚，橘若有待於子，不可以辭』，於是他便在從政之餘，進行調查研究，於淳熙五年（一一七八）寫成此書。

全書三卷，前二卷分述柑橘類果樹各品種的形、性、味；末一卷專講栽培方法，分述種治、始栽、培植、去病、澆灌、採摘、收藏、製治、入藥等九方面的技術經驗。該書首次將柑橘類果樹分爲『柑』『橘』和『柳丁之屬類橘者』三個大類，然後又將柑分爲八種，橘分爲十四種，『柳丁之屬類橘者』自別爲五種，較詳細地描述各品種性狀。該書還最早記載了柑橘類果樹的嫁接技術，總結了柑橘砧木的培養、接穗的選擇、嫁接的時間、方法以及嫁接後的管理等方面的經驗。

該書在國際上有較大影響，國外不少學者都在有關柑橘的學術專著中曾予介紹或引用，認爲它是較突出和實用的植物學專著。一九二三年由江光先和英國哈格提（W. T. Hagerty）譯成英文，在荷蘭發表。

該書流傳較廣，現存版本有《百川學海》《説郛》《山居雜誌》《農薈》《農學叢書》等八九種。今據南京圖書館藏《百川學海》本影印。

（惠富平）

橘録序

橘出温郡最多種柑乃其别種柑自别爲八種又自别爲十四種橙子之屬類橘者又自别爲五種合二十有七種而乳柑推第一故温人謂乳柑爲眞柑意謂他種皆若假設者而獨眞柑爲柑耳然橘亦出蘇州台州西出荆州而南出閩廣數十州皆木橘耳已不敢與温橘齒矧敢與眞柑爭高下耶且温四邑俱種柑而出泥山者又傑然推第一泥山蓋平陽一孤嶼大都塊土不過覆釜其旁地廣袤只三二里許無連崗陰壑非有佳風氣之所淳漬鬱烝出三二里外其香味輒益遠益不逮夫物理何可攷耶或曰温並海地斥鹵宜橘與柑而泥山特斥鹵佳處物生其

中故獨與他異予頗不然其說夫姑蘇丹丘與七閩兩廣之地往往多並海斥鹵何獨温而又豈無三二里得斥鹵佳處如泥山者自屈原司馬遷李衡潘岳王羲之謝惠連韋應物輩皆嘗言吳楚間出者而未嘗及温温最晚出晚出而群橘盡廢物之變化出沒其造不可攷如此以予意之温之學者繇晉唐間未聞有傑然出而與天下敵者至　國朝始盛至於今日尤號爲文物極盛處豈亦天地光華秀傑不沒之氣來鍾此土其餘英遺液猶被草衣而泥山偶獨得其至美者耶予北人平生恨不得見橘著花然嘗從橘舶市橘亦未見佳者又安得所謂泥山者啗之去年秋把麾此來得一親見花而再食其實以爲幸偶

故事太守不得出城從遠遊無因領客入泥山香林中泛酒其下而客乃有遺予泥山者且曰橘之美當不減荔子荔子今有譜得與牡丹芍藥花譜並行而獨未有譜橘者予愛橘甚橘若有待於予不可以辭予因為之譜且妄欲自附於歐陽公蔡公之後亦有以表見溫之學者足以夸天下而不獨在夫橘爾淳熙五年十月延安韓彥直序

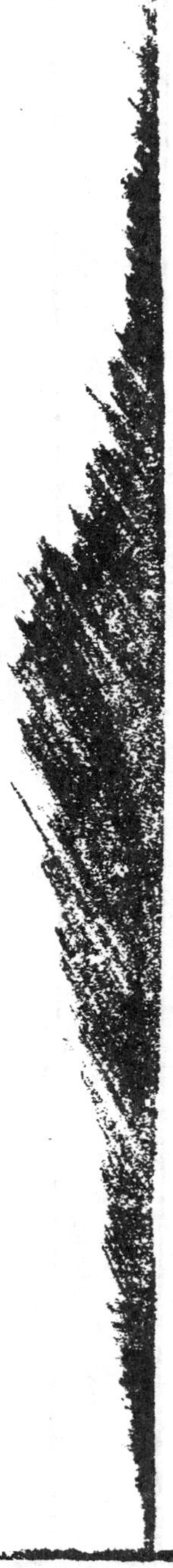

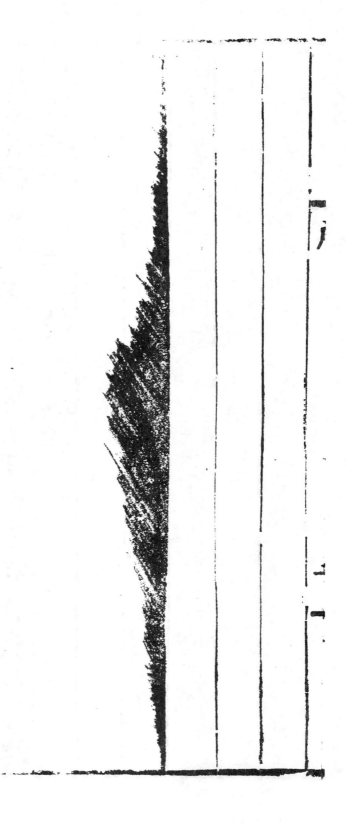

橘録卷上

按開寳中陳藏器補神農本草書柑類則有朱柑乳柑黄柑石柑沙柑今永嘉所産實具數品且增多其目但名少異耳凡圃之所植柑比之橘纔十之一二大抵柑之植立甚難灌溉鋤治少失時或歲寒霜雪頻作柑之枝頭殆無生意橘則猶故也得非瓊盃玉斝自昔易闕邪永嘉宰勾君濤有詩聲其詩曰只須霜一顆壓盡橘千奴則黄柑位在陸吉上不待辨而知

真柑

真柑在品類中最貴可珍其柯木與花實皆異凡木木多婆娑葉則纖長茂密濃陰滿地花時韻特清遠

逮結實顆皆圓正膚理如澤蠟始霜之旦園丁採以獻風味照座擘之則香霧噀人北人未之識者一見而知其爲眞柑矣一名乳柑謂其味之似乳酪溫四邑之柑推泥山爲最泥山地不彌一里所産柑其大不七寸圍皮薄而味珍脉不黏瓣食不留滓一顆之核纔一二間有全無者南塘之柑比年尤盛太守燕賞爲秋日盛事前太守參政李公賞柑之詩曰忘機白鳥衝舩過堆案黃柑噀手香侍郎曽公之詞曰滿樹葉繁枝重綴青黃千百皆佳句也

生枝柑

生枝柑似眞柑色青而膚麤形不圓味似石榴微酸崔豹古今注曰甘實形如石榴者爲壷柑疑此類也

鄉人以其耐久留之枝間俟其味變甘帶葉而折堆之盤俎新美可愛故命名生枝

海紅柑

海紅柑顆極大有及尺以上圍者皮厚而色紅藏之久而味愈甘木高二三尺有生數十顆者枝重委地亦可愛是柑可以致遠今都下堆積道旁者多此種初因近海故以海紅得名

洞庭柑

洞庭柑皮細而味美比之他柑韻稍不及熟最早藏之至來歲之春其色如丹鄉人謂其種自洞庭山來故以得名東坡洞庭春色賦有曰命黃頭之千奴卷震澤而與還翠勺銀罌紫絡青綸物固唯所用醞釀

得宜眞足以佐騷人之清興耳

朱柑

朱柑類洞庭而大過之色絕嫣紅味多酸以刀破之漬以鹽始可食園丁云他柑必接唯朱柑不用接而成然鄉人不甚珍寵之賓祭斥不用

金柑

金柑在他柑特小其大者如錢小者如龍目色似金肌理細瑩圓丹可翫噉者不削去金衣若用以漬蜜尤佳歐陽文忠公歸田錄載其香清味美置之樽俎間光彩灼爍如金彈丸誠珍果也都人初不甚貴其後因溫成皇后好食之由是價重京師

木柑

木柑類洞庭少不慧耳膚理堅頑瓣大而之膏液外殭中乾故得名以木

甜柑

甜柑類洞庭髙大過之每顆必八瓣不待霜而黄比之他柑加甜柑林未熟之日是柑最先摘置之席間青黄照人長者先嘗之子弟懷以歸爲親庭壽焉然是種不多見治圃者植一株二株焉故以少爲貴

橙子

橙子木有刺似朱欒而小永嘉植之不若古栝之盛比年始競有之經霜早黄膚澤可愛狀微有似真柑但圓正細實非真柑比人喜把翫之香氣馥馥可以熏袖可以芼鮮可以漬蜜真嘉實也若真柑則無是

二三者入自珍之得非瞭然在人耳目者蓋真柑之細邪

橘録卷上

橘録卷中

牛僧孺幽怪録有生於橘者摘剖之有四老人焉其一曰橘中之樂不減商山恨不能深根固蔕耳由是有橘隱名楚屈原作離騷其橘頌一章有曰后皇嘉樹橘來服受命不遷生南國宋謝惠連橘賦亦曰園有嘉樹橘柚煌煌以是知橘實佳物昔人所愛慕若此孔安國曰小曰橘大曰柚郭璞亦云柚以橙而大於橘温無柚而種橙者少非土所宜也本草載橘柚味辛温無毒主去胷中瘕熱利水穀止嘔欬久服通神輕身長年陶隱居云此言橘皮之功効若此其實之味甘酸食之多痰無益其説爲是隱居不敢輕注本草蓋此類也陳藏器補本草謂橘之類有朱橘乳

橘塌橘山橘黄淡子今類見之

黄橘

黄橘狀比之柑差褊小而香霧多於柑歲雨暘以時則肌充而味甘其圍四寸色方青黄時風味尤勝過是則香氣少減惟遇黄柑則避舍置之海紅生枝柑間未知其孰後先名之曰千奴眞厎稱也

塌橘

塌橘狀大而褊其南枝之向陽者外緑而心甚紅經春味極甘美瓣大而多液其種不常有特橘之次也

包橘

包橘取其纍纍然若包聚之義是橘外薄内盈隔皮脉瓣可數有一枝而生五六顆者懸之極可愛然土

膚而樹壯者多有之不稱[illegible]也

綿橘

綿橘微小極軟美可愛故以名圃中間見一二樹結子復稀物以罕見爲奇此橘是也

沙橘

沙橘取細而甘美之稱或曰種之沙洲之上地虛而宜於橘故其味特珍然邦人稱物之小而甘美者必曰沙如沙瓜沙蜜沙糖之類特方言耳

荔枝橘

荔枝橘多出於横陽膚理皺密類荔子故以取名横陽與閩接畛荔子稱奇于閩黄橘擅美于温故慕而名之有言橘踰淮爲枳植物豈能變哉疑似之亂名

多此類

軟條穿橘

軟條穿橘其榦弱而條遠結實頗大皮色光澤滋味有餘其心虛有瓣如蓮子穿其中蓋接橘之始以枝之杪者爲之其體性終弱不可以犯霜不可以耐久又名爲女兒橘

油橘

油橘皮似以油飾之中堅而外黑蓋橘之若柤若柚者孽之而不聞其香食之而不可於口是又橘之僕奴也

綠橘

綠橘比他柑微小色紺碧可愛不待霜食之味已珍

留之枝間色不盡變隆冬採之生意如新横陽人家時有之不常見也

乳橘

乳橘狀似乳柑且極甘芳得名又名漳橘其種自漳浦來皮堅穰多味絶酸不與常橘齒鄉人以其頗魁梧時置之客間堪與飣座梨相值耳他日有以乳橘爲眞柑者特碔砆之似玉也

金橘

金橘生山逕間比金柑更小形色頗類木高不及尺許結實繁多取者多至數升肉瓣不可分止一核味不可食惟宜植之欄檻中園丁種之以鬻於市亦名山金柑周美成詞有露葉煙梢寒色重攅星低映小

珠簾爲是橘作

自然橘

自然橘謂以橘子下種待其長歷十年始作花結實味甚美由其本性自然不雜之人爲故其味全蓋他柑與橘必以柑淡子著土俟其婆娑作樹以枝接之爲柑爲橘爲多種俱非天也故是橘以自然名之然十年之計種之以木今之闢圃者多不年歲間肥其膚以驗其枯榮糞其本以計其久近誰能遲十年之久以收効耶是橘名之曰自然當矣接木之詳見於下篇

早黃橘

早黃橘著花結子比其類獨早秋始半其心已丹千

頭方酸而早黄橘之微甘已回齒頰矣王右軍帖有曰奉橘三百枚霜未降未可多得豈是類邪

凍橘

凍橘其顆如常橘之半歲八月人目爲小春枝頭時作細白花既而橘已黄千林已盡乃始傲然冰雪中著子甚繁春二三月始採之亦可愛前輩詩有曰梅柳攙先桃李晚東風元是一般春此詩不獨詠桃李物理皆然

朱欒

朱欒顆圓實皮麤瓣堅味酸惡不可食其大有至尺三四寸圍者摘之置几案間久則其臭如蘭是品雖不足珍然作花絕香鄉人拾其英烝香取其核爲種

析其皮入藥最有補於時其詳具見下篇

香欒

香欒大於朱欒形圓色紅芳馨可翫

香圓

香圓木似朱欒葉尖長枝間有刺植之近水乃生其長如瓜有及一尺四五寸者清香襲人横陽多有之土人置之明窻淨几間頗可賞翫酒闌并刀破之盖不減新橙也葉可以藥病（藥疑作療）

枸橘

枸橘色青氣烈小者似枳實大者似枳殻能治逆氣心胷痺痛中風便血醫家多用之

橘録卷中

橘錄卷下

種治

柑橘宜斥鹵之地四邑皆距江海不十里凡圃之近塗泥者實大而繁味尤珍耐久不損名曰塗柑販而遠適者遇塗柑則爭售方種時高者畦壟溝以泄水每株相去七八尺歲四鋤之薙盡草冬月以河泥壅其根夏時更溉以糞壤其葉沃而實繁者斯爲園丁之良

始栽

始取朱欒核洗淨下肥土中一年而長名曰柑淡其根荄簇簇然明年移而疎之又一年木大如小兒之拳遇春月乃接取諸柑之佳與橘之美者經年向陽

之枝以爲貼去地尺餘細鋸截之剔其皮兩枝對接勿動揺其根撥搁土實其中以防水蓊護其外麻束之緩急高下俱得所以候地氣之應接樹之法載之四時纂要中是蓋老圃者能之工之良者揮斤之間氣質隨異無不活者過時而不接則花實復爲朱欒人力之有參於造化每如此

培植

樹高及二三尺許翦其最下命根以瓦片抵之安於土雜以肥泥實築之始發生命根不斷則根迸于上中枝葉乃不茂盛

去病

木之病有二蘚與蠧是也樹稍久則枝榦之上苔蘚

生焉一不去則蔓衍日滋木之膏液蔭蘚而不及木故枝幹老而枯善圃者用鐵器時刮去之删其繁枝之不能華實者以通風日以長新枝木間時有蛀屑流出則有蟲蠹之相視其穴以物鉤索之則蟲無所容仍以真杉木作釘窒其處不然則木心受病日以枝葉自凋異時作實瓣間亦有蟲食柑橘每先時而黃者皆其受病於中治之以早乃可

澆灌

圃中貴雨暘以時旱則堅苦而不長雨則暴長而皮多拆或瓣不實而味淡園丁溝以泄水俾無浸其根方亢陽時抱甕以潤之糞壤以培之則無枯瘁之患

採摘

歲當重陽色未黃有採之者名曰摘青舟載之江浙間青柑固人所樂得然採之不待其熟巧於商者間或然爾及經霜之二三夕纔盡翦遇天氣晴霽數十輩爲群以小翦就枝間平蔕斷之輕置筐筥中護之必甚謹懼其香霧之裂則易壞霧之所漸者亦然尤不便酒香凡採者竟日不敢飲

收藏

採藏之日先淨掃一室密糊之勿使風入布稻藁其間堆柑橘於地上屏遠酒氣旬日一翻揀之遇微損謂之點柑即揀出否則侵損附近者屢汰去之存而待賈者十之五六人有掘地作坎攀枝條之垂者覆之以土至明年盛夏時開取之色味猶新但傷動枝

茴次年不生耳

製治

朱欒作花比柑橘絶大而香就樹採之用箋香細作片以錫爲小甑每入花一重則實香一重使花多於香窽花甑之旁以溜汗液用器盛之炊畢徹甑去花以液浸香明日再蒸凡三換花始暴乾入甆器密盛之他時焚之如在柑林中柑橘并金柑皆可切辦勿離之壓去核漬之以蜜金柑著蜜尤勝他品鄉人有用糖熬橘者謂之糶橘入窮之灰于鼎間色乃黑可以將遠又橘微損則去皮以肉瓣安竈間用火熏之曰熏柑置之糖蜜中味亦佳

入藥

橘皮最有益於藥去盡脉則爲橘紅青橘則爲青皮皆藥之所須者大抵橘皮性温平下氣止藴熱攻痰瘧服久輕身至橘子尤理腰膝近時難得枳實入多植枸橘于籬落間收其實剖乾之以之和藥味與商州之枳幾逼眞矣枸橘又未易多得取朱欒之小者半破之日暴以爲枳異方醫者不能辨用以治疾亦愈藥貴於愈疾而已孰辨其爲眞僞耶

橘録卷下

打棗譜

（元）柳　貫　撰

《打棗譜》，（元）柳貫撰。柳貫（一二七〇—一三四二），字道傳，號烏蜀山人，元江浙行省婺州路浦江縣（今浙江省蘭溪市横溪）人。博學多通，善於爲文，工於書法，精通古物鑒賞、書畫，經史、百氏、數術、方技、釋道之書，無不貫通。官至翰林待制、國史院編修。他與虞集、揭傒斯、黄溍並稱元代『儒林四傑』。

該書是中國第一部有關棗的專著，分爲『事』和『名』兩個部分，内容簡約，徵引疏略，但具有重要的文獻價值。『事』類共十一個條目，從經史著作中輯録與棗有關的文獻資料。如《詩》曰：『「八月剝棗，十月獲稻。」剝，擊也。棗實未熟，雖擊不落也。』此十一條涉獵較廣，但仍未涵蓋元代以前所有與棗相關的文獻。『名』類著録當時已知的棗類名稱，凡七十三種，並對其中不少棗類的形狀（長短、大小、粗細）、性味、産地、種植、功用和出處（記載於何書）作了注釋。如鹿盧棗『子細腰者』是注明形狀，鷄冠棗『出睢陽，宜作脯』是注明産地和功用。

該書收載於《説郛》（卷一百五），爲清順治三年（一六四六）宛委山堂綫裝刻本，中國農大、華南農大、國家圖書館、南京圖書館等均有收藏。今據清順治三年宛委山堂刻《説郛》本影印。

（何彦超　惠富平）

打棗譜

元 柳貫

事

埤雅云棘大者棗小者棘蓋若酸棗所謂棘也于文重束爲棗

詩曰八月剝棗十月穫稻剝擊也棗實未熟雖擊不落也

孟子曰養其樲棘樲酸棗也

世云噉棗多令人齒黃

養生論曰齒居晉而黃晉食此故也

爾雅曰今江東棗大而銳上者呼爲壺棗猶瓠之細腰者今鹿盧棗

盧諶祭法春祠用棗油

蘇秦說燕文侯曰北有棗栗之利民雖不由田作棗栗之實足食于民矣

潘岳賦曰周有弱枝之棗

唐本注云棗啖服使人瘦久即嘔吐揩熱疿瘡也

食療云棗和桂心白瓜仁松樹皮爲丸久服之令人

香身

名

鹿盧棗子細腰者　雞冠棗出雅陽宜作脯

樲酸棗樹最小實酢　醍醐棗出雅陽宜生噉

櫅白棗核白也　白棗即鹽官棗也

羊棗實小而圓紫黑色　無實棗不著子者

邊腰棗　楊徹齊棗爾雅未詳

煑填棗爾雅未詳　波斯棗生波斯國長三寸

牛頭棗　上皇棗

赤心棗　崎廡棗
騂白棗　灌棗
細腰棗　西王母棗三月熟
桂棗　雞心棗
弱枝棗　狗牙棗
玉門棗　蹙婆棗
青華棗　穀城紫棗長二寸
棠棗　獼猴棗
梬棗　三心棗

紅棗出山東紅色　紫紋棗

香棗出汾察　圓愛棗

火棗見穆天子傳　三寸棗

金槌棗　御棗出青州

鳳眼棗　凍棗

沙棗出赤斤蒙古衛　嵭嵣棗漢嵭嵣山獻萬年一實

丸棗出本草圖經　安平棗出何晏九州論

糯棗出北夢瑣言　太棗出河東猗氏

濱海棗李少君食之大如瓜　玉文棗西王母食之大如瓶

打棗譜

細核棗梅遺記此極岐峯有其核細　羊角棗石季龍園所種十子二尺

仙人棗長四寸其核如針　天蒸棗乾紅于樹上

騩山棗色甚美　膠棗

南棗大惡不堪噉　團棗

美棗　匾棗

良棗　臥棗

鹽官棗出海鹽紫色味佳　莬棗高尺許實如拳出丹陽

七尺棗見述異記　蜜雲棗出蜜雲縣味甚甘

水棗先熟亦甘美　金城棗形大而虛少脂

青州棗　赤棗子如赤棗味酸

萬歲棗出三佛齊國　山棗狀如棗而圓色青黄而味甘酸出青州

西玉棗出崑崙山

檇李譜

（清）王逢辰　撰

《檇李譜》，（清）王逢辰撰。王逢辰（一八〇二—一八七〇），字玉蔭，號芑亭，浙江嘉興竹里（今屬嘉興市）人，廩貢生，官至候選訓導。工詩文，善畫蘭，嗜金石，家藏鼎彝古器甚多。其居處被稱爲『槐花吟館』『秦磚晉瓦之室』。著有《槐花吟館集》三卷、《竹里詩輯》、《竹里秦漢瓦當文存》、《自靖錄考略》八卷、《外編》一册。

《檇李譜》寫於清咸豐七年（一八五七）。檇李是古地名，在清代嘉興府境内。當地李子非常美味，其中又以淨相寺所産最爲有名，該書記載便以此寺所産爲主。正文部分爲總論、地名、字義、字體、字音、栽種、分植、遠移、枯蛀、花實、消息、時候、守護、採摘、收貯、食法、出數、荒熟、真僞、形體、分兩、價值、爪痕、貢獻、需索、饋遺、記載、題詠等共二十九條，共十二頁，大部分内容在於討論李樹的栽植、移接、蟲害防治、採摘、貯藏以及食用等。因爲是當地人記述當地名産，所以書的内容極爲詳實，如對淨相寺每一株李樹的位置、辨别檇李真僞的方式、檇李的平均重量以及一般價格等均有詳細記載。書前有清咸豐七年黄燮所作的序、圖兩幅以及題詞等共二十一頁。

現存版本主要是清同治庚午年（一八七〇）竹里槐花吟館王氏刊本。此外另有上海農學會編《農學叢書》（第二集）本。今據南京圖書藏清咸豐七年竹里槐華吟館王氏刊本影印。

（何彦超　惠富平）

咸豐丁巳四月

檇李譜

徐楙宙書

竹里梘孝唫

館王氏刊校

檇李譜序

璐星孕寶謫天上之長庚香雨彌空現佛門之種子上方證果淮此醍醐遠道貽珍重於瓊玖天生尤物地得嘉名自來果屬之貴蓋未有過於檇李者也當夫花開二月子結三春仗噓拂於和風懼飄零於陰霧金鈴晝護先愁鶯燕爭含銀燭宵籠未許鼪鼯竊食及平回黃轉綠看碧成朱枝僂低檐實肥垂盒

逐韓嫣之金彈入手爲難乞雲英之瓊漿流涎特甚攀來紅珀豔分廣袖之花吸盡紫霞暈奪唾壺之淚至於眉顰已往爪印常存采香之遺跡俱空偃月之纖痕宛在笑桃無恙難忘仙子天台淚竹猶斑尚憶神妻湘水嬋娟不死留此精靈草木有情戀其香澤物猶如是不亦異乎迺者刼火屢災真種日尠者古者或務名而失實居奇者更雜僞以亂眞

王芑亭廣文生長於斯稽核至悉爲之闡詳條目發洩精英使贓材可以按圖而鼠璞不至混玉此檇李譜之所由作也嗟嗟西域蔔萄隨斗槎而入貢南方橘柚登筐篚以來庭櫻桃出紫禁之厨恩頒侍從荔枝上紅塵之騎笑溢妃嬪若檇李者徒噪虛聲但高野趣未列諸侯之方物幾等盛世之棄材豈風味之不時抑遭逢之有命耶雖然不登堂廟終

成千古之名見重山林非特一時之價夙根深固忍昧仙蹤將壞崢嶸恥居塵穢以視道旁太苦至見遺於智童井上餘甘僅療饑於廉士其貴賤之相去何衡量之可計哉又況皈依初地早經淨土栽培投贈良朋雅合淸流臭味固已伯仲安期之棗頡頏曼倩之桃雖墮落於人間自超趨乎物表所願大椿比壽樹樹以八千歲爲則小年嘗漸年年以五

六月爲約芑亭聞之竊恐難爲東道未免抱
憾西施矣
咸豐丁巳餞春日海鹽韻甫黃燮清序於拙
宜園之倚晴樓

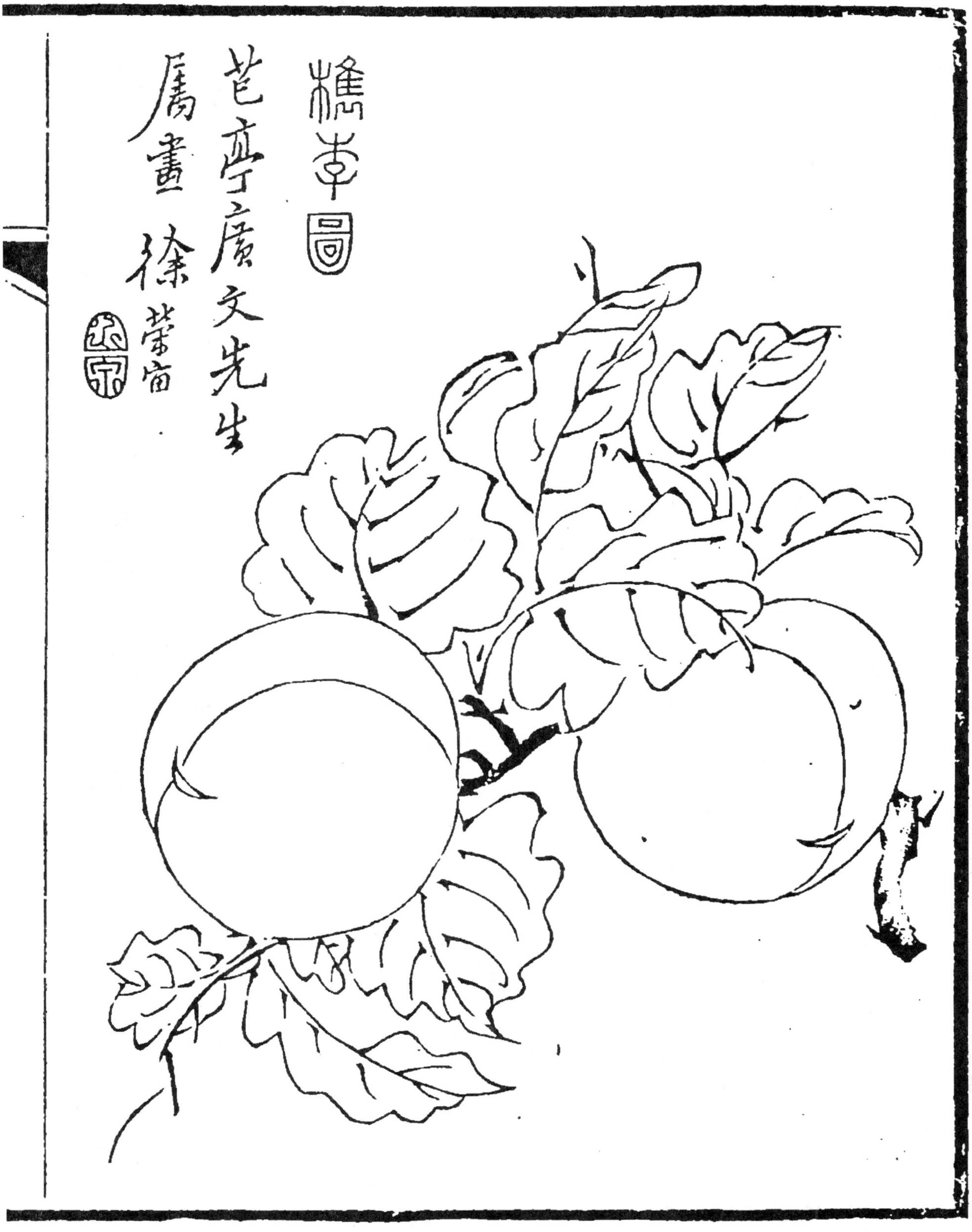
檇李圖
芑亭廣文先生
屬畫 徐

勝地春秋名尚存，白花朱實此蟠根。興亡吳越何須問，且向西施覓所痕。

閩說天星主玉衡，潘徐聲價本非輕。自從一入堯同詠，淨相從盧擅盛名。

咸豐丁巳春日，集著攜李譜成，因屬徐近泉茂才繪圖弁於卷首，并題二絶。

芑亭王逢辰

猗歟仙李名著吾鄉託根竹里垂
實僧房素蘤春雉朱果夏芳痕
留纖介肌釀瓊漿摘不盈掬饋不
盈筐兼金論值遐地弗良荔支
南海蒲萄西涼惟茲絕品庶幾
頡頏　戊午仲夏讀
芝亭大兄所撰檇李譜既爲之圖
并系以贊　曉廷錢聚朝

聚

朝

檇李譜目錄計三十條

價值
爪痕
貢獻
需索
餽遺
記載
題詠

檇李譜

嘉興王逢辰芑亭著

總論

檇李見於春秋地以果名也嘉興爲古檇李地郡邑多產佳李惟里中淨相寺所產爲眞種子顧自周迄唐未嘗有人論及之至宋張堯同始有淨相佳李詩明李日華紫桃軒雜綴載有徐園檇李於是檇李之名遂顯矣

星精

玉衡星主李在北斗第五星吳地爲斗分野南北兩斗遥相對照玉衡爲北斗之杓夏季斗柄南指檇李產於南方熟於夏日玉衡之精華所鍾於是歟

地名

嘉興之地以產檇李名爲檇李猶之產嘉禾名爲嘉禾也檇李城在嘉興府治西南四十

五里城高二丈厚一丈五尺春秋吳伐越越子卽陳於此

字義

許愼說文解字檇以木有所擣也從木雋聲賈思勰嫁李法臘月中以杖微打歧間正月復打之足子此卽擣之義也

字體

春秋本作檇李公羊傳作醉李越絕書作就

李史記及漢書並作雋李集韻或作檇又嘉興縣何志相傳吳王醉西施於此故一作醉里

字音

說文春秋傳曰越敗吳於檇李檇遵爲切陸元朗春秋音釋檇音醉後人遂作將遂切讀李世澤韻圖醉字有平去二音據此則德明音醉雖不注明平聲然亦可作平聲讀也

栽種

樹性清潔灌溉亦宜清水最忌糞土及一切穢惡之物朱竹垞太史檇李詩云瘦地翻宜嫁此其證也

分植

分植須俟根下旁生以石壓之三四年後細根已出枝葉暢茂約丈許長方可於臘月中分而植之根上必連胎土

遠移

檇李雖嘉輿土產總以淨相寺爲第一其餘各邑亦不少佳者然寺中之種分移寺外其味即遜若遠移别郡必欲變種橘踰淮而化枳梅渡江而成杏土宜使然也

接換

結實之樹初生二三年都要於春分前後接換枝幹則實大而味美惟檇李無煩接換也

然以檇李接他種李亦能結實但其味稍淡耳

枯蛀

檇李樹未見有極大者種約十年始能結實自二十年至三十年最爲茂盛此後子漸少螬漸多樹卽枯蛀若年分未久而地不清潔亦欲蛀而易枯矣

花實

花開細白實綴微青三四月間饒有韻致明吳尚書鵬爲其弟鶴撰吾里太平寺沸雪軒碑記云繞檻植檇李千株開花如晴雪垂實似冰桃眞能爲檇李寫生者矣

消息

土人於結實之初卽欲探問多少消息預爲他日饋遺計寺僧故作名貴必欲以多報少好作誑語以此人不之信輒到寺親探余嘗

戲語同人云探李消息可對報竹平安都是禪門珍貴物也

時候

每年至小暑方熟先後不過一旬如遇節氣略早則小暑後五日必熟遲則小暑前五日必熟無論節氣遲早總不離乎小暑也

守護

臨熟之時尤宜守護樹旁置一竹柝擊以警

鳥再用竹竿植樹頂絡以蒲葵扇於風中搖動之使飛啄者不敢下寺僧窮日夜之力勞於金鈴之護矣

採摘

逐日清晨視其樹上青顆變爲黃暈若蘭花色且須逐出硃砂紅斑點方可採摘過青太生過紅太熟太生則其味不甜太熟則其顆易落

收貯

生李可貯木器中二三日半熟李可貯磁器中二三月全熟李可貯竹器中二三日若欲致遠須以生李貯竹器中護以蕉葉取其涼爽耐久可六七日不壞然太生難熟熟於器者色香味終稍減矣

食法

食李之法宜擇樹上紅黃相半者摘貯磁瓦

器或竹木器約一二日開視如其紅暈明透顏色鮮潤即取布巾霽去白粉以指爪破其皮漿液可一吸而盡此時色香味三者皆備雖甘露醴泉不能及也過此恰好地位即紅變爲紫非但漿膩且味淡矣若青李生食不過甘芳鮮脆而已檇李之眞味不出也

出數

淨相寺僧析爲十房而植李者止五六房向

惟西房李最盛約十餘本近因三遭火厄樹亦盡歸閬苑矣現僅殿下房有五六本東南房有四五本東北房有三四本其餘各一二本綜計不及二十本其分植於寺外鄉村者亦不及十本大年每樹可得百餘顆小年則十餘顆而已物罕愈珍猶之佳人難得檇李蓋比於夷光矣

荒熟

李有大年小年且有無年者花時晴雨調勻則結子必繁可望大年久晴過燥久雨過濕則子必稀少即爲小年所最忌者霧四五月中若遇連朝重霧子必盡落幾不能爲碩果之僅存矣

眞僞

李以淨相寺爲最前人所稱徐園潘園本皆檇李種也今石門桐鄉亦往往有之而海鹽

之澉浦山中種並不絕吾邑如梅里竹里之鄰近鄉村各有種其樹者然李至紅熟質盡化漿熟而無漿者非眞檇李也且檇李核中之仁縱者什一而已李日華所謂半菽無仁正無煩王安豐之相鑽也淨相寺僧每以寺中李少不敷所售潛購他種相雜欺人待價當於李之漿與仁辨之則無魚目混珠之弊矣

形體

顆以圓整而略帶微扁者爲上或有歪蒂或一蒂而兩李相合者名曰鴛鴦李此數種縱使紅熟食之其漿終不能如圓整者之飽滿一吸可盡惟存皮核也皮帶微酸核上有金絲縷縷粘而不脫

分兩

大者每觔約計八顆中者每觔約計十顆小

者每觔約計十二顆若逢大熟之年間得重二兩五錢一顆者然亦不能多得也至於極細之顆不必再作錙銖較量矣

價值

價值極昂淨相寺中無論大年小年每觔總須番銀一餅且將熟之時遠近爭買寺僧猶恐不給時或珍秘不售竟有空手而歸者其餘寺外鄰近之檇李則番銀一餅可易二觔

少則不能得也其珍貴如此

爪痕

唐開元錢有楊妃爪痕於背淨相寺李有西施爪痕於面粗細長短不一至今猶存然他處檇李開亦有之即淨相寺中並不能顆顆皆有也朱竹垞太史鴛湖櫂歌云聞説西施曾一掐至今顆顆爪痕添若執此以求之則泥矣

貢獻

果品雖極名貴然遷地既不能長歷時又不可久故自貢獻興宫以後漢不聞偕櫻桃並貢唐不聞與荔枝同獻也

需索

佳果植於方外每苦當道需索淨相寺曾有官吏預將產李之所悉用朱印斜封及至小暑開采一顆無存葢檇李珍貴結實之後當

倍加灌溉臨熟時又須驅逐羣鳥否則食盡乃止俗吏不察其故疑僧私采大加笞杖僧既貧窮至欲盡伐其樹朱竹垞太史檇李賦序云近苦官吏需索寺僧多伐去之將來慮無存矣即謂此也邇來官吏清廉皆照民間貴錢交易無復曩時殺風景矣

餽遺

產數既罕而價值又昂慕名者每年爭購以

作餽遺珍品或上奉官長或遠贈親朋而里人往往反不得領略故寒素之家頗有士著高年終其身不知此味者名士遠宦而德澤不及於鄉里亦猶是矣

記載

考之圖經未見其名惟至元嘉禾志中載李日華紫桃軒雜綴始有徐園檇李之說　國初朱竹垞太史檇李賦序亦詳言之而嘉興

郡志邑志並載入果屬中

題詠

以果名爲題詠者宋張堯同嘉禾百詠始有淨相佳李詩明黃濤檇李城詩中有或云產佳李聲稱非不經之句至　國初曹倦圃溶靜惕堂集朱竹垞彝尊曝書亭集並有檇李詩他若小譚大夫吉璁鴛鴦湖櫂歌以及項奎吳舫暨釋通復皆有其詩後諸錦亦詠及

之近時題詠浙彩固不能一一盡述也

男　其
敭晚畦
暹霽江
昱曉舟
晟晴軒
杲听溪
晁暾山
校字

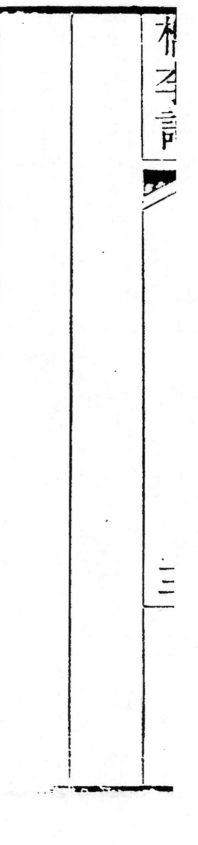

槜李譜題詞

芑亭廣文以槜李譜寄題因成五古二十韻奉答　　全椒薛時雨慰農

地借果名傳春秋載槜李城圯草木荒仙根漸遷徙古寺近竹田謂淨相寺小庵傍梅里謂東瑶庵兩處李並多伯仲本堪比宋時張堯同閒吟成詩史淨相一入詠盛名從茲起徐園視爲奴潘園喚爲婢子孰黃梅天輕紅簇霞綺王

郎善體物著譜悉能紀仿彿郭橐駝種樹得妙理橘錄庶足儕荔賦亦足擬鄭籛寄一編題詞索鄙俚憶昔宰嘉興餽我作隆禮傾筐遞清香爪痕依然在遥遥千百年美人眞不死數口沃瓊漿芬芳寒沁齒飲露無此甘吸泉有如醴酷暑潤枯腸狂吟興靡已今復故態萌覔句心獨喜聊申報玖意寫滿桃花紙

芑亭學博鄭寄新著檇李譜索題率成

二絶以酬之　福安李枝青　薌園

吳宮花草久荒涼，猶賸西施爪甲香。潘縣嘉禾曾小住，筠籃遠惠飽瓊漿。（余宰嘉興時，君以檇李見餉）

上應天星下地名，等閒考核最分明。居然一卷荔枝譜，作序重逢黃履庚。（黃履庚作荔枝譜序，此序爲黃韻甫明府所作）

芑亭外翰以淨相寺檇李見贈並示新著檇李譜賦謝　新城楊炳　子萱

七載分符久偏誇口福多傾筐珍檇李載筆紀嘉禾孕實垂星彩吹香護釋迦瓔漿供一吸不許手頻搓

自人堯同詠爭傳淨相名烏衣留韻事鸜硯定新評摇憶青葵絡分憑翠籠擎荔枝同註譜考核快平生

芑亭廣文以所著檇李譜見示并索題句感此奉酬　上元朱緒曾述之

麟經檇李有名垂新譜郵籤遠餽詒結子天
時能細考移根地理亦深知林檎似讀孝威
啟都蔗如披子建詩記得爪痕曾把玩頻勞
古寺摘高枝余莅嘉邑屢蒙見惠

芑亭同譜親家大人寄所著檇李譜索
題率成七古一章聊以奉酬工拙非
所計也　　　　平湖朱善張山泉

漢苑有縹梨西京雜記我曾稽趙家有檇棗

北夢瑣言我曾考獨有檇李城雖荒仙根遷
移近仍艮禾郡植此本名貴淨相聲價爲尤
昂斗杓玉衡星對照南國果中推最妙魯史
名可紀齊民術可求吳宮變沼西施去只見
爪痕今常留花開白雪碎子熟紅雲稠柰作
王祥守桃防曼倩偷蒲葵扇掛竹柝擊鸜鵒
欲啄空綢繆金錢爭買輸重費餽獻須貯筠
籃寄多少寒素土著人年高不曾知其味物

罕難給秘且珍僧購他種僞亂眞瓊漿玉液

何從別織核半菽毫無仁我友讀書欣得閒

條分縷析皆詳辨譜成豈肯讓荔枝君讀聞

之勞顧盼屈指宦遊忽十年家鄉土產夢魂

牽千里路遥惜莫致開卷解渴免流涎自負

芳情尚未歇聳肩淸吟興發越倘致靑李他

年或相投晴窗好寫一卷來禽帖

芑亭仁兄大人見餉檇李并示新著檇

李譜索題因作五六七言詩三首以寄之

同邑　秦光第　次遊

檇李城傾圯荒凉幾樹存共傳仙果美爪掐尚留痕

嘉名曾標魯史要術更著齊民星落玉衡我手報瓊愧乏殊珍

館築槐花獨坐時主人物理好尋思譜中滋味無窮盡如讀希文檄欖詩

芑亭二兄先生以檇李譜索詩因成四絕奉寄

武陵余祚馨蓉初

仙種偏宜佛地栽，慈雲法雨沐恩來。吳宮花草都埋沒，賸有靈根護碧苔。

分野星看映玉衡，孕成佳果譽非輕。纖痕留得夷光掐，更使千秋享盛名。

緑陰低覆子盈枝，消息頻探好護持。待試浮沈風味别，瓊漿吸盡露金絲。

漢世朱櫻轉舍重唐時粉荔逐塵忙譜成聲
價眞堪較終遜潘徐品獨芳

芑亭廣文先生以檇李贈黃韻甫師并
媵所著檇李譜時適過黃氏拙宜園
卽蒙分餉數枚率成三十韻題於譜
上郵寄就正　　錢唐蔣坦藹卿

秀州有佳李耳食今十年竭來武原遊適當
小暑前我師分餉我著手輕紅鮮爲言王錄

事風雅獨愛賢歲逸遠持贈不惜金十鍰兼
勝譜卌條纖細詳一編開函再三讀始得本
末焉溯李所自來謂自周秦沿當時覺埋沒
雖美無由傳至宋張堯同方見諸詩篇品超
檇鄉縣味勝澉浦山迨至朱竹垞曹秋岳起互證
書便便淨相古教寺眞種出最先產惟幾本
樹植惟數頃田外此盡別種亦無爪痕纖每
年二三月花自渾如煙鳴禽語架格日夕窺

其巔倚窮守護力繫扇逐風顛年荒實更少
價值貴千錢往往隣里翁霜雪滿鬢邊而未
一沾脣聞之輙流涎因思萬物理顯晦總關
天其間幸不幸相距絕相懸即將此樹論本
是同榛菅幸而免樵斧敢望登華筵一朝盛
名至考證尤精研青緗雜掛齒紫粉雜齊肩
夫豈物有異聲價使之然迺嘆士君子伏處
身窮與華實須自副榮瘁非吾權

檇李譜題詞 閨秀

芑亭老世伯大人以檇李譜寄示家嚴

索序因得展讀并題一律

海鹽 黃 珏 佩珩

認取西施掐與亡何足論清脩成佛果淨相

託仙根玉液含肌綻金絲綴核繁譜來應入

志魯史許同存

芑亭伯兄大人新箸檇李譜成喜爲題

句

妹文瑞　秋霞

吳越紛爭只指彈城荒草木盡摧殘美人纖爪空留掐一捻紅堪比牡丹

懷橘分梨憶小時俄驚老大鬢成絲編成可續荔枝譜鎮日含咀手自披

檇李譜題詞

方外

芑亭先生寄示檇李譜一冊因用暴書亭集朱竹垞太史檇李詩體奉題即請教正

南屏退院僧達受　六舟

麟經標勝地鴛水托靈根俊味誇仙果清香繞佛門價高推淨相品重溯徐園醉意文堪述傳燈義尚存膽嘗懷往蹟爪搯認新痕鵝啄驅鳴柝鶯含護掛旛林檎同啟讀檢覽並

詩論譜許荔枝續精詳著妙言

檇李譜題詞

西子妝

平湖賈敦艮芝房

芑亭廣文先生寄示所作檇李譜讀之齒頰生香爰塡一解奉答葢冀將來之分甘名果也

產孕星精香流玉液儁味競誇鄉土祇林刼外數株存伴招提貝多羅樹金鈴靜護防紅顆啄殘鸜鵒認當年有痕留纖爪嬌酣如許

筠籃貯記取分來價重西施乳槐花吟客
擷芳才擘瑶牋荔枝同譜茶瓜逭暑更難忘
去徐園風趣最相望平得共來禽寄與右軍有青
李來禽帖

水龍吟第一體　　華亭張鴻卓篠峰

芭亭仁兄先生以檇李譜寄示賦此
奉題即請正拍

西施沉醉初醒纖纖一搯痕留爪瑤花白綴

埈將紅綻後逾檇東勝地分名遙天應宿著
檇吳早二千年佳種流傳幾處偏輸與招提
好　摩詰江鄉細考譜群芳衙遺不少舊編
廣搜新詩旁證僧廬昏曉餓眼窺禽饞涎垂
客補圖式肖擬明年小暑嘗新來就泛鴛湖
櫂

出版後記

早在二〇一四年十月，我們第一次與南京農業大學農遺室的王思明先生取得聯繫，商量出版一套中國古代農書，一晃居然十年過去了。

十年間，世間事紛紛擾擾，今天終於可以將這套書奉獻給讀者，不勝感慨。

當初確定選題時，經過調查，我們發現，作爲一個有著上萬年農耕文化歷史的農業大國，我們整理的農業古籍叢書只有兩套，且規模較小，一是農業出版社自一九五九年開始陸續出版的《中國古農書叢刊》，收書四十多種；一是農業出版社一九八二年出版的《中國農學珍本叢刊》，收書三種。其他點校整理的單品種農書倒是不少。基於這一點，王思明先生認爲，我們的項目還是很有價值的。

經與王思明先生協商，最後確定，以張芳、王思明主編的《中國農業古籍目録》爲藍本，精選一百五十二種中國古代最具代表性的農業典籍，影印出版，書名初訂爲『中國古農書集成』。接下來就是正常的流程，先確定編委會，確定選目，再確定底本。看起來很平常，實際工作起來，卻遇到了不少困難。

古籍影印最大的困難就是找底本。本書所選一百五十二種古籍，有不少存藏於南農大等高校圖書館。但由於種種原因，不少原來准備提供給我們使用的南農大農遺室的底本，當時未能順利複製。最後所有底本均由出版社出面徵集，從其他藏書單位獲取。

本書所選古農書的提要撰寫工作，倒是相對順利。書目確定後，由主編王思明先生親自撰寫樣稿，副主編惠富平教授（現就職於南京信息工程大學）、熊帝兵教授（現就職於淮北師範大學）及編委何彥超博士（現就職於江蘇開放大學）及時拿出了初稿，爲本書的順利出版打下了基礎。

本書於二〇二三年獲得國家古籍整理出版資助，二〇二四年五月以『中國古農書集粹』爲書名正式出版。

二〇二二年一月，王思明先生不幸逝世。没能在先生生前出版此書，是我們的遺憾。本書的出版，或可告慰先生在天之靈吧。

是爲出版後記。

鳳凰出版社

二〇二四年三月

《中國古農書集粹》總目

御製耕織圖詩　（清）愛新覺羅・玄燁　撰（清）焦秉貞　繪
農説　（明）馬一龍　撰（明）陳繼儒　訂正
梭山農譜　（清）劉應棠　撰
澤農要錄　（清）吴邦慶　撰
區田法　（清）王心敬　撰
區種五種　（清）趙夢齡　輯
耕心農話　（清）奚誠　撰
理生玉鏡稻品　（明）黄省曾　撰
江南催耕課稻編　（清）李彦章　撰
金薯傳習錄　（清）陳世元　彙刊
御題棉花圖　（清）方觀承　編繪
木棉譜　（清）褚華　撰
授衣廣訓　（清）愛新覺羅・顒琰　定（清）董誥　等　撰
栽苧麻法略　（清）黄厚裕　撰

九

二如亭群芳譜　（明）王象晉　撰

十

佩文齋廣群芳譜（全三册）　（清）汪灝　等　編修

十一

洛陽花木記　（宋）周師厚　撰
桂海花木志　（宋）范成大　撰
花史左編　（明）王路　撰
花鏡　（清）陳淏　撰

十二

洛陽牡丹記　（宋）歐陽修　撰
洛陽牡丹記　（宋）周師厚　撰
亳州牡丹記　（明）薛鳳翔　撰
曹州牡丹譜　（清）余鵬年　撰
菊譜　（宋）劉蒙　撰
菊譜　（宋）史正志　撰

菊譜　（宋）范成大　撰
百菊集譜　（宋）史鑄　撰
菊譜　（明）周履靖、黄省曾　撰
菊譜　（清）葉天培　撰
菊説　（清）計楠　撰
東籬纂要　（清）邵承照　撰

十三

揚州芍藥譜　（宋）王觀　撰
金漳蘭譜　（宋）趙時庚　撰
王氏蘭譜　（宋）王貴學　撰
海棠譜　（宋）陳思　撰
缸荷譜　（清）楊鍾寶　撰
汝南圃史　（明）周文華　撰
北墅抱甕録　（清）高士奇　撰
種芋法　（明）黄省曾　撰
筍譜　（宋）釋贊寧　撰
菌譜　（宋）陳仁玉　撰

十四

荔枝譜　（宋）蔡襄　撰
記荔枝　（明）吴載鰲　撰
閩中荔支通譜　（明）鄧慶寀　輯
荔譜　（清）陳定國　撰
荔枝譜　（清）陳鼎　撰
荔枝話　（清）林嗣環　撰
嶺南荔支譜　（清）吴應逵　撰
龍眼譜　（清）趙古農　撰
水蜜桃譜　（清）褚華　撰
橘録　（宋）韓彦直　撰
打棗譜　（元）柳貫　撰
檇李譜　（清）王逢辰　撰

十五

竹譜　（南朝宋）戴凱之　撰
竹譜詳録　（元）李衎　撰

竹譜　（清）陳鼎 撰

桐譜　（宋）陳翥 撰

茶經　（唐）陸羽 撰

茶錄　（宋）蔡襄 撰

東溪試茶錄　（宋）宋子安 撰

大觀茶論　（宋）趙佶 撰

品茶要錄　（宋）黄儒 撰

宣和北苑貢茶錄　（宋）熊蕃 撰

北苑別錄　（宋）趙汝礪 撰

茶箋　（明）聞龍 撰

羅岕茶記　（明）熊明遇 撰

茶譜　（明）顧元慶 撰

茶疏　（明）許次紓 撰

十六

治蝗全法　（清）顧彥 撰

捕蝗考　（清）陳芳生 撰

捕蝗彙編　（清）陳僅 撰

捕蝗要訣　（清）錢炘和 撰

安驥集　（唐）李石 撰

元亨療馬集　（明）喻仁、喻傑 撰　于船、張克家 點校

牛經切要　（清）佚名 撰

抱犢集　（清）佚名 撰

哺記　（清）黄百家 撰

鴿經　（明）張萬鍾 撰

十七

蜂衙小記　（清）郝懿行 撰

蠶書　（宋）秦觀 撰

蠶經　（明）黄省曾 撰

西吳蠶略　（清）程岱葊 撰

湖蠶述　（清）汪曰楨 撰

野蠶錄　（清）王元綎 撰

柞蠶雜誌　增韞 撰

樗繭譜　（清）鄭珍 撰　（清）莫友芝 注

廣蠶桑説輯補　（清）沈練 撰　（清）仲學輅 輯補

蠶桑輯要　（清）沈秉成 編

豳風廣義　（清）楊屾 撰

養魚經　（明）黄省曾　撰
異魚圖贊　（明）楊慎　撰
閩中海錯疏　（明）屠本畯　撰　（明）徐𤊹　補疏
蟹譜　（宋）傅肱　撰
糖霜譜　（宋）王灼　撰
酒經　（宋）朱肱　撰
飲膳正要　（元）忽思慧、常普蘭奚　撰

十八

救荒活民補遺書　（宋）董煟　撰　（元）張光大　增
（明）朱熊　補遺
荒政叢書　（清）俞森　撰
荒政輯要　（清）汪志伊　纂
救荒簡易書　（清）郭雲陞　撰

十九

孚惠全書　（清）彭元瑞　撰

二十

欽定康濟録　（清）陸曾禹　原著　（清）倪國璉　編録
救荒本草　（明）朱橚　撰
野菜譜　（明）王磐　撰
野菜博録　（明）鲍山　撰

二十一

全芳備祖　（宋）陳詠　撰
南方草木狀　（晉）嵇含　撰

二十二

植物名實圖考（全二册）　（清）吴其濬　撰